# 襄阳城市气候环境研究

主 编 向 华
副主编 万 君 杨诗定 王 芹

## 内容简介

本书较为系统性的分析了襄阳城市生态气候环境,针对性地开展了多个专题影响评估。全书由三部分组成:首先,介绍襄阳概况,包括襄阳自然地理、气候特征、主要大气环流系统及气象灾害等;然后,分析了襄阳城市生态气候环境,包括生态本底遥感监测、城市大气环境、城市热环境、城市人居环境等;最后,针对性地开展了襄阳城市生态气候环境专题影响评估,包括襄阳城市气象灾害风险评估,襄阳城市生态环境质量评价,襄阳城市通风廊道设计等。

本书不仅为认识襄阳生态气候环境以及未来生态服务、防灾减灾、城市规划等提供科学依据和指导,也可为其他城市开展气候生态服务,做好城市防灾减灾,优化城市化布局,创造城市宜居环境等提供参考。

**图书在版编目(CIP)数据**

襄阳城市气候环境研究 / 向华主编. -- 北京:气象出版社,2022.4
ISBN 978-7-5029-7656-9

Ⅰ.①襄… Ⅱ.①向… Ⅲ.①城市气候-气候环境-研究-襄阳 Ⅳ.①P468.263.3

中国版本图书馆CIP数据核字(2022)第013736号

**襄阳城市气候环境研究**
Xiangyang Chengshi Qihou Huanjing Yanjiu

| | |
|---|---|
| 出版发行:**气象出版社** | |
| 地　　址:北京市海淀区中关村南大街46号 | 邮政编码:100081 |
| 电　　话:010-68407112(总编室)　010-68408042(发行部) | |
| 网　　址:http://www.qxcbs.com | E-mail:qxcbs@cma.gov.cn |
| 责任编辑:陈　红 | 终　　审:吴晓鹏 |
| 责任校对:张硕杰 | 责任技编:赵相宁 |
| 封面设计:楠竹文化 | |
| 印　　刷:北京建宏印刷有限公司 | |
| 开　　本:787 mm×1092 mm　1/16 | 印　　张:13.5 |
| 字　　数:346千字 | |
| 版　　次:2022年4月第1版 | 印　　次:2022年4月第1次印刷 |
| 定　　价:130.00元 | |

本书如存在文字不清、漏印以及缺页、倒页、脱页等,请与本社发行部联系调换

# 《襄阳城市气候环境研究》编委会

主　编：向　华

副主编：万　君　杨诗定　王　芹

顾　问：周月华　许昭南

编写人员（以姓氏笔画为序）：

　　　　万　君　王　成　王　芹　王　凯　王馨凝

　　　　叶丽梅　向　华　张丽文　杨诗定　周　羽

　　　　周　悦　高正旭　徐　星　梁益同

# 前　言

　　城市发展会影响局地气候变化，气候变化导致的极端天气又严重影响城市的承载能力。如何正确认识城市气候特征，理解城市化与城市气候环境的相互影响机制，针对性地开展城市气候可行性论证及城市气象灾害风险评估，提出适应对策，做好城市防灾减灾，对优化城市布局、创造城市宜居环境、走可持续城市发展道路具有十分重要的意义。

　　襄阳是一座有2800余年建城史的国家历史文化名城。为充分利用气候资源，防范和化解城市气象灾害风险，减轻城市热岛、城市内涝、城市污染等危害，襄阳市委、市政府高度重视气象工作，先后投资实施了"襄阳城市气候影响评估""襄阳市区暴雨雨型分析及暴雨公式编制""襄阳城市通风廊道规划研究""襄阳开发区区域性气候可行性论证"等项目。

　　《襄阳城市气候环境研究》是对上述项目成果的归纳整理。基于襄阳国家气象观测站历史观测数据及多要素综合指标，利用3S（RS，遥感技术；GIS，地理信息系统；GPS，全球定位系统）技术、城市边界层模式、城市内涝模型等客观分析方法，开展了生态本底遥感监测，系统分析了襄阳气候要素的变化特征、城市大气环境、城市热环境、城市人居环境等生态气候环境状况，进行了城市气象灾害风险评估、城市生态环境质量评价、城市通风廊道规划等专题研究。

　　本书中襄阳包含两个不同的区域：第一个区域襄阳市，为襄阳地级市全域，包括3个县（南漳县、谷城县、保康县）、3个县级市（宜城市、枣阳市、老河口市）、3个市辖区（襄城区、樊城区、襄州区）和3个开发区（襄阳高新技术开发区、鱼梁洲经济开发区、襄阳经济开发区即东津新区），主要用于第1章大尺度背景分析和第2章生态本底遥感监测中的气溶胶背景分析；第二个区域襄阳城市，即襄阳城市的建成部分，主要包含3个市辖区下辖街道和米庄镇、张湾镇、团山镇、尹集乡、东津镇5个乡镇的部分连片开发地区。

　　本书第1章介绍襄阳概况，包括襄阳自然地理、气候特征、主要大气环流系统及气象灾害等，由王芹、杨诗定、周羽、周悦、向华、王馨凝编写。第2章介绍襄阳城市生态气候环境，包括生态本底遥感监测、城市大气环境、城市热环境、城市人居环境等；其中，生态本底遥感监测由万君、张丽文编写，城市大气环境由王凯、向华编写，城市热环境由万君编写，城市人居环境由王凯编写。第3章为襄阳城市气候生态环境专题影响评估，包括城市气象灾害风险评估、城市生态环境质量评价、城市通风廊道设计等；其中，城市气象灾害风险评估由叶丽梅、高正旭、向华、王成、徐星编写，城市生态环境质量评价由张丽文、梁益同编写，城市通风廊道设计由向华、王凯、张丽文、万君编写。周月华负责全书框架设计，万君负责全书的汇总工作，周月华、许昭南对多个专题影响评估给予了重要的指导意见，审稿工作由向华、周月华、许昭南承担。

　　本书引用了许多有价值的研究成果，为此，在书末列出了引用的参考文献，并向文献作者们表示深深的感谢。在项目的研究进程中,我们还得到了襄阳市水利和湖泊局、农业农村局、自然资源和规划局、生态环境局、住房和城乡建设局等部门的大力支持和无私帮助。中国气象科学研究院房小怡研究员、河南省气候中心朱业玉教授等在城市通风廊道设计过程中给予了支持和指导。气象出版社在书稿的编写和修改过程中给予了宝贵意见和建议。在此,表示衷心的感谢。

由于作者水平有限,疏漏、错误在所难免,恳请广大读者不吝指正。

编者

2020 年 8 月

# 目 录

前言
## 第1章 襄阳概况 ……………………………………………………………………（1）
### 1.1 襄阳自然地理 ……………………………………………………………（1）
#### 1.1.1 地理位置与面积 ……………………………………………………（1）
#### 1.1.2 地形地貌 ……………………………………………………………（1）
#### 1.1.3 自然资源 ……………………………………………………………（3）
### 1.2 襄阳气候特征 ……………………………………………………………（4）
#### 1.2.1 气候特点 ……………………………………………………………（4）
#### 1.2.2 四季气候 ……………………………………………………………（5）
#### 1.2.3 主要气候要素 ………………………………………………………（6）
### 1.3 影响襄阳的主要大气环流系统 …………………………………………（8）
#### 1.3.1 锋 ……………………………………………………………………（8）
#### 1.3.2 西太平洋副热带高压 ………………………………………………（8）
#### 1.3.3 乌拉尔山阻塞高压 …………………………………………………（9）
#### 1.3.4 大陆高压 ……………………………………………………………（9）
#### 1.3.5 切变线 ………………………………………………………………（9）
#### 1.3.6 高空槽 ………………………………………………………………（9）
#### 1.3.7 西南涡 ………………………………………………………………（9）
#### 1.3.8 倒槽 …………………………………………………………………（9）
### 1.4 襄阳气象灾害 ……………………………………………………………（10）
#### 1.4.1 干旱 …………………………………………………………………（10）
#### 1.4.2 暴雨洪涝 ……………………………………………………………（10）
#### 1.4.3 连阴雨 ………………………………………………………………（11）
#### 1.4.4 冷（冻）害、寒潮 ……………………………………………………（11）
#### 1.4.5 高温 …………………………………………………………………（11）
#### 1.4.6 大风、冰雹 …………………………………………………………（11）
### 1.5 冬季空气污染来源解析 …………………………………………………（12）
#### 1.5.1 2013年影响襄阳的重污染天气过程 ……………………………（12）
#### 1.5.2 2018年影响襄阳的重污染天气过程 ……………………………（17）
#### 1.5.3 2015—2017年襄阳重污染天气特征 ……………………………（21）
#### 1.5.4 小结 …………………………………………………………………（27）

## 第2章 襄阳城市生态气候环境 …………………………………………………………（28）
### 2.1 生态本底遥感监测 ……………………………………………………………（29）
#### 2.1.1 数据资料 …………………………………………………………………（29）
#### 2.1.2 海拔高度 …………………………………………………………………（29）
#### 2.1.3 土地覆盖类型变化 ………………………………………………………（30）
#### 2.1.4 植被变化 …………………………………………………………………（31）
#### 2.1.5 气溶胶变化 ………………………………………………………………（36）
#### 2.1.6 人口变化 …………………………………………………………………（42）
#### 2.1.7 GDP变化 …………………………………………………………………（42）
#### 2.1.8 小结 ………………………………………………………………………（46）
### 2.2 襄阳城市大气环境 ……………………………………………………………（47）
#### 2.2.1 大气自净能力 ……………………………………………………………（47）
#### 2.2.2 城市风环境 ………………………………………………………………（50）
#### 2.2.3 风环境优化的作用 ………………………………………………………（51）
#### 2.2.4 资料与方法 ………………………………………………………………（52）
#### 2.2.5 襄阳城市风的背景分析 …………………………………………………（52）
#### 2.2.6 襄阳城市风的时空特征分析 ……………………………………………（57）
#### 2.2.7 小结 ………………………………………………………………………（66）
### 2.3 襄阳城市热环境 ………………………………………………………………（66）
#### 2.3.1 城市热环境概念 …………………………………………………………（67）
#### 2.3.2 城市热岛效应研究进展 …………………………………………………（67）
#### 2.3.3 技术路线 …………………………………………………………………（68）
#### 2.3.4 数据处理及方法 …………………………………………………………（68）
#### 2.3.5 襄阳城市热岛变化分析及影响评估 ……………………………………（73）
#### 2.3.6 小结 ………………………………………………………………………（89）
### 2.4 襄阳城市人居环境 ……………………………………………………………（90）
#### 2.4.1 人体舒适度指数定义 ……………………………………………………（90）
#### 2.4.2 人体舒适度分析及影响评估 ……………………………………………（90）
#### 2.4.3 小结 ………………………………………………………………………（96）

## 第3章 襄阳城市气候生态环境专题影响评估 …………………………………………（97）
### 3.1 襄阳城市气象灾害风险评估 …………………………………………………（98）
#### 3.1.1 资料与方法 ………………………………………………………………（98）
#### 3.1.2 城市内涝 …………………………………………………………………(106)
#### 3.1.3 城市雷电风险 ……………………………………………………………(143)
#### 3.1.4 小结 ………………………………………………………………………(147)
### 3.2 襄阳城市生态环境质量评价 …………………………………………………(148)
#### 3.2.1 生态环境质量评价理论基础 ……………………………………………(148)
#### 3.2.2 襄阳市生态质量气象评价 ………………………………………………(150)

|       |       |                                                  |        |
|-------|-------|--------------------------------------------------|--------|
|       | 3.2.3 | 基于遥感生态指数的襄阳城市生态环境质量评价 | (155)  |
|       | 3.2.4 | 小结                                             | (165)  |
| 3.3   | 襄阳城市通风廊道设计 |                                     | (165)  |
|       | 3.3.1 | 工作流程与技术路线                               | (166)  |
|       | 3.3.2 | 襄阳城市通风廊道研究                             | (170)  |
| 3.4   | 东津新区气候可行性分析 |                                   | (195)  |
|       | 3.4.1 | 东津新区情况简介                                 | (196)  |
|       | 3.4.2 | 东津新区局地气象要素分析                         | (197)  |
|       | 3.4.3 | 东津新区城市内涝风险评价                         | (198)  |
|       | 3.4.4 | 东津新区城市热岛效应预估                         | (199)  |
|       | 3.4.5 | 小结                                             | (199)  |

**参考文献** ················································································· (202)

# 第 1 章 襄阳概况

## 1.1 襄阳自然地理

### 1.1.1 地理位置与面积

襄阳市位于湖北省西北部,居汉水中游,地跨东经 110°45′~113°06′、北纬 31°13′~32°37′,呈不规则五边形,北毗河南省南阳市,东连随州市,南邻荆门市,西南与宜昌市和神农架林区接壤,西接十堰市。行政区域总面积 19700 km²,边界线全长 1332.8 km。北端为老河口市洪山嘴镇杨花岗村,南端为南漳县东巩镇苍坪村,直线距离约 157 km;东端为枣阳市新市镇白竹园寺林场,西端为保康县马桥镇西端,直线距离约 228 km。

襄阳市是湖北省政府确立的省域副中心城市,亦是鄂、豫、渝、陕毗邻地区中心城市,是国务院 1986 年公布的第二批中国历史文化名城,有着 2800 多年建城史。周时属樊国,战国时为楚国要邑,三国时置郡,后历代多为州、郡、府治,是中原文化和楚文化的汇合地。诞生过汉光武帝刘秀,隐居过三国时期政治家、军事家诸葛亮,养育过楚国文学家宋玉、唐代大诗人孟浩然、宋代书画家米芾,演绎过卞和献玉、司马荐贤、三顾茅庐、马跃檀溪、水淹七军、李自成称王等重大历史事件。襄阳古城自古分为汉水(沔水)南北两岸的襄阳及樊城二城,隔汉江相望,二城在历史上都曾经是军事与商业重镇,素有"铁打的襄阳""华夏第一城池""兵家必争之地"的称号。1950 年襄阳、樊城两镇合并组建襄阳市,隶属襄阳专署,1979 年由湖北省直辖,1983 年襄阳地区并入地级襄阳市,2010 年更名襄阳市。中共襄阳市委、市人民政府、市人大常委会、政协襄阳市委员会均驻襄城区。

襄阳市现辖 3 个县、3 个县级市、3 个市辖区和 3 个开发区,市区面积 3671 km²,其中襄阳古城面积 2.4 km²;全市人口 594.3 万;是湖北省仅次于武汉的第二大城市,是鄂、豫、渝、陕毗邻地区 30 万 km² 范围内唯一的大城市,也是国家园林城市、卫生城市、智慧城市、森林城市、创新型试点城市、新能源汽车推广应用示范城市、食品安全示范城市、全国科技进步城市、可再生能源示范城市、绿化模范城市、社会治安综合治理优秀城市、双拥模范城、中国优秀旅游城市、十大魅力城市等。

### 1.1.2 地形地貌

襄阳市地形为东低西高,由西北向东南倾斜。东部为低山丘陵,海拔高度多在 90~250 m,主要分布在枣阳东部诸镇,最高点是与河南省交界处的玉皇顶,海拔高度 778.5 m。中部为岗地平原,兼有低山和河谷凹地,主要分布在枣阳市西部和襄阳市区、宜城市、老河口市全部以及南漳县东部乡镇,宜城市孔湾镇八角庙村海拔高度 44 m,是全市最低点。西南部为山区,包括保康县、谷城县南部和南漳县中西部,海拔高度多在 400 m 以上,保康县官山海拔高度 2000 m,是全市最高点(图 1.1)。

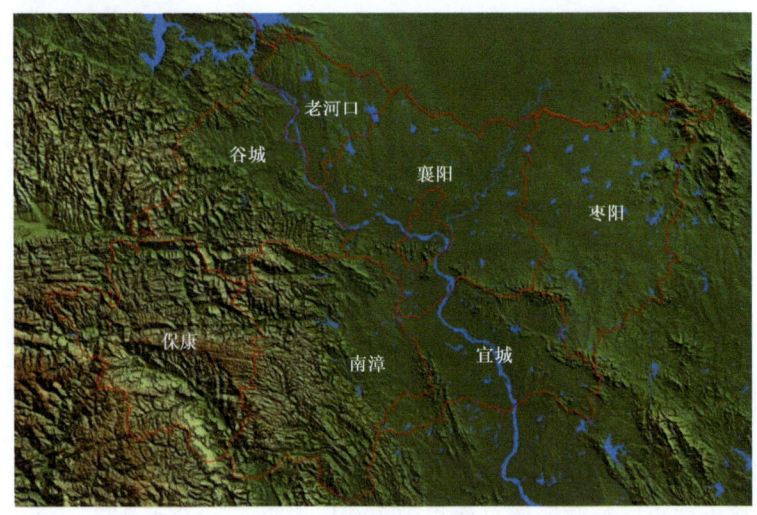

图 1.1　襄阳市地形地貌分布

　　襄阳市处于我国地势第二阶梯向第三阶梯过渡地带。区内经过多次构造运动,至中生代燕山运动奠定今日宏观地貌轮廓。其间武当山、桐柏山、荆山、大洪山地区发生剧烈褶皱、断裂,上升为陆,并形成许多山间盆地,如南阳断陷盆地、洪山断陷盆地、桐柏山南断陷盆地、汉江地堑盆地、南漳地堑盆地和马良地堑盆地等,新生代喜马拉雅运动,南漳以东、以北各盆地中心下沉,边缘地区相对上升。第四纪下更新世山区继续上升,盆地则先下降后上升,气候转冷,盆地内堆积冰水沉积物。中更新世山区上升,汉水已形成,河水荡涤盆地冰水堆积物,泛溢相黏土堆积扩展到拗陷盆地边缘,即今日岗地分布范围。全新世山区继续上升,平原地区出现多次升降运动,形成依附现代河流的河谷平原。全境呈山区面积大、平原面积小的特点。在襄阳市总面积中,山地占 31.4%,丘陵岗地占 57.3%,平原占 11.3%。地势自西北向东南倾斜,可分为西部山地、中部岗地平原及东部低山丘陵三个地形区。

　　西部山地为鄂西北山地的东延,亦即我国地势第二级阶梯东缘的一部分,由武当山山脉东端和荆山山脉北段组成高中山—中低山区。武当山余脉自西向东延伸到谷城县和老河口市的西部,山脉为西北—东南走向,为断块隆起的低中山,山体由元古界变质片岩类构成。境内峰峦重叠,地势高阜,海拔高度多在 400 m 以上,位于谷城县境西南的摩天岭海拔高度 1227 m。荆山山脉北段分布在保康县全境和谷城县的南部及南漳县的西部。地势西高东低,山脉在保康县境呈东西走向,在南漳县境转为西北—东南走向。主峰关山位于保康县境,海拔高度 2000 m,为汉水与长江的分水岭,又是市境最高山峰。在南漳县西北和保康县东部地带,广泛分布着浅海相碎屑岩类,地层紧密褶皱,向斜轴部高悬于山脊或近山顶,背斜轴部则为谷地,山势险峻。由于岩石较软弱,在水流切割与构造线相吻合地段,形成狭小的山间河谷盆地,如长坪、黄花、保康县城关、寺坪和后坪等盆地。谷城县南部,保康县南部与南漳县西部,碳酸盐岩遍布,地层反复褶皱。岩溶地貌发育,形态类型较齐全,常见溶洞呈层状分布,多暗河、伏流;中—深切割深度,幽山深涧,峭壁峰岩。群山顶部地势相对缓和,呈现峰丛、洼地与落水洞组合地貌景观。较大的溶蚀洼地有大坪、薛坪、果坪、麻坪等。在保康境内还有马桥、马良等山间断陷盆地。

东部低山丘陵区位于鄂豫交界和随州、京山、钟祥交界地带,大部分为海拔高度1000 m以下的低山丘陵,由桐柏山、大洪山组成。两山南北对峙,均呈西北—东南走向。桐柏山主峰太白顶位于随州北部新城镇境内,海拔高度1140 m,属断褶岩浆岩变质岩类低中山;大洪山主峰宝珠峰位于随州西南三里岗镇境,海拔高度1055 m,属紧密褶皱碳酸盐岩变质岩类低中山,羽状和树枝状水系发育,浅—中切割深度。桐柏山南有大阜山的佛山寨低山群,其间为零星的红色山间盆地,大洪山以北,与大狼山低山群间为狭长的洪山红色盆地。上述低山群分别与桐柏山、大洪山平行排列,一般高度在200 m左右,水系发育,浅切割深度,沟谷较宽阔。坚硬的花岗岩、变基性岩、石英岩和大理岩常形成山峰,山势平缓;变质片岩类则成为较低的地形。这两低山群之间为唐县镇枣厉山镇红色盆地,因内陆沉积的碎屑岩类胶结程度较差,抗风化剥蚀力弱,形成丘陵地形,海拔高度一般低于200 m,丘顶浑圆低矮,沟谷较宽敞,相对高差约40~150 m。

中部岗地平原是夹在西部山地和东部低山丘陵之间的广阔地带,长山、扁担山、隆中山等横贯其间,北属鄂北岗地,南属江汉平原的宜(城)钟(祥)夹道。鄂北岗地俗称"三北"(襄州、枣阳、老河口三县(市、区)北部)岗地,介于桐柏山与武当山之间,汉水以东、滚河以北地域属南阳盆地南缘。第四纪黄褐土沉积层受地表水切割,浸溶形成岗垅相间波状起伏的岗地地貌。海拔高度在85~140 m,相对高差10~30 m。沿河冲积平原主要分布在汉水、唐白河流域两岸,大部在"三北"岗地境内,小部在汉水、蛮河流域的宜(城)钟(祥)夹道地带,海拔高度90 m以下。宜城市八角庙村海拔高度44 m,为全市最低点。汉水河谷冲积平原有明显的中、上游地域特征,以老河口市到襄阳市区段最为狭窄,东北与南阳盆地相连,西接鄂西山地。欧庙至宜城段较为宽阔,呈西北—东南走向。西侧边缘与扁担山—杨家大山低山区相接,东侧隔谷地丘陵与大洪山山脉相望。河谷平原由一、二级阶地构成,两级阶地依次内迭,地势平坦。蛮河、唐白河、滚河等河谷平原更为狭窄。沮河、漳河、北河游荡群山之间,数处狭小冲积盆地呈零星分布。

### 1.1.3 自然资源

土地资源:襄阳市处于我国地势第二阶梯向第三阶梯过渡地带,其地势自西北向东南倾斜,全境分为三大地形区。西部山区由武当山山脉东端和荆山山脉北段组成,覆盖保康、谷城、南漳3个县的全境,面积超过8000 $km^2$,约占全市总面积的40%。西部山区海拔高度多在400 m以上,其中保康县境内的关山海拔高度2000 m,既是襄阳市全境最高点,又是汉江与长江的分水岭。西部山区森林物产丰富,类型多样,是用材林、经济林、土特产、畜牧业、药材、反季节蔬菜等多种经营的重要生产基地。东部低山丘陵位于鄂、豫两省交界地带以及与随州、荆门(钟祥)交界地带,面积超过1000 $km^2$,约占全市总面积的20%,海拔高度多在90~250 m。丘陵以低丘为主,丘间河谷开阔,土地肥沃,适宜多种农作物生长,是重要的粮棉产区。中部岗地平原地处西部山区和东部低山丘陵之间的广阔地带,由纵贯襄州区、枣阳市、老河口市的"三北"岗地和分布在汉水、唐白河、蛮河流域的冲积平原组成,面积超过8000 $km^2$,约占全市总面积的40%(简称鄂北岗地)。"三北"岗地海拔高度在85~140 m,沿河冲积平原海拔高度在90 m以下。宜城市境内的八角庙村海拔高度44 m,为襄阳全市最低点。"三北"岗地岗顶宽平,岗垅相间,起伏和缓,土层深厚,适宜农业机械化作业,是小麦、棉花、豆类、油料、烟叶的重要产地,并兼有农林牧副渔多种经营和推广农业高新技术的优越条件。汉江流域两岸河谷小平原和大面积冲积平原属江汉平原北端的组成部分,其地势平坦、水源充足、土质上乘,是水稻、小麦、棉花、牲畜、禽蛋、水产的主要生产基地。全市土地资源潜力较大,其中可利用、亟待开发的荒山、荒地、滩涂尚有 800 多万亩*,可供养殖利用的水面也很多。全市种养殖业及多种经营的发展前景十分广阔。

水利资源:襄阳市地理位置优越还表现在既有充沛的降水,又有众多的河流和库塘,地表径流量和地下水蕴藏量都很可观。境内有大小河流 600 多条,分属长江、淮河两大水系,其中属长江水系的汉江、沮漳河两大河流流域面积为全市河流流域总面积的绝大部分。年均径流总量超过 85 亿 $m^3$,正常年过境水量约 400 亿 $m^3$。全市最主要的河流汉江,自丹江口水库坝下陈家港流入襄阳境内,经老河口、谷城、襄州和襄阳市区,南出宜城市岛口村入钟祥市,境内汉江全长 216 km,有 30 条支流直接汇入汉江,流域面积 17357.6 $km^2$,占全市总面积的 88%。汉江水系条件与欧洲著名的莱茵河相当。全市有大、中、小型水库 845 座,堰塘 88461 口。地下水储量也极为丰富,开采便捷。另外,水质好是这里水资源的又一显著特点:地表水矿化度低,总硬度适中,多属软水,可广泛用于灌溉和饮用(例如境内的长 216 km 的汉江,一年中绝大部分时间清澈如镜);地下水的矿化度一般也较低,多属中性及弱碱性水,均可作为生产和生活用水,为地方经济社会发展提供了十分优越的水资源条件。

生物资源:襄阳市类型多样的地质、地貌和生态环境,使其生物资源绚丽多姿,并呈现出南北兼备的鲜明特色。就植物资源而言,境内植物区系成分多属亚热带区系的科属。其中木本植物多属北亚热带落叶阔叶、常绿阔叶混交林地带。全市森林总面积约 1300 万亩,其中用材林约 900 万亩。常见的树种约 64 科 236 种,其中稀有珍贵树种也不少。经济林木种类繁多,既有亚热带型的油茶、木梓、茶叶、柑橘、棕榈等林木,又有暖温带果树,如板栗、枣、梨、苹果、桃等,还有大量的山林土特植物。拥有各类林特产品 500 种,常见的有 300 种以上,如山葡萄、猕猴桃、黑白木耳、香菌等,以及稀有名贵中药天麻、黄连、当归、灵芝、党参、猴头等。至于草本植物和乔木,其种类更是繁多,中国南北生长的在这里大都可以见到,如紫薇,已被确定为襄阳的市花。若就动物资源而言,境内动物也具有种类繁多、南北过渡性明显的特征,但更富于南方色彩。据调查统计,全市常见兽类 40 多种,鸟类 30 多种,昆虫 500 多种,属于国家保护的兽类 8 种,鸟类 5 种。

矿产资源:襄阳市矿产较为丰富,种类多样,属湖北省主要矿产区之一。现已查明有 70 种矿产。其中金属矿藏主要有铁、钢、铝、钒、铅、锌、金、银、钛、锰、钴、镓等;非金属矿藏主要有磷、金红石、耐火黏土、重晶石、石灰石、白云石、膨润土、萤石、石棉、煤等。探明的矿产储量中,钛矿(金红石)居全国首位,铝土矿、软质耐火黏土居全省第一位。

## 1.2 襄阳气候特征

### 1.2.1 气候特点

襄阳市属北亚热带季风(湿润)气候区,具有南北过渡性气候特点,兼具东西气候类型和生态景观。光能充足,热量丰富,降水适中,雨热同季,无霜期长。四季分明,冬夏长于春秋;冬冷而不寒,夏热酷暑短;干爽而不干燥,湿润而不潮湿。由于地貌类型复杂,气候表现出区域和垂

---

\* 1 亩＝1/15 $hm^2$,全书同。

直差异,是南北种植业过渡地带;但由于各年季风进退的迟早与强度变化不一,降水与温度年际变化较大,常发生干旱、洪涝、低温阴雨、寒潮、高温、大风、冰雹等气象灾害。

### 1.2.2 四季气候

襄阳市常年春、夏、秋、冬初日分别为3月中旬中期、5月中旬后期、9月下旬初、11月下旬初,四季长度分别为65 d、126 d、60 d、114 d,但年际和县市间存在差异;整体上入春、入夏日期有所提前,入冬、入秋日期呈延迟趋势。

春季:冷暖多变升温快,常见春旱、阴雨、倒春寒。中、东部丘陵岗地春季一般在3月15日至5月19日,期间长约66 d;而西部山区春季结束要到5月下旬,春季天数多在70 d以上。入春后,气温上升很快,2月月平均气温仅为4 ℃,4月月平均气温已上升到15 ℃以上。春季冷空气活动较频繁,一般每隔5~7 d就会有北方冷空气南侵,带来低温阴雨或者寒潮天气。如襄阳市区1957年4月8日平均气温达23.7 ℃,日最高气温为31.2 ℃,日最低气温也超过了18 ℃,但到4月10日,受强冷空气影响,日平均气温急剧下降至6.5 ℃,日最高气温跌至11.6 ℃,日最低气温仅为3.2 ℃,出现严重的倒春寒天气。春季降水量为170~240 mm,占全市年降水量的17%左右。

夏季:降水集中且变率大,"七下八上"多高温伏旱。襄阳夏季最长超过120 d,山区也有100 d以上。一般从5月下旬开始至9月中旬结束。夏长酷暑短,洪涝和干旱常交替出现。夏季又可分为初夏、盛夏和夏末。初夏一般从入夏之日开始至7月上中旬结束(湖北出梅),约60 d,候平均气温由22 ℃升至27 ℃;盛夏不到30 d,一般自出梅至8月上旬止,期间候平均气温28.0 ℃左右;8月中旬到9月中旬为夏末,历时40多天,候平均气温由27 ℃下降到22 ℃。夏季也是全年降水量最多最集中的季节,各县(市、区)在467~582 mm,占年降水量的55%~63%。长江中、下游地区梅雨季,襄阳处于梅雨带北缘,尤其7月上旬降水峰值期时有大雨或暴雨出现。进入盛夏后,受副热带高压控制,常出现连续数天日平均气温在28 ℃以上,或日最高气温35 ℃以上的高温热浪天气。如襄阳市区1959年7月17日到8月底,日最高气温35 ℃以上日数多达35 d,造成特大伏旱。盛夏期间降水变率也较大,虽然伏旱多于洪涝,但暴雨灾害每年都有发生。日降水量在100 mm以上的大暴雨各县平均为0.22 d。其中,东部明显多于西部,枣阳最多,保康最少。2008年7月22日襄阳市出现自建站以来最强的一次区域性大暴雨过程:全市区域自动气象站近1/3(62站)雨量在100 mm以上,其中3站特大暴雨(襄阳市区293.9 mm、襄州城关300.7 mm和枣阳杨档269.1 mm)。夏末,偏南季风向偏北季风转换,北方冷空气开始加强,副热带高压(副高)减弱,使襄阳市上空常处于其西北侧暖湿气流中,造成降水降温天气。受副高进退早迟、冷暖空气交汇强弱及持续时间长短影响,常见伏秋连旱和秋淋天气。

秋季:秋高气爽降温快,连阴雨、干旱常相随。9月中旬开始汉江以西率先入秋,汉江以东则要晚5 d;结束时间一般都在11月20日,秋季长60~70 d。秋季降水量在140~170 mm,约占年降水量的15%。秋季连阴雨是本市主要气候特点之一。受华西秋雨影响,7 d以上连阴雨山区几乎每年都有发生,东部地区则为平均两年出现一次;10 d以上的连阴雨,西部为平均2~3年出现一次,东部平均4~5年出现一次。1964年8月28日至11月5日,东部地区阴雨34 d左右,西部山区连阴雨超过50 d,秋雨绵绵之长是襄阳市有气象观测记录以来最长的一次。其中保康县9月连续降水日数多达26 d,为连续降水最长记录。2017年8月25日至10

月19日,全市降水日数长达36~40 d,枣阳、宜城为有气象观测记录以来最多,其他县、市仅次于1964年,居同期第二位;期间谷城、市区、枣阳、老河口降水量多达496.2~759.2 mm,创历史同期秋汛期雨量最多记录。20世纪90年代以来,常见入秋后高温天气,尤其是连续多日最高气温35.0 ℃以上的秋老虎天气,1999年9月8—10日,襄阳市区、老河口、枣阳、襄州等地日最高气温连续3 d在38.0 ℃以上,为历年同期罕见。

冬季:干燥少雨历时长,冷而不寒暖冬显。冬季时长近120 d,一般从11月下旬开始入冬至来年3月中旬迎春。中东部岗地平原冬长110多天,西南部丘陵山区为120 d左右。冬季一般每隔7 d左右就有一次冷空气活动,寒潮多出现在初冬时节,襄阳市区寒潮最早出现在1959年11月8日,日平均气温由7日的13.4 ℃降到9日的-0.4 ℃,48 h降幅13.8 ℃,日最低气温由7日的11.4 ℃下降到8日的0.6 ℃和9日的-1.6 ℃,24 h和48 h降幅分别达10.8 ℃和13.0 ℃。冬长严寒短,日平均气温≤0 ℃的天数仅有7~9 d。少数年份也出现过30 d以上的严寒天气,老河口1954年和1968年冬季日平均气温在0 ℃以下的天数分别达到33 d和36 d,1954年襄阳市区和老河口12月25日至次年1月3日连续10 d日最高气温都在0 ℃以下,是有气象观测记录以来仅有的一次。20世纪90年代以来,受全球变暖影响,暖冬气候特征十分明显。有的年份整个冬季日平均气温都在0 ℃以上,1998年强暖冬,12月下旬、1999年1月下旬和2月上旬平均气温异常偏高5~6 ℃。冬季也是全年降水最少的季节,冬季降水量在90~130 mm,降水总量约占全年的一成。冬干(旱)几乎每年都有。

### 1.2.3 主要气候要素

气温。襄阳市年平均气温在15.2(保康)~16.0 ℃(市区),汉江沿线及以东相对较高,最高值在襄阳市区,西部山区保康最低,南北差异不明显。气温年变化为单峰型,1月最低(2.6~3.1 ℃),7月最高(26.5~27.6 ℃)。建站以来极端气温:最高为40.0~42.0 ℃,最低为-19.7~-14.8 ℃。气温日变化峰值因天气状况不同而差异较大。一般晴天时,最高气温出现在15—16时,最低气温出现时间因季节而异:盛夏最早,在05时;春秋居中,在06时;冬季较晚,在07—08时。襄阳市日平均气温稳定通过10 ℃初日出现在3月下旬。

襄阳市区年平均气温为16.0 ℃。7月平均气温为27.4 ℃,1月平均气温为3.1 ℃;极端最高气温为41.1 ℃(出现在1961年7月23日),极端最低气温为-14.8 ℃(出现在1977年1月30日)。日平均气温≤0 ℃日数年平均为8 d(最多年为1969年,35 d;最少年为1999年,1 d),日最低气温≤0 ℃日数年平均38 d(最多年为1969年,70 d;最少年为2007年,16 d),日最低气温≤-5 ℃日数年平均为2 d(最多年为1961年,17 d;建站以来有13年未出现-5 ℃以下低温),1978年以来40年间仅有6年低于-7 ℃(2000年以来有3年)。日平均气温稳定通过0 ℃的初日为1月21日,终日为12月29日,持续日数为343 d;日最高气温≥35 ℃的日数年平均13 d(最多年为1959年,达53 d;最少年1987年、2007年均为3 d),日最高气温≥37 ℃的日数年平均为3 d(最多年为1959年,26 d;建站以来有18年未出现37 ℃以上高温),40 ℃以上的极端高温仅有3 d,分别出现在1959年8月21日(40.7 ℃)、1961年7月23日(41.1 ℃)和1969年8月2日(40.2 ℃),1970年以来没有出现40 ℃以上高温天气。市区年平均气温年际变化在14.9(1969年)~16.9 ℃(1998年和1999年),最近20年间有19年平均气温在16.0 ℃以上(仅2003年为15.6 ℃)。

降水。襄阳市年降水量在828(市区)~928 mm(谷城),雨量呈南多北少分布趋势。季节分配上,夏季多,冬季少,春季略多于秋季。最少月多出现在 12 月,最多月东中部县(市、区)出现在 7 月,西部保康、谷城、老河口出现在 8 月。7 月和 8 月雨量多、强度大,占年降水量的 32% 左右。全市年降水日数为 111~132 d,其中大雨日数为 5~7 d,暴雨日数为 2~3 d。初雪在 12 月上旬,终雪在 3 月上旬。

襄阳市年平均暴雨日数为 2.17 d,春、夏、秋三季都有发生,其中,有 90% 的暴雨出现在 5—9 月,出现频率最高的是盛夏 7 月和 8 月,约占全年的 56%。季节变化中,夏季暴雨占总次数的 71%;春、秋季较接近,分别占 14% 和 15%。春、秋季存在明显的地域差异:市区以东春季略多于秋季,以西则秋季暴雨居多。地域分布上,东南部明显多于西北部,宜城和枣阳最多,在 2.5 d 以上;南漳、谷城和市区次之,在 2.1 d 以上;襄州北部和老河口在 2.0 d 左右;保康最少,约为 1.7 d。大暴雨日数占全部暴雨场次的 10%,为 0.22 d,主要出现在盛夏,7—8 月合计为 0.15 d,占 68%。

暴雨最早 3 月即可出现(襄阳市区,1988 年 3 月 14 日),最晚出现在 11 月(谷城,1961 年 11 月 19 日)。大暴雨最早在 1973 年 4 月 29 日(枣阳,雨量达 260.9 mm);最晚是 1987 年 10 月 12 日(南漳和谷城,雨量分别为 129.3 mm 和 112.1 mm);单站日降水量最大为 293.9 mm,出现在 2008 年 7 月 22 日市区。大暴雨地域分布特征十分明显,东部的枣阳、宜城和市区三县(市、区)区大暴雨总日数多达 52 次,约占 70%。尤其枣阳市共出现大暴雨 24 场次,占全市总日数的三分之一,为 2 年一遇。200 mm 以上的特大暴雨日数约占全部暴雨场次的 1%,仅出现在枣阳、宜城、市区和老河口等县(市、区),西部山区保康、谷城、南漳国家基本气象站未观测到特大暴雨过程。

日照。襄阳市年日照时数为 1622(保康)~1841 h(南漳)。中东部县(市、区)在 1700 h 以上,西部在 1700 h 以下,保康最少。日照年变化呈双峰型,5 月最高,次峰值在 8 月,5—8 月均值都在 180 h 以上。夏季日照时数占年总时数的 30%;冬季日照时数只占年日照时数的 19%;春、秋季分别为 27% 和 24%。日照时数年际波动较大,多寡之间相差超过 700 h。如市区最少年 2011 年 1512.3 h,最多年 1962 年 2264.8 h。

风。全市盛行偏南风,其次是偏北风,其他方位发生频率较小,静风在秋季和冬季出现的几率较大。风向的季节变化明显。冬季,受蒙古强盛冷高压影响,多吹偏北风。夏季,受副热带高压影响,多吹偏南风。风向、风速均受地形影响,如保康县主导风为偏北风,谷城县主导风为偏东风;各县(市、区)年平均风速变化范围 0.8~2.5 m/s,平均风速地理分布差异明显,位于中东部的市区、宜城、枣阳由于地形狭管效应,风速较大,年平均风速在 2.0 m/s 以上;西部四县(市、区)地处山区或背靠大山脉,风速较小,其中保康年均风速只有 0.8 m/s。风速月际变化,一般为 4 月最大,3 月次之,10 月最小。10 min 平均风速 6 级以上的大风日数时空分布不均,春季是东部县(市、区)大风高发季节,夏季次之;西部县(市、区)全年大风较少,保康、南漳几乎没有出现 6 级以上大风。枣阳 1980 年 6 月 15 日 15 时 10—20 分观测到平均风速 24 m/s 的南风,为襄阳市最大 10 min 平均风速。全市极大风速最大值出现在 2011 年 7 月 24 日(枣阳,西风 29.7 m/s)。

无霜期。襄阳市年平均无霜期为 242(南漳)~252 d(市区)。平均初霜日为 11 月 12—17 日,平均终霜日为 3 月 10—18 日。建站以来最早初霜日在 10 月 15—24 日,最晚终霜日为 4 月 5—14 日。县(市、区)平均初霜日为 11 月 16 日,终霜日在 3 月 10 日,无霜期为 252 d。

各县(市、区)常年主要气候要素见表 1.1。

表 1.1　襄阳市各县(市、区)常年(1981—2010年)主要气候要素

| 站点 | 气温(℃) | | | 降水量(mm) | | | 日照时数(h) | | |
|---|---|---|---|---|---|---|---|---|---|
| | 平均 | 最高 | 最低 | 平均 | 最多 | 最少 | 平均 | 最多 | 最少 |
| 市区 | 16.0 | 39.6 | −8.8 | 828 | 1156 | 553 | 1832 | 2019 | 1514 |
| 枣阳 | 15.9 | 40.7 | −11.6 | 831 | 1493 | 473 | 1810 | 2139 | 1356 |
| 宜城 | 15.9 | 39.5 | −11.0 | 893 | 1132 | 676 | 1713 | 1993 | 1469 |
| 南漳 | 15.6 | 40.2 | −12.6 | 912 | 1298 | 663 | 1841 | 2332 | 1417 |
| 保康 | 15.2 | 41.6 | −11.7 | 928 | 1306 | 518 | 1622 | 1789 | 1339 |
| 谷城 | 15.9 | 40.2 | −13.7 | 924 | 1297 | 620 | 1667 | 1960 | 1222 |
| 老河口 | 15.9 | 39.7 | −13.0 | 830 | 1239 | 532 | 1652 | 1967 | 1222 |

## 1.3　影响襄阳的主要大气环流系统

襄阳市地处我国中部,地理上为南北、东西过渡地带。境内西南、东南和东北三面环山,北部为盆地南缘,中间汉江自西北向东南穿境而过,将市域分为东、西两部分,水系以汉江为主干,东西南北流向俱有。山脉多呈东西走向,市区至宜城段为东西宽约10~30 km的低平缺口,因其地理上为南阳盆地与江汉平原之间的通道,气象上亦称之为"南襄隘道",北方干冷空气南下和南方暖湿空气北上会因周边山体阻挡而分流抬升,形成汉江河谷地面风效应。西部县(市、区)华西秋雨特征明显,东部则兼有初夏江淮梅雨的某些天气气候现象,西南涡东移和台风低压西行亦常常以此地区为界。一年四季均受到湿热的东南季风和干冷的大陆高压的双重影响。特殊的地理环境决定了襄阳既受来自高纬度天气系统的影响,又受来自中低纬度天气系统的影响,其主要天气系统有锋、副高、切变线和高空槽等。

### 1.3.1　锋

一年四季都有冷锋活动,冬、春较多,夏、秋较少。冬季冷锋影响时,一般来说,天气转阴,有时有弱降水,降温幅度不大;若是强冷锋与高空槽配合,且锋前暖空气湿润时,会带来大面积雨雪或大到暴雪。锋前暖空气比较干燥时,会有浮尘、大风出现,冷锋过境后,气温剧降,出现低温。春季冷锋是襄阳成云致雨最主要的天气系统,降水概率在45%以上,若冷锋位移到江淮之间减弱成静止锋,将会有连阴雨发生。冷锋在夏、秋两季的活动较少,但当冷锋与高空槽、低涡配合时,将产生雷阵雨或暴雨天气。

### 1.3.2　西太平洋副热带高压

西太平洋副热带高压(简称副高)是夏季影响襄阳的最主要的天气系统。一般6月中旬到7月中旬,该地处于500 hPa副高西北边缘的暖湿气流中(受副高影响),阵性降雨多发;7月中旬到8月上旬,该地处于副高588 dagpm等值线以内(受副高控制),天气晴热,有时有阵雨。若高空有西风槽东移,中低层又有切变线或低涡配合时,可产生强雷阵雨或暴雨天气。副高南撤时常常造成襄阳短时强降雨、冰雹、大风等局地强对流天气。

## 1.3.3　乌拉尔山阻塞高压

当乌拉尔山附近有阻塞高压形成时,襄阳多受其以东大片低槽区的西南气流控制,一般会造成长时间的阴雨天气,冬、春季最为多见,若阻塞高压崩溃时,引导下游低槽发展加深东移,造成本地强降温、降水、大风等天气过程或寒潮天气,严重时出现雨雪冰冻严寒天气。

## 1.3.4　大陆高压

大陆高压是襄阳市秋、冬最为常见的天气系统,春、夏次之。受该系统影响,一般天气晴好。若大陆高压长期控制该地可造成低山地区干旱。夏季,受副高的阻挡,该地常处于大陆高压与副高之间,低层有切变线生成,会有对流性天气发生,有时也可产生局地暴雨。

## 1.3.5　切变线

切变线通常是指中低层高度场中呈气旋(北半球逆时针方向)性转变的两股不同方向水平气流的分界线,在天气图上指 700 hPa 和 850 hPa 等压面上风向或风速的不连续线。在切变线上,经常存在气流的水平辐合和上升运动,容易产生云雨天气。影响襄阳降水的切变线一年四季均可出现,如冬季冷切变常常带来大范围低温雨雪天气,春、夏之交江淮切变线易产生连阴雨或梅雨,夏季川东低涡切变则是襄阳暴雨发生的重要因子之一。切变线单独出现时,天气变化不大。若有高空槽、低涡或冷锋配合,可造成连阴雨、雷阵雨或暴雨,是导致降水的主要天气系统之一。

## 1.3.6　高空槽

襄阳一年四季都有高空槽活动,春季尤为频繁,其他季节次之。春季由于冷、暖空气都比较活跃,水汽条件较好,高空槽经过该地时大多有降水发生;若西北上游有源源不断的高空槽东移时,还会出现连阴雨天气。冬季一次高空槽活动的过程,也就是一次冷空气活动过程,有时伴有降水,高空槽东移过境后会造成大范围降温天气;若槽后冷空气很强,会产生低温、大风天气。在夏季高空槽和切变线、低涡配合时会造成强降水天气。

## 1.3.7　西南涡

源于西藏高原东侧四川盆地,多出现在夏半年(4—9月),初夏的5月和6月活动最频繁。当高空有低槽东移时,低涡会随着高空气流向东移动。当高空槽前有正涡度平流输送到低涡上空,或高空槽有较强冷平流侵入低涡后部时,西南涡会进一步加强。当西南涡(川东低涡)沿切变线或东移路径影响襄阳时,常给本地造成区域性暴雨天气。

## 1.3.8　倒槽

影响襄阳的倒槽系统以地面暖倒槽为主,还有少部分登陆减弱后的台风低压倒槽。地面暖倒槽经常在冷锋影响前 2~3 d 形成,暖低压倒槽的中心强度都在 1000 hPa 以下,冬春时节受其控制,本地回暖明显。当冷锋从河套南下进入暖倒槽中,冷锋前后气压相差可达 20 hPa,表明冷、暖空气温差大,有利于锋生和不稳定能量释放,造成强对流天气暴发。夏、秋时节,偶有西太平洋或南海台风登陆后减弱成的台风低压倒槽影响本地,由于其云系内水汽充沛,若有低槽、急流或东风波配合,常造成本地出现暴雨—大暴雨天气。

## 1.4 襄阳气象灾害

襄阳市主要气象灾害有干旱、洪涝、低温阴雨、高温、大风、冰雹等。

### 1.4.1 干旱

干旱分布广、频次多,为襄阳市最常见的气象灾害,一年四季都有发生。在各个季节当中,尤以秋、冬两季干旱最为常见,占总次数的60%。其中,冬旱几乎年年发生;其次为秋旱和伏旱,分别占22%和18%,夏旱和秋旱是危害最严重的干旱。干旱程度的地域分布,中部较东西部重,北部较南部重,汉水以东较以西重,岗地最重,河畈、丘陵次之,山区较轻。鄂北岗地旱灾平均1.5~2.0次/a,中旱两年一次,大旱三年一次;东南丘陵地带不同程度干旱每年都有发生,夏、秋严重干旱3—5年一遇;山区干旱因地形和海拔高度而异。轻旱居多,约占70%;中旱占25%,重旱占5%。

大旱和重旱为两年一遇,重旱主要是发生在3—4月的春旱、7—8月的伏旱和8—11月的伏秋连旱。

干旱是襄阳最突出的农业气象灾害,分布面广、频次多。20世纪90年代以来干旱呈加重趋势。从干旱年际分布情况看,20世纪50年代至21世纪10年代,不仅各年代出现频次呈上升趋势,而且持续时间亦明显延长。1991—2020年,各类干旱出现频次明显高于前30年(1961—1990年),20世纪90年代以来,最长的秋冬干旱持续时间长达190 d,持续时间50 d以上干旱频次亦明显增多。

### 1.4.2 暴雨洪涝

暴雨洪涝基本出现在4—10月,集中时段为6—8月,9—10月常有秋汛发生。山区洪涝多发,一般一年2次以上,出现局地强降水或暴雨则易形成山洪灾害;沿江河谷低洼地带次之,平均一年1.5~2次,汛期江河水位较高时遇大范围暴雨极易成灾。岗地和丘陵地区较少,大致一年1~1.5次,大洪山、枣北和唐白河流域洪涝较频繁。20 hm² 以下的涝灾几乎每年不断,20 hm² 的洪涝约三年一遇。洪涝灾害与暴雨紧密相连,有90%的暴雨洪涝出现在5—9月。

襄阳市致洪暴雨影响系统大致可以分为四个类型:

区域性暴雨—大暴雨:是天气尺度和次天气尺度系统动能相互作用的结果,中尺度低空急流、低涡切变、台风低压等涡旋系统是其直接产生系统。该型暴雨是襄阳洪涝灾害的主要成因之一,极易造成大面积内涝、江河库堰塘水位猛涨、淹没农田、损毁路桥和引发山洪泥石流等次生灾害。该型灾害最早见于4月(1973年),最晚发生于10月(1987年)。

局地突发性强降水(大暴雨):多发生在盛夏时节,主要由次天气尺度背景下的强对流性系统产生。该型暴雨俗称"砣子雨",范围小、强度大,常伴有雷电大风冰雹等强对流天气,降水集中、突发性强,易造成山洪暴发、城市内涝、库堰塘水位陡涨。

长连阴雨伴随大到暴雨:春、夏、秋三季都有发生,雨带稳定少动,易造成渍涝灾害。

区域持续性降水叠加上游下泄洪水:多发生在盛夏和秋汛期,易造成流域局部洪涝和堤坝坍塌等灾害。

## 1.4.3 连阴雨

连阴雨是一种持续时间长、雨区范围大、春、秋季多发、并伴有低温寡照的降水现象。其产生的条件,要求北方不断有小股冷空气南下,而南方暖湿气流又比较活跃,源源不断地北上,冷、暖空气相持于鄂西到江淮一带,且形势稳定。春、秋季连阴雨是襄阳市常见的农业气象灾害之一。连阴雨时空分布不均,春季东多西少,3月略多于4月;秋季西多东少,9月略少于10月。持续5 d以上的连阴雨,春季平均每年1~2次(市区3月和4月分别为1.0次和0.8次),秋季平均2次左右(市区9月和10月分别为0.8次和1.1次)。受华西秋雨影响,秋季长连阴雨略多于春季,谷城1964年秋季阴雨超过80 d,2017年9—10月降水量达676 mm,为全市秋季连阴雨之最。长连阴雨会对夏收作物产量和秋收秋种造成严重影响。

## 1.4.4 冷(冻)害、寒潮

在春、秋转换季节,冷、暖空气交替频繁,温度升降比较剧烈,常出现低温冷害、冻害和寒潮。各地春季冷空气活动平均每年4~6次,其中弱冷空气占45%~55%;中等冷空气占25%~35%;强冷空气占15%~25%。在地域分布上,西部山区相对较少,为4~4.5次,其中弱冷空气占50%~55%,强冷空气不到20%;鄂北岗地较多,为5.5~6次,其中弱冷空气占45%~50%,强冷空气占20%~25%。9—11月冷空气活动平均每年5~6次。春季寒潮大致1~2年一遇,多发生在3月和4月,最大降温幅度在15 ℃左右。秋季寒潮约2~3年一遇,多发生在11月。

历年极端最低气温各地相差较大,变化在−19.7~−14.8 ℃,以−9~−7 ℃的出现频率最高,基本上是2~3年一遇;早春冻害(2月下旬−5 ℃、3月上旬−2 ℃和3月中旬0 ℃),各地都有不同程度的发生,以鄂北岗地发生频次最高,常对小麦拔节、油菜抽薹造成冻害。

## 1.4.5 高温

高温根据其影响面不同一般区分为高温热浪和高温热害。高温热浪又叫高温酷暑,通常指持续多天35 ℃以上的高温天气。高温热害是指持续出现超过作物生长发育适宜温度上限的高温,对其生长发育以及产量形成的损害。

襄阳市夏季(6—8月)≥35 ℃高温日数平均为13.6 d/a,1961年最多,达40 d,最少出现在2007年1 d,中位值为14 d。20世纪60年代、70年代,高温日总数整体偏多,变化幅度较大;20世纪80年代以来,除个别年份(如1981年和1988年)外,高温日数趋于平稳,波动较小,1980—2009年平均高温日数11.0 d/a,30年间共有20年的高温日数低于中位值,占比67%。相应地,襄阳市夏季出现高温热浪平均为1.93次/a,1961年最多(7次),有8年未出现高温热浪天气。1961—2015年,高温日总数和热浪总数的平均相对变率在1961—1980年减少或较为稳定,1981—1990年增至最大,1991—2000年达到最小,而在2000年以后有所上升。高温热害出现次数和天数的年际差异与高温热浪基本相同。

## 1.4.6 大风、冰雹

大风和冰雹为局部强对流灾害性天气,常伴有强降水和雷电现象。春季,冷空气南下一般伴有阴雨大风,有时出现沙尘(黄灰),对茶叶、蚕豌豆和小麦扬花危害最大。冰雹多发生在春、夏两季,全市年均降雹5.7次,1973年最多,达22次。春季一般为区域性降雹,夏季多为局地性冰雹。夏季降雹约占全年的53%。其地理分布,山区盆谷地多,岗地东、西部次之,汉水沿岸、沿江河谷低洼地带少。降雹路径主要有3条,一是从老河口向东经襄州到枣阳,或从保康经南漳、宜城到枣阳,占40%;二是从河南省南阳市进入十堰市后折向老河口,并沿汉江向东南方向移动,占30%;三是从南漳向北偏东移动,约占15%。近年来,西南部山区冰雹呈多发、频发态势,鄂北岗地和沿江平原地带相对较少。

年平均大风日数在3~7 d,沿汉江及其以东地区是大风多发区,在5 d以上,尤以鄂北岗地中部最多,达7 d左右,西部山区较少,3~4 d。各地年最多大风日数为10~20 d。大风的季节分配是春季最多,夏季次之,秋季最少。特别是春季大风随北方冷空气南下时还伴有沙尘,对小麦扬花危害最大。

## 1.5 冬季空气污染来源解析

许燕婷等(2019)基于城市空气质量指数(AQI)开展了我国城市空气质量时空分布特征分析。冬季我国空气质量整体变差,空气污染严重,集中连片的污染区域主要分为两个大的片区:一是以冀、鲁、豫3省交界处为核心并蔓延至湖北省中北部的中度污染区;二是新疆大部分地区为轻度污染区,并以乌鲁木齐和阿图什市为核心的中度污染区。

气象条件是决定大气污染物空间分布的重要因素之一,同时,地形在一定程度上也能影响污染物的传输。襄阳冬季(12月至次年2月)空气污染严重与襄阳所在的特殊地理位置有关。襄阳地处南襄盆地的南缘,是个低平缺口,南襄盆地北缘有方城缺口,南北向洼地走廊在气象上被称为"南襄隘道",是南襄盆地的通风廊道,也是北方大气污染物、沙尘扩散南下的必经之道。

南襄盆地常年盛行偏北风,三面环山的地形特征使得偏北风携带的北方大气污染物在南襄盆地大量聚集,且南襄盆地地形导致盆地内部大气污染不易扩散,因此位于南襄盆地下方开口处的襄阳,成为南襄盆地污染物南下的必经之路。同时,襄阳南部有岘山、鹿门山,对南下的冷空气形成一定障碍,污染物易进难出,污染物在偏北风的作用下在襄阳市扩散、沉降,导致襄阳市空气质量可在极短时间内由良或轻度污染飙升至重度、严重污染,且空气质量在飙升为重污染后呈缓慢消退状态,污染持续时间较全省其他市(州、直管市、林区)长。

下面利用2013年、2015—2017年、2018年三个时段湖北省76个国家级气象站和13个环保国控站的观测资料分析襄阳重污染天气过程特征。

### 1.5.1 2013年影响襄阳的重污染天气过程

2013年11—12月湖北省共出现了4次大范围的霾天气过程(图1.2),分别为11月8—9日、11月21—23日、12月4—9日和12月18—27日,总站次数分别为69站次、124站次、220站次和441站次,持续时间分别为2 d、3 d、6 d和10 d,其影响范围和持续时间呈显著增加的趋势,尤其是12月18—27日的大范围霾过程中两者均达到了最强;而11月24日至12月3日的霾天气发生站次较少,平均仅为6.7站次,且11月23—24日的天气过程使得霾发生从43站次迅速减少为1站次,并较长时间维持在10站次以内。

图1.3进一步给出了2013年11—12月4次大范围霾天气过程中霾日数比和平均能见度

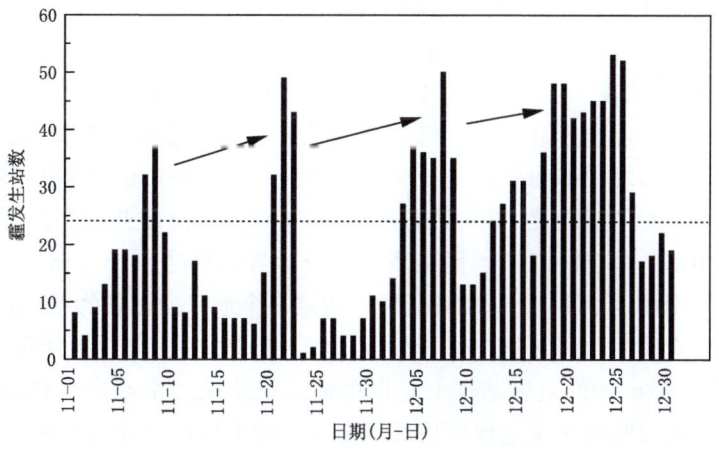

图 1.2 2013 年 11—12 月湖北省霾发生站数的日变化

的分布特征,霾日数比表征了各站霾发生日数占过程持续总日数的比例,而平均能见度则可以在一定程度上反映各站霾过程的强度。可以看出,除了在鄂西南高海拔山区和江汉平原南部的部分地区霾天气发生较少,湖北省大部分地区均受到霾天气的影响,4 次过程中出现霾天气的站数占总站数的比例从 50%增加到了 80%,充分表现了其大范围发生的空间特征。同时,这 4 次大范围霾天气过程中也存在着能见度明显偏低且霾天气持续出现(霾日数比值较大)的重点受影响区域,主要集中在鄂西北、三峡河谷和鄂东的部分地区。

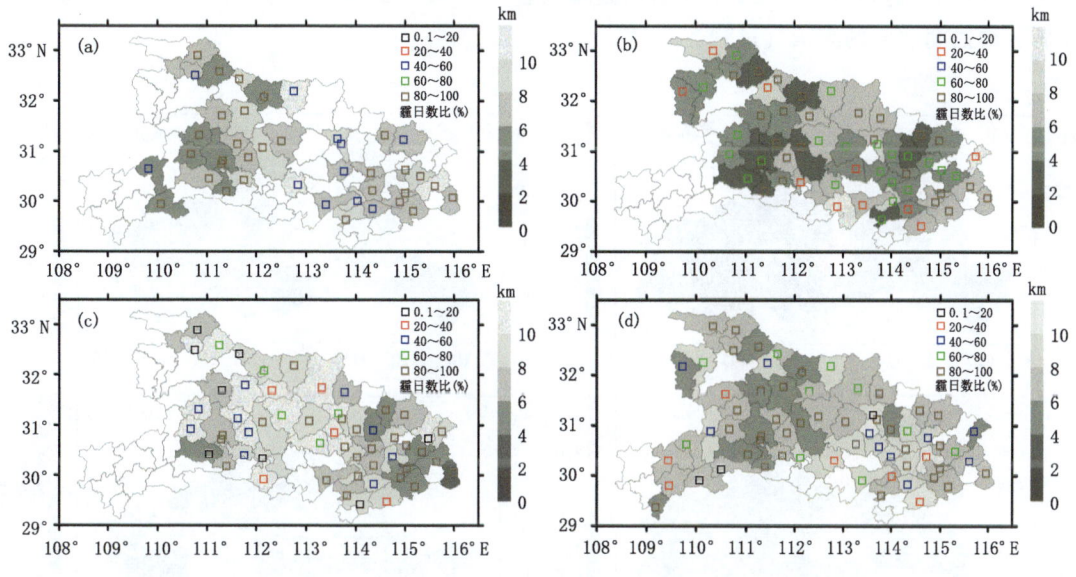

图 1.3 2013 年 11—12 月霾日数比和能见度(色阶)的分布
(a)11 月 8—9 日;(b)11 月 21—23 日;(c)12 月 4—9 日;(d)12 月 18—27 日

(1)风速、风向对大范围霾天气的影响

霾天气出现的频数是由本地源和污染物输送共同决定的,污染物的水平输送对其影响显著,风速、风向作为描述水平输送条件的基本气象要素,风速的大小及其来向将会在很大程度上决定污染气团的属性,所以对风速、风向的分析在霾天气过程输送特征研究中显得尤为重要。而能见度的降低是霾天气出现的最主要特征之一,并且其可以综合反映霾天气过程悬浮颗粒物的多少,进而表明霾天气的强度。因此,首先分析风速对能见度分布的影响,图1.4给出了2013年11—12月4次大范围霾天气过程中风速和能见度的分布特征。可以看出,4次过程中均存在一个从鄂北中部的襄阳到江汉平原的荆门、钟祥等地的"带状"较大风速分布区域,这是由于湖北省地形呈西、北、东三面高起,北有缺口且向南敞开的马蹄形环状,致使气团过境时通常经过中部的"宜钟夹道"。而全省大部分地区的风速小于3 m/s,尤其在鄂西南和鄂西北出现了大范围风速小于1 m/s的区域,表明这2个地区受污染物的远程输送影响较弱。而对于受远距离输送较强的湖北省中部地区,可以看出,第1次、第2次和第4次大范围霾过程中,能见度小于10 km的低值区基本上是以中部高风速区为中心向外扩展,位于高风速区中心位置的襄阳和荆门在这3次过程中出现风向偏北的平均比例分别为84.0%和82.8%(图略),表明这3次大范围霾天气过程中湖北受到了来自北方气团输送的影响,而恰在这几个时段华北地区出现了严重的雾、霾天气,此时的偏北风为污染物远距离输送到湖北提供了气象条件。

在第3次大范围霾天气过程中,能见度的空间分布特征与其他3次完全不同,低能见度主要出现在湖北省东部的大部分地区,位于低能见度中心位置的武汉以偏北和偏东两个方向的主导风为主,其中偏东风主要出现在12月7—9日的部分时段,且出现偏东风后武汉的能见度均出现明显下降并维持低值,平均能见度仅有2.3 km(图略)。与此同时,位于湖北省以东的江苏、浙江等地区发生了2013年最强的一次霾天气过程,12月4—9日南京和杭州的AQI维持在200以上,达到重度污染,并分别达到最大值377和402,从这一方向吹来的重污染气团会显著增强湖北省的霾天气过程。

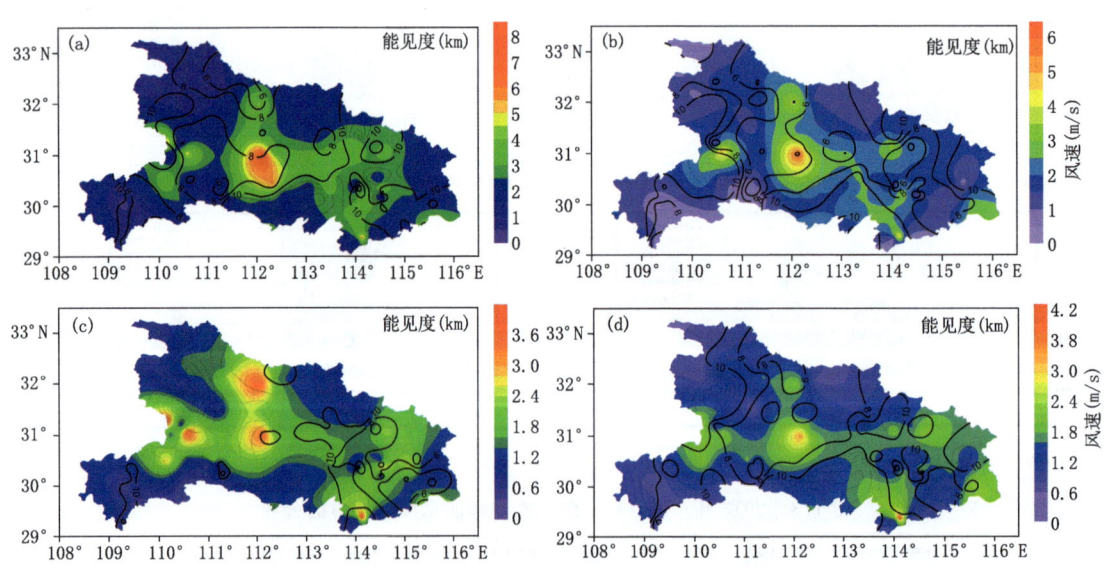

图1.4 2013年11—12月风速(色阶)和能见度(等值线)的分布
(a)11月8—9日;(b)11月21—23日;(c)12月4—9日;(d)12月18—27日
(图中未标注数值的等值线表示能见度大于10 km)

进一步分析来自北方重污染气团影响显著的襄阳市在大范围霾天气过程中风向、风速和能见度的变化特征。由图 1.5 可以看出,襄阳市北风出现的频次最高,为 55.0%,且其所导致的能见度基本都维持在 5 km 以下,仅在第 3 次过程主要霾区东移时出现短暂天气转好,能见度达到了最大值(25 km);而吹南风时,霾天气相对较弱,平均能见度大于 10 km。同时,大范围霾天气过程中襄阳各个风向的平均风速均大于 2 m/s,重污染地区气团的远程输送对襄阳市的影响显著。

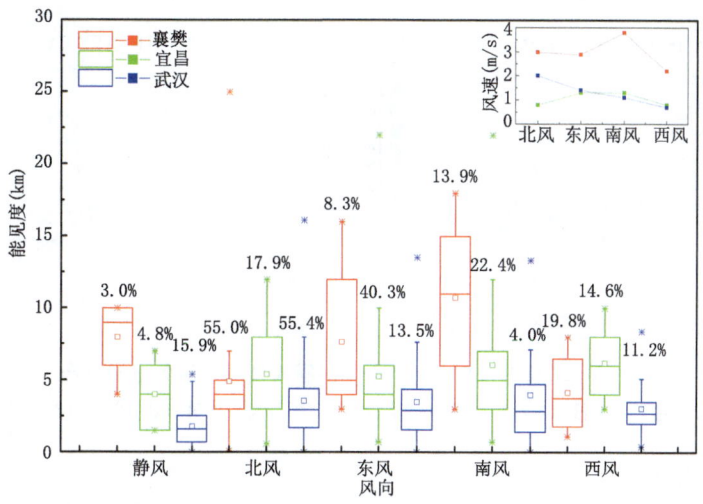

图 1.5  大范围霾天气过程不同风向下平均风速和能见度的变化

(2) 大范围霾天气的风矢量和特征

霾天气的出现主要是由于多种气溶胶粒子长时间在某一地区累积所导致的,风速的变化能在一定程度上反映气团的移动速度,但是无法有效表现一个区域在一段时间内受周围地区空气输送影响。图 1.6 分别给出了 4 次大范围霾天气过程的平均风矢量和空间分布。可以看出,第 1 次和第 2 次大范围霾天气过程中风矢量和分布特征较相似,主要在鄂西南、中部和东南的部分地区出现了明显大于其他地区的风矢量和。同时,在湖北省北部海拔高度最低的两个地区存在着来自北方重霾区的稳定气流输送,而其南部缺少显著的向外输送气流,使得污染物的水平扩散条件很差,且中部地区向东部和西部的气流输送特征显著,同时,第 1 次过程中风矢量和在中部地区存在顺时针的偏转,这将进一步加剧污染物的停滞和堆积,并导致重霾区主要出现在湖北省中部,多地能见度维持在 4 km 以下。与第 1 次过程相比,第 3 次大范围霾天气过程的风矢量和表现出"东、西大,中部小"的不均匀分布特征,湖北省西部主要受较强偏西气流输送的影响,而东部则受偏东、偏北气流输送的影响。偏西气流输送的气团所含颗粒物较少,且较大的风矢量和有利于污染物的扩散,使得湖北西部受霾天气影响较弱,而较大的偏东、偏北气流将会持续不断地给湖北东部输送来源于华北和江浙沪的重污染气团,导致此次大范围霾天气的重霾区主要出现在湖北省东部。而在第 4 次过程中,湖北省大部分地区的风矢量和均较小,输送条件较差,造成此次过程的持续时间和影响范围均达到最大,但同时可以看出,湖北省东南部到江汉平原南部存在较强的向西输送气流,使得该地区的能见度高于其他地区。

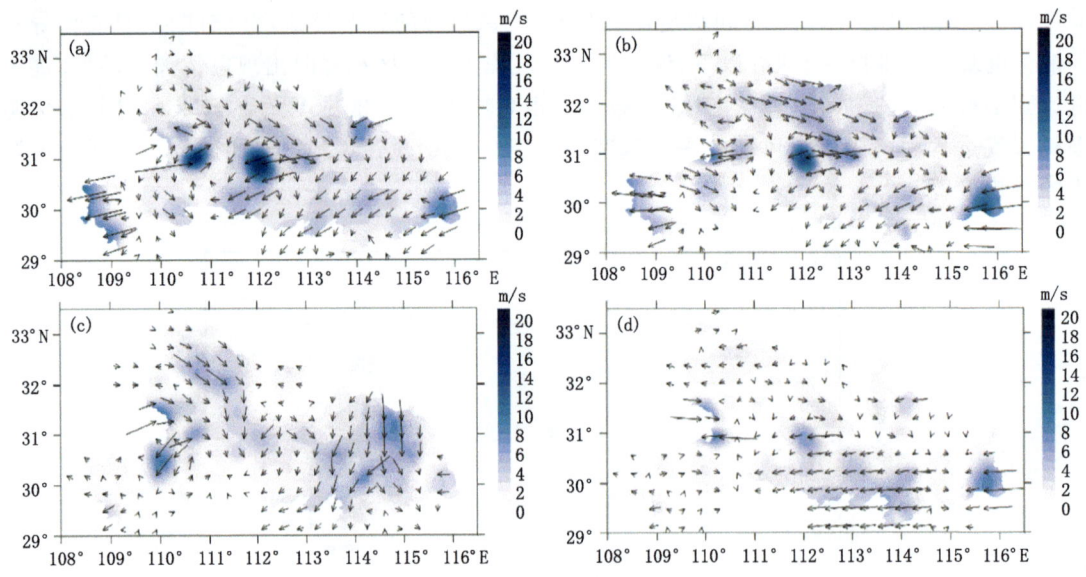

图 1.6　2013 年 11—12 月大范围霾天气过程风矢量和分布
(a)11 月 8—9 日；(b)11 月 21—23 日；(c)12 月 4—9 日；(d)12 月 18—27 日

(3)典型个例分析

结合能见度的变化特征,进一步定量分析水平输送能力的强弱对霾天气强度的影响。图 1.7 给出了第 3 次大范围霾天气过程中襄阳风逐时矢量和与能见度的相关特征,可以看出,风矢量和与能见度呈现较好的正相关关系,相关系数大于 0.5,表明导致严重霾天气持续出现的主要原因是较弱的水平输送能力带来污染物的聚集,随着水平输送的增强,能见度增大而霾天气减弱。但是当襄阳市的风矢量和大于 24 m/s 时,风矢量和与能见度呈现反相关关系,这就佐证了来自重污染区水平气流的输送会加剧本地的霾天气过程。

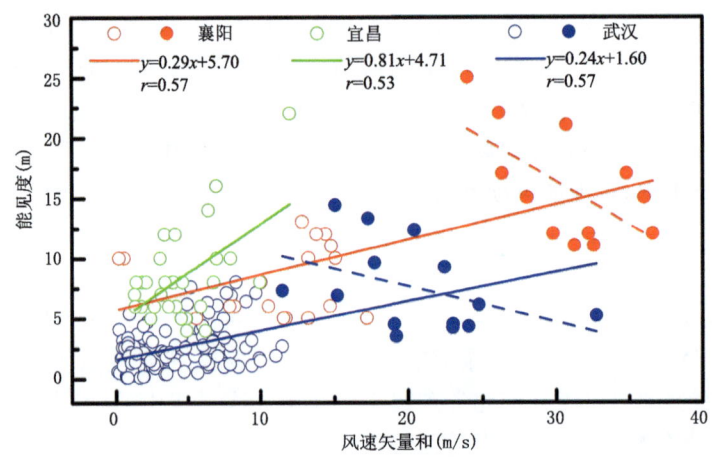

图 1.7　2013 年 12 月 4—9 日霾天气过程逐时风矢量和与能见度变化

## 1.5.2 2018年影响襄阳的重污染天气过程

2018年1月12—24日长江中下游地区出现了一次大范围的雾、霾天气过程,其中湖北作为此次过程影响的中心区域,多个城市出现了长时间的低能见度事件,$PM_{2.5}$和$PM_{10}$的质量浓度均出现500 μg/m³左右的小时值,且在污染物和浓雾的共同作用下,能见度多次出现连续数小时低于100 m的情况。图1.8给出了此次过程中空气质量等级的空间分布特征,可以看出本次雾、霾天气过程主要可分为12—16日和18—24日两个阶段,其中17日为两个阶段的转折期,全省基本表现为轻度污染,并出现少数不连续的中度污染区域。12—16日的污染天气主要集中在湖北省中、西部地区,表现为从中部襄阳向西南部恩施扩展的带状分布特征,本阶段污染在16日发展到最强,襄阳处于重污染区域,全省均出现轻度以上污染。18—24日的污染天气强于上一阶段,且其发展特征存在显著不同,表现为18—19日污染天气迅速发展,形成以湖北省中部北边界襄阳市为中心的严重污染区域,严重污染和重污染区域在19日达到极大值;同时,污染区域的分布特征与上一阶段也存在差异,其主要集中在湖北省中北部地区,并向东部地区扩展明显。

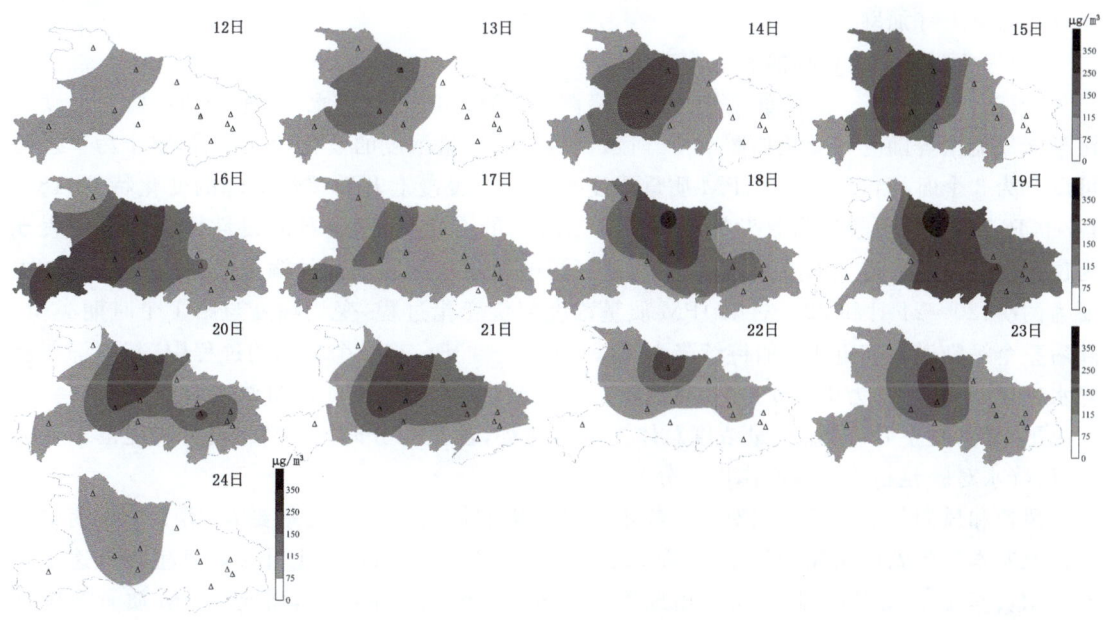

图1.8 2018年1月12—24日$PM_{2.5}$质量浓度日均值分布

同时,由于湖北地区具有河网密集和湖泊众多的地形特征,其会对污染天气的过程和类型产生显著影响,图1.9给出了所选取襄阳轻度霾、中度霾、重度霾、雾霾转化、雾和清洁天气发生时数的占比情况,总体而言,雾霾转化是此次污染过程的主导天气现象。相比于其他两类天气,霾天气对襄阳市的污染天气起主导作用,占比达到了38.46%,且主要以轻霾为主。

综上所述,可以看到此次污染过程是多种污染天气共同作用的结果,其中高湿条件下的污染天气(雾霾转化和雾)发生时间占比达到了64.27%,且高湿度带来的气溶胶吸湿增长、污染物光化学反应等均会对促进污染天气的暴发性发展和维持;而单纯霾污染天气仅占了25.85%,襄阳因其地理位置特点,是受北方污染气团输送影响最为严重的地区之一,在较为干

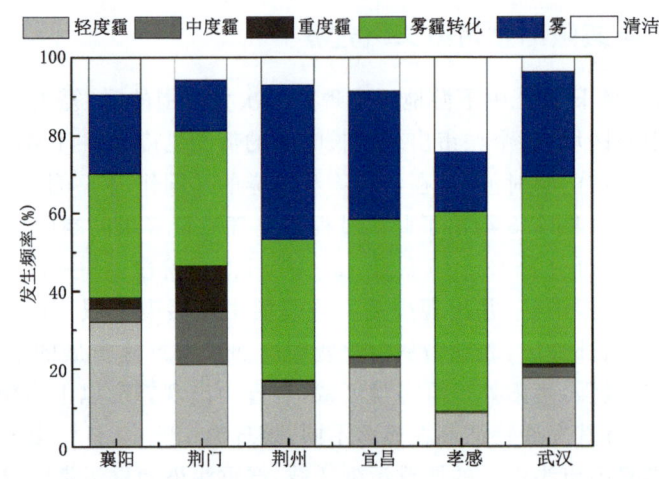

图 1.9 轻度霾、中度霾、重度霾、雾霾转化、雾和清洁天所占比例变化

燥的环境下更利于从中部地区进入湖北的污染物向西部和东部地区进一步扩散,使得整个湖北省的污染天气加剧。

(1)气象要素和污染物的时间演变特征

2018 年 1 月 12—24 日重污染过程中襄阳市 $PM_{10}$、$PM_{2.5}$、降水、风速、风向、相对湿度和污染天气类型等随时间变化如图 1.10 所示。从 PM 质量浓度的变化特征来看,整个污染过程可以分为 3 个时期,12—17 日,PM 质量浓度表现为先缓慢上升后缓慢下降的变化特征;18—19 日,PM 质量浓度表现为暴发性增长后迅速减小的变化特征,这种暴发性增长的主要表现为位于中部输送通道上的襄阳,存在中部地区污染物向东部和西部的输送作用;20—24 日,主要为两次(20—21 日和 22—24 日)PM 质量浓度起伏变化过程,变化幅度与第 1 个时期类似,随后整个污染过程在近 1 d 的持续降水过程中结束。同时,在 3 个时期的过程中,基本都伴有降水出现,小时雨量为 1 mm 左右,可以清楚地看到,在不考虑 PM 质量浓度背景环境变化的情况下,降水发生后,$PM_{10}$ 质量浓度总体为下降趋势,甚至部分时段 $PM_{2.5}$ 质量浓度也表现为下降,降水对颗粒物的湿清除作用十分明显。

风速和风向是表征近地层对污染物水平输送影响最为直接的气象要素,第 1 个时期中襄阳国家基本气象站的风速均较小,多在 3 m/s 以下,PM 质量浓度的上升主要发生在风速低于 2 m/s(甚至 1 m/s)的时段,且襄阳出现了 3 次风速突然增强的时段,而此时 PM 质量浓度表现为下降的变化趋势,这一时期的污染天气主要受局地气象条件导致的"累积作用"影响。第 2 个时期中襄阳国家基本气象站的风向、风速表现出较好的规律性特征,PM 质量浓度暴发性增长阶段的风向基本上以偏北为主,风速则均表现出了显著增大的变化特征同时 PM 质量浓度的迅速上升表明污染天气受外部源的输送影响显著。第 3 个时期主要可以分为前后两个阶段,20—21 日 PM 质量浓度的上升主要发生在风速明显下降时期,而 22—24 日 PM 质量浓度上升的过程中,风速均表现为显著的增大特征,风向则均为表征污染物输送影响的偏北。

相对湿度总体表现为较好的日变化特征,且其数值在多个时段接近或达到饱和,形成雾霾转化或雾过程。值得注意的是,在 PM 质量浓度暴发性增长前,相对湿度均维持了近 30 h 在 90% 以上,由于襄阳受输送作用影响显著,随后相对湿度迅速下降。高湿度环境下,大气中气溶胶细粒子极易吸湿增长,并且雾或雾霾转化天气的长时间维持表征了近地面恶劣的扩散条

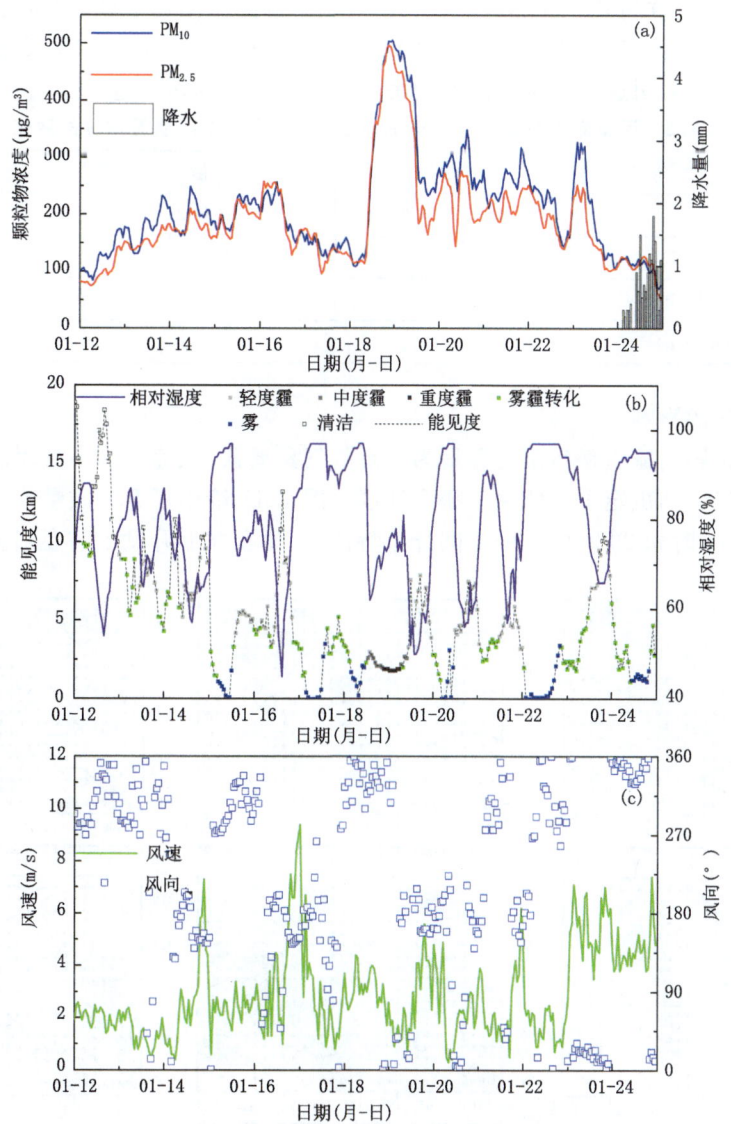

图 1.10　2018 年 1 月 12—24 日重污染过程中襄阳市 $PM_{10}$、$PM_{2.5}$、降水、风速、风向、相对湿度和污染天气类型的变化

件,这些均为 PM 质量浓度的暴发性上升提供了环境基础。随着相对湿度的日变化,天气现象总体也表现为"霾—雾霾转化—雾—霾"的循环变化规律,且这种规律在位于中部输送通道的襄阳更为明显。从天气现象来看,襄阳导致 PM 质量浓度暴发性上升的主要天气为重度霾或中度霾,不过受 19 日凌晨降水的影响,部分地区仅出现短历时的霾天气污染后转为雾霾转化或雾。不论是雾、雾霾转化或者霾天气,能见度与相对湿度的相关系数均大于 0.85,雾天气时相关系数甚至达到了 0.95,主导能见度变化的是相对湿度的改变。

(2) PM 质量浓度暴发性上升的成因分析

从 PM 质量浓度的变化特征可以清楚地发现,此次污染天气中有一次显著的 PM 质量浓度暴发性上升,随后迅速下降的过程。表 1.2 给出了此次过程襄阳环保站 $PM_{2.5}$ 质量浓度的变化特征,可以看到,首当其冲受北方污染气团输送影响的襄阳市 $PM_{2.5}$ 质量浓度的暴发性上升和下降速率分别达到了 $20.11\mu g/(m^3 \cdot h)$ 和 $19.50 \mu g/(m^3 \cdot h)$,$PM_{2.5}$ 质量浓度在短时间内出现剧烈的变化,表明这是一次典型的受污染物输送主导的污染过程。

表 1.2 污染爆发性发展和快速消散过程中襄阳 $PM_{2.5}$ 质量浓度的变化

| 项目 | 开始 | 峰值 | 结束 |
| --- | --- | --- | --- |
| 时间 | 1月18日02时 | 1月18日21时 | 1月19日13时 |
| $PM_{2.5}(\mu g/m^3)$ | 114.50 | 496.50 | 184.50 |
| 上升速率($\mu g/(m^3 \cdot h)$) | 20.11 | | |
| 下降速率($\mu g/(m^3 \cdot h)$) | 19.50 | | |

(3)水平输送的影响

风速、风向是影响输送型污染过程最为主要的气象要素,风速为污染气团的持续移动提供了动力条件,而风向则决定了气团来自哪个地区。图 1.11 给出了 PM 质量浓度暴发性变化阶段 02 时、08 时、14 时和 20 时风场的空间分布特征,在暴发性上升发生前襄阳主要受到偏南风

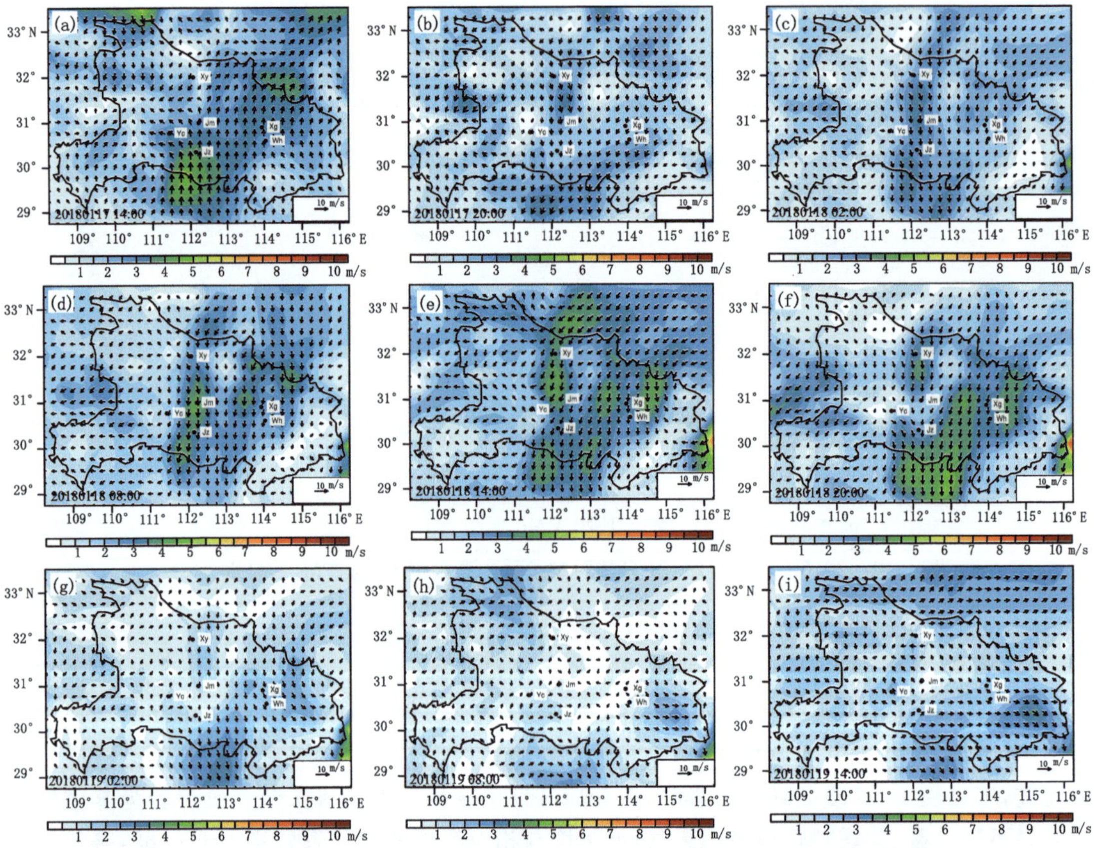

图 1.11 PM 质量浓度暴发性变化阶段逐日 02 时、08 时、14 时和 20 时风场的空间分布
(a)2018年1月17日14时;(b)2018年1月17日20时;(c)2018年1月18日02时;
(d)2018年1月18日08时;(e)2018年1月18日14时;(f)2018年1月18日20时;
(g)2018年1月19日02时;(h)2018年1月19日08时;(i)2018年1月19日14时

的影响(17 日 14 时),以轻度污染为主,而从 17 日 20 时开始,湖北省中东部均开始受偏北气流的影响,但此时湖北省北边界处的风速偏小,来自北方的污染气团还未输送到湖北地区。18 日 02 时开始,襄阳、荆门、荆州、宜昌、孝感和武汉 6 个环保站开始分别出现 PM 质量浓度暴发性上升过程,可以清楚地看到中部地区存在一个与北方地区相连接的风速输送带,风速为 3 m/s 左右显著高于周围地区,且风向维持为一致性的偏北。随后中部地区的污染物输送风速明显增大,直至 18 日 20 时风速达到 5 m/s 左右,且东部地区东北来向的输送气流也显著增强,进而使得襄阳市的 PM 质量浓度达到峰值。

19 日 02 时开始,湖北省以北地区的偏北风输送气流几乎完全消失,使得受其直接影响的襄阳市 PM 质量浓度开始迅速下降。但在 19 日 08 时,全省风速显著下降,襄阳市出现大范围 1 m/s 左右的风速低值区,并在中部地区形成了一个弱的风速辐合区。但在缺少外部污染物输送影响的情况下,襄阳 PM 质量浓度下降显著,暴发性上升过程也趋于结束。

为了进一步分析风速和风向对 PM 质量浓度暴发性变化的影响,图 1.12 给出了暴发性变化阶段襄阳站 $PM_{2.5}$ 质量浓度变化量、10 m 风速和风向的组合玫瑰图。位于中部污染物主体输送通道处的襄阳以偏北风主导和较大的风速对应 $PM_{2.5}$ 质量浓度的显著上升,在地面偏北风风速达到 4 m/s 左右时,$PM_{2.5}$ 浓度的上升速度达到了 70.75 $\mu g/(m^3 \cdot h)$,外部源输送影响下 $PM_{2.5}$ 质量浓度的上升特征十分显著。

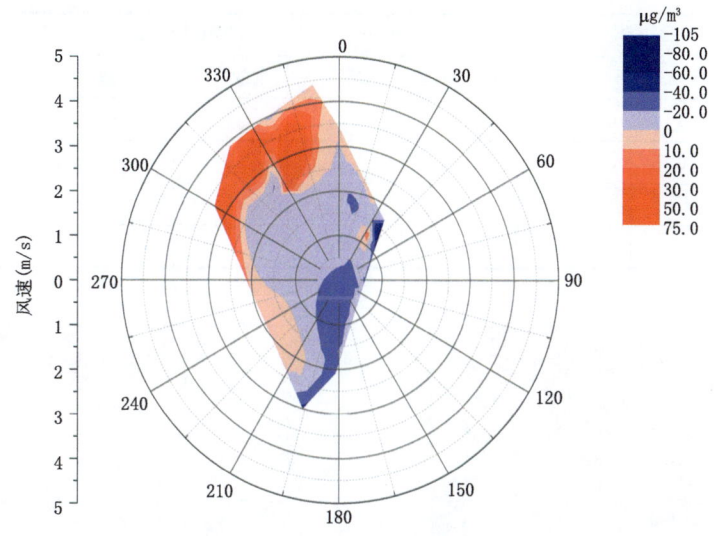

图 1.12 暴发性变化阶段襄阳站 $PM_{2.5}$ 质量浓度变化量、10 m 风速和风向的组合玫瑰图

### 1.5.3 2015—2017 年襄阳重污染天气特征

襄阳 2016 年重度以上污染共 21 d,其中严重污染 2 d;2017 年重度以上污染共 20 d,其中严重污染 4 d。2017 年严重污染次数、轻度污染次数均多于 2016 年。2016 年全年平均 $PM_{2.5}$ 浓度为 63 $\mu g/m^3$,2017 年全年平均 $PM_{2.5}$ 浓度为 66 $\mu g/m^3$。2016 年和 2017 年重度以上污染发生时间为 1 月、11 月和 12 月。2017 年 1 月 24—29 日连续 6 d 达重度污染,其中 1 月 28 日为严重污染(图 1.13)。

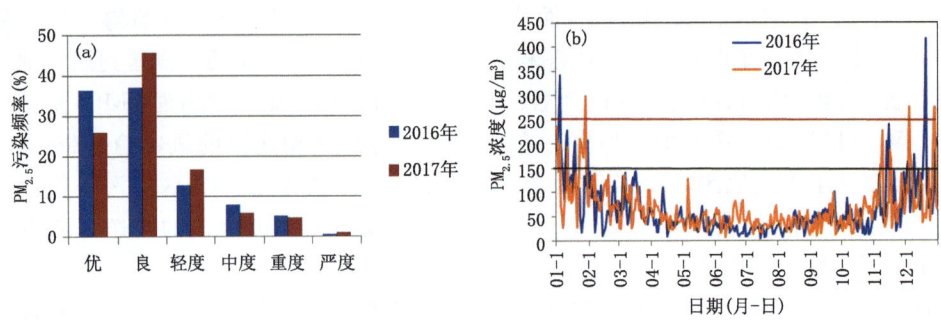

图1.13　2016年和2017年襄阳市的污染特征(a)和变化(b)

(1)2015—2017年重污染天气形势分类

收集整理2016—2017年襄阳市41个重度以上污染个例并增补2015年39个个例,采用REOF客观和主观结合的聚类方法,将襄阳重污染天气形势分为4种类型(表1.3,图1.14和图1.15):冷空气输送(23 d)、高压后部输送(30 d)、高压静稳(17 d)和低压倒槽(10 d)。高压静稳天气下$PM_{2.5}$质量浓度最高,而低压倒槽影响下$PM_{2.5}$质量浓度最低,而风速和相对湿度则表现出相反的特征(图1.16)。

表1.3　2015—2017年不同天气形势下重污染天数的分布特征

| | 2015年(d) | | 2016年(d) | | 2017年(d) | | 2015—2017年(d) | |
|---|---|---|---|---|---|---|---|---|
| | 重度以上 | 严重 | 重度以上 | 严重 | 重度以上 | 严重 | 重度以上 | 严重 |
| 冷空气输送 | 13 | 1 | 7 | 1 | 3 | 2 | 23 | 4 |
| 高压后部输送 | 16 | 2 | 7 | 1 | 7 | 0 | 30 | 3 |
| 高压静稳 | 6 | 0 | 6 | 0 | 5 | 0 | 17 | 0 |
| 低压倒槽 | 4 | 0 | 1 | 0 | 5 | 2 | 10 | 2 |

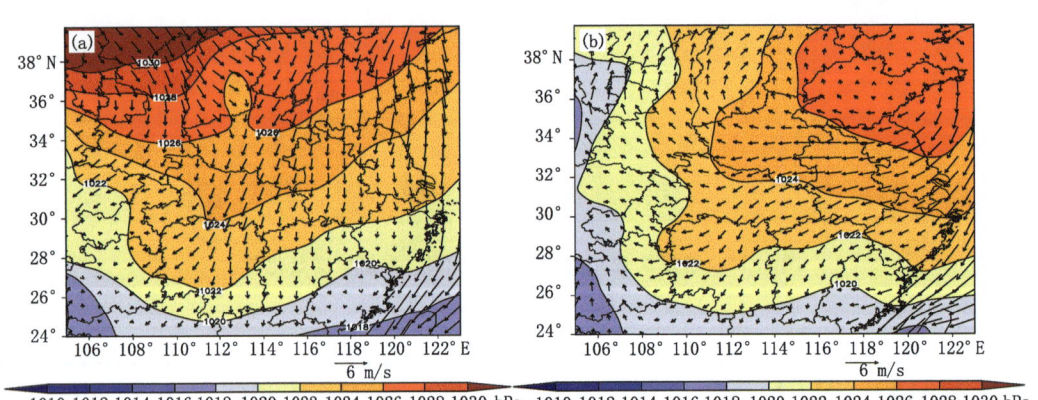

图1.14　冷空气输送(23 d)(a)和高压后部输送(30 d)(b)的天气形势分布

2015—2017年襄阳传输型污染共53 d(66%),本地累积型污染共27 d(34%)。从逐年重污染天气形势来看,2015年累积型占26%,2016年累积型占33%,2017年累积型占50%,大气环流由传输型向累积型调整。

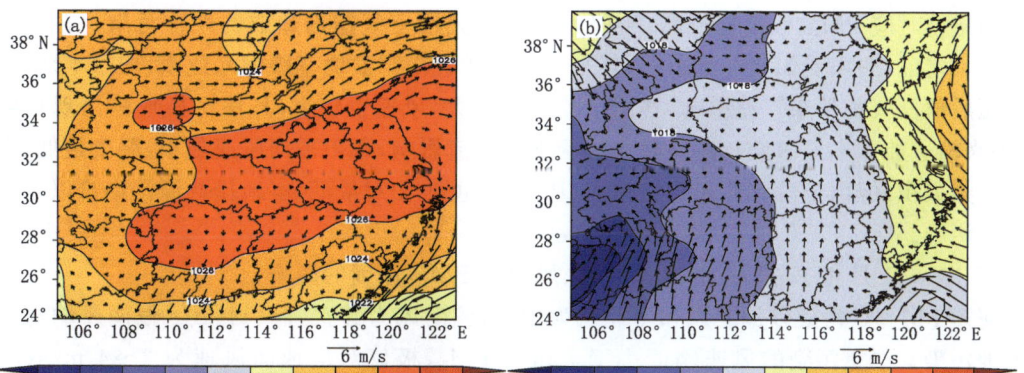

图 1.15　高压静稳(17 d)(a)和低压倒槽(10 d)(b)的天气形势

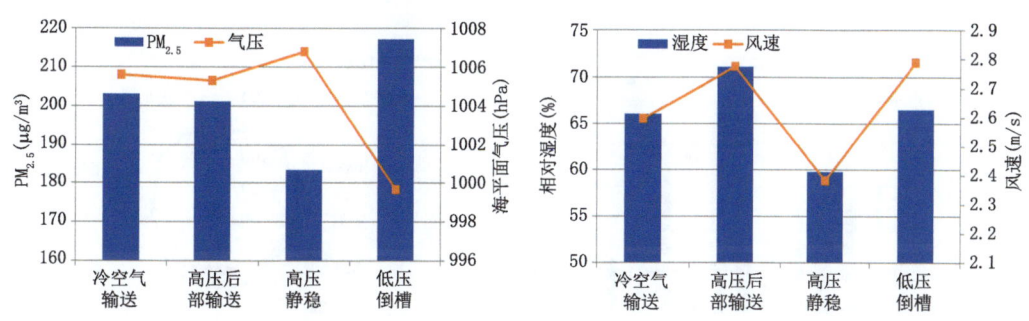

图 1.16　不同天气形势下 $PM_{2.5}$ 浓度、气压、相对湿度和风速的变化

5 种环流型中,低压倒槽型对应襄阳平均 $PM_{2.5}$ 浓度最高,而 2017 年低压倒槽型日数增多,是 2017 年严重污染次数多于 2016 年的原因。襄阳市受西南低压倒槽影响,倒槽区有辐合上升气流,抑制本地污染扩散。该类型会出现偏北和偏南气流在襄阳市辐合的情况,即外来污染输送和本地累积相叠加(叠加型),比如 2017 年 1 月 28 日、12 月 28 日两次严重污染事件,叠加型造成严重污染(图 1.17)。

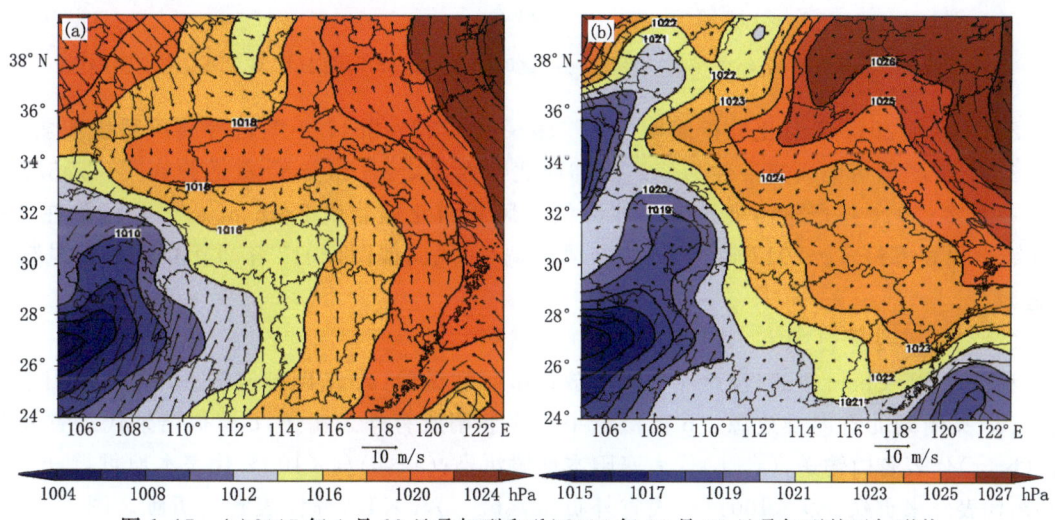

图 1.17　(a)2017 年 1 月 28 日叠加型和(b)2017 年 12 月 28 日叠加型的天气形势

输送型对应 $PM_{2.5}$ 浓度也较高,2017 年有 2 次是冷空气输送造成的严重污染。在冷空气主体来临之前,襄阳受偏北气流影响,外来污染输送经南阳盆地直接输入襄阳,加重本地污染。受高压后部反气旋偏东气流影响,襄阳平均湿度最大,风速也较大,且该污染形势出现日数最多,外来输送加重本地污染。高压静稳型受下沉气流影响,襄阳平均风速最小,湿度最低,有利本地污染累积,但由于没有外来污染输入,$PM_{2.5}$ 浓度也相对最低,本地排放源污染难以直接形成严重污染。

(2) 冬季(1 月和 12 月)逐时地面风速、风向对 $PM_{2.5}$ 浓度的影响

襄阳 $PM_{2.5}$ 重污染以偏北风和西北风为主导,偏南风为其次,7～14 m/s 偏南风输送会加重本地污染。严重污染的风速阈值小于 7 m/s,$PM_{2.5}$ 极值对应地面风速为 2～4 m/s(大于 450 μg/m³),与弱的外来输送有关。2017 年 16 方位风速比 2016 年偏小,而 2017 年 16 方位 $PM_{2.5}$ 浓度比 2016 年偏低(图 1.18)。

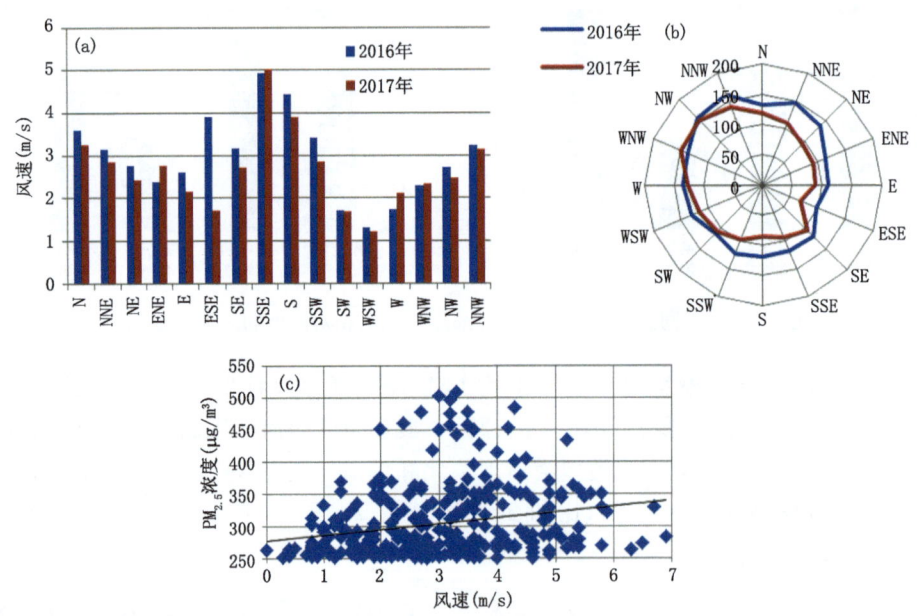

图 1.18  2016 年和 2017 年冬季(1 月和 12 月)逐时地面风速(a)、风向(b)对 $PM_{2.5}$ 浓度影响(c)

2016 年和 2017 年对比分析表明(图 1.19～图 1.22):2017 年蒙古冷高压系统偏弱、偏西。2017 年严重污染风速条件为偏北风和西北偏西风 1～5 m/s,严重污染在 1～2 m/s 出现频率最多;2016 年严重污染风速条件为偏北风和西北偏北风 2～6 m/s,严重污染在 3～4 m/s 出现频率最多。2017 年比 2016 年风速偏小、风向偏西,2017 年重污染的偏南风频率明显减少。

(3) 2017 年冬季(1 月和 12 月)外来输送贡献率

利用 WRF-Chem 模式,设计了 3 组排放源敏感性试验:a. 基础排放源;b. 关闭襄阳市排放源;c. 关闭湖北省内排放源。b 模拟结果代表襄阳所有外来输送,c 模拟结果代表省外输送,(b−c)代表省内输送,(a−b)代表襄阳本地源污染;(a−b)/a×100% 代表本地贡献,b/a×100% 代表外来贡献,c/a×100% 代表省外贡献,(b−c)/a×100% 代表省内贡献。图 1.23 呈

现了 2017 年襄阳市 $PM_{2.5}$ 质量浓度实况、模拟、本地排放、省内输送和外来输送的时间变化特征。

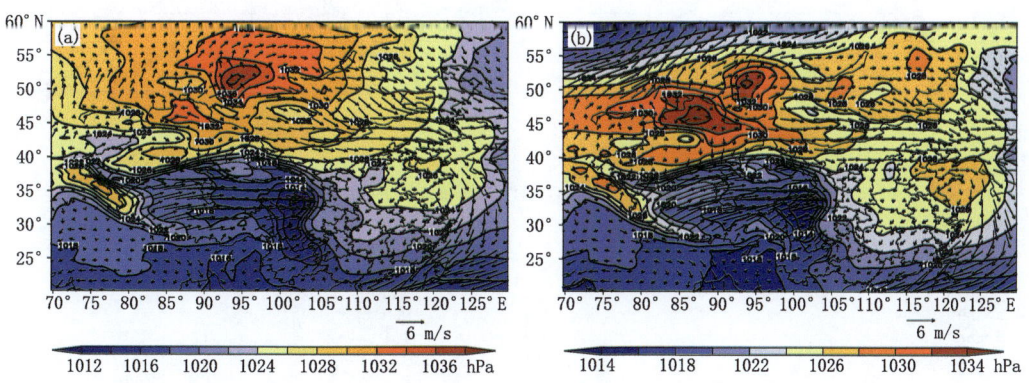

图 1.19　2016 年(a)和 2017 年(b)重度以上污染天气形势合成

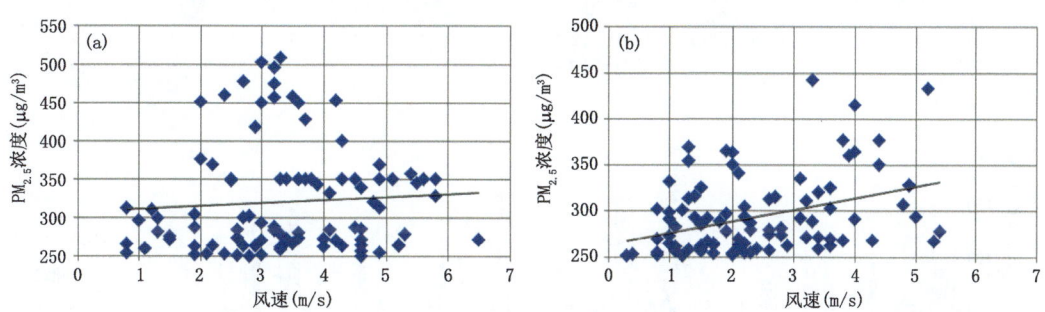

图 1.20　2016 年(a)和 2017 年(b)$PM_{2.5}$ 浓度与风速和关系

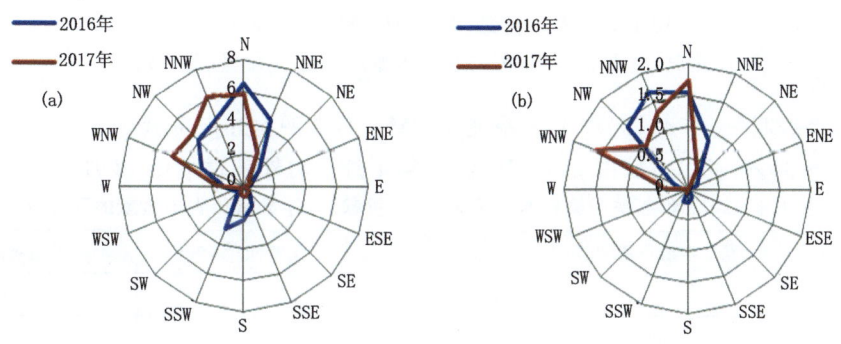

图 1.21　$PM_{2.5}$ 重度(a)和严重污染(b)风向玫瑰图

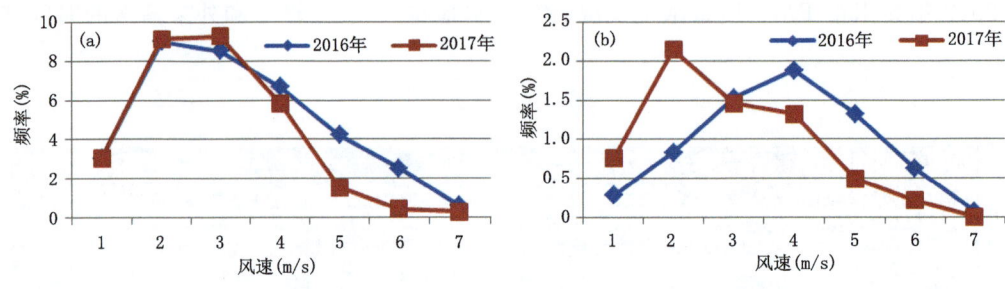

图 1.22 PM$_{2.5}$重度(a)和严重污染(b)风速频率变化

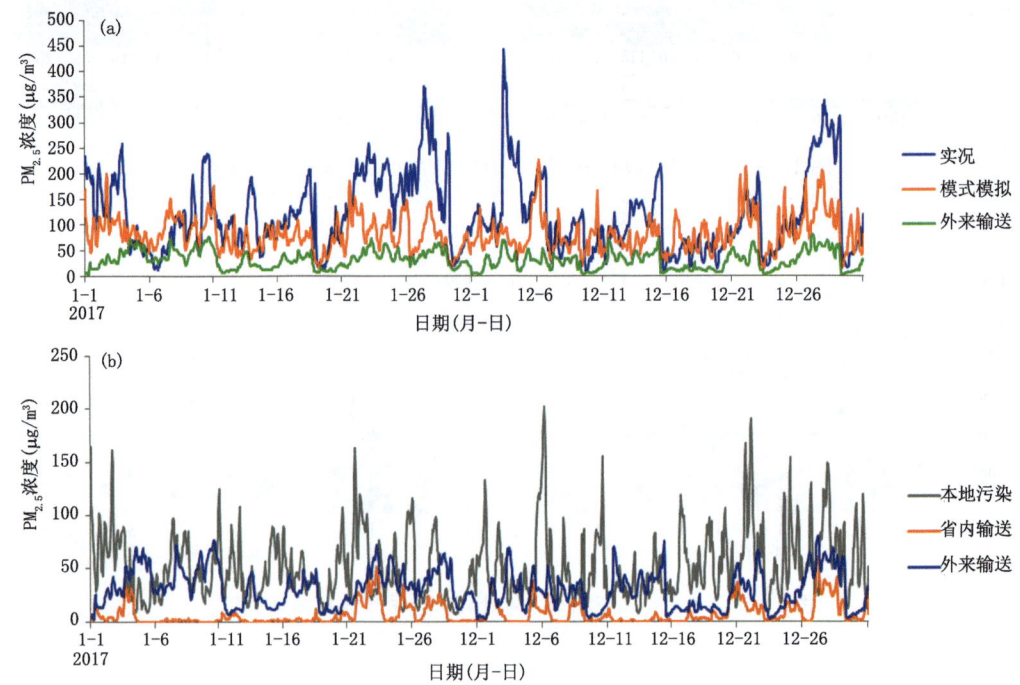

图 1.23 2017年襄阳市PM$_{2.5}$质量浓度时间变化
（a.实况、模式模拟、外来输送；b.本地污染、省内输送、外来输送）

计算结果表明(表1.4)，2017年冬季襄阳PM$_{2.5}$污染平均外来贡献34%～41%，其中省外贡献占24%～34%，省内贡献占7%～10%，该年1月平均外来贡献比12月要高7个百分点。

表1.4 2017年冬季污染物本地贡献、外来贡献、省外贡献和省内贡献的百分率

| 时段 | 襄阳本地贡献(%) | 外来贡献(%) | 省外贡献(%) | 省内贡献(%) |
| --- | --- | --- | --- | --- |
| 2017年冬季 | 62 | 38 | 29 | 9 |
| 1月 | 59 | 41 | 34 | 7 |
| 12月 | 66 | 34 | 24 | 10 |

采用FLEXPART模式结合排放源清单，给出襄阳潜在污染源区分布(图1.24)：关中部分、河南大部、南襄盆地及省内十堰、江汉平原等地区。12月本地源和省内源贡献略大于1月。

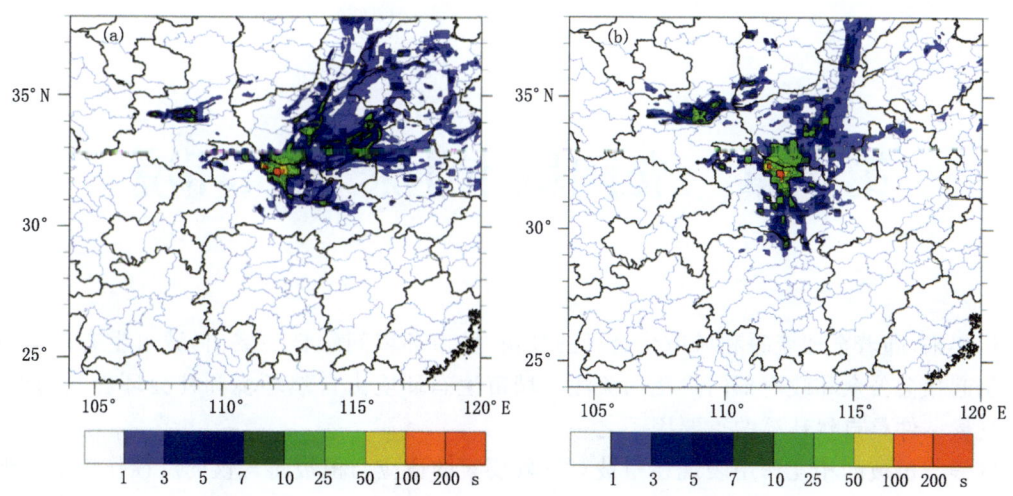

图 1.24　2017 年 1 月(a)和 12 月(b)潜在污染源区分布

## 1.5.4　小结

襄阳市作为湖北省的北面门户,首当其冲受到来自北方重污染源区的污染物输送影响显著,尤其对于重污染天气过程污染物的输送特征更为明显。

# 第 2 章　襄阳城市生态气候环境

近年来,随着全球变暖和城市化进程的加快,城市环境问题日益突出,城市生态环境质量逐渐引起社会公众和政府部门广泛的关注。城市生态环境由自然环境和社会环境共同组成,其中气候条件是自然环境的重要因子之一。

气候与植被的相互作用表现在植被对气候要素的适应与植被对气候的反馈作用上。土地利用分布状况是反映自然环境变化甚为敏感的因素之一,常用来评价区域环境质量状况。日益明显的热岛效应不仅影响人们的生产和生活,也使城市生态环境遭到破坏,影响城市的健康发展。城市大气环境影响城市的空气质量、居住舒适度以及建筑能耗等诸多方面,成为市民与政府的重点关注议题。人体舒适度指数是从气象角度来评价不同气候条件下人的舒适感,对提示人们根据气象要素的变化及时调节生理、适应环境,采取防范措施具有重要的意义。

本章基于气象资料、气象模式资料、卫星遥感资料、地理信息资料等多源数据,从生态本底遥感监测、城市大气环境、热环境、人居环境入手,分析了襄阳城市生态气候环境。襄阳城市76.61%的地区海拔高度低于100 m,西南部、东南部、北部较其他地区略高;耕地面积占比最大,2005—2015年耕地面积累计减少了12.51%,城镇用地面积累计增加了10.51%。植被夏季长势最好,归一化植被指数(NDVI)在7月达到峰值,秋季的植被长势好于春季;冬季植被长势最差。2003—2017年,襄阳城市NDVI年际变化总体呈弱上升趋势;15年间,植被覆盖有退化趋势的区域主要是城区范围,包括张湾镇中部和东南部、米庄镇北部、团山镇西部、东津镇的西北部等地,其他大部地区植被覆盖基本稳定。人口主要聚集在襄城区、樊城区、米庄镇和张家湾靠近樊城区的区域,2010年每平方千米人口数超过2万的范围和历史相比有明显增大。GDP占比在2010—2013年发生较大变化,以樊城区、襄城区贡献率增大为主要特征,樊城区GDP占比增大到50%以上并持续增大。襄阳城市大气自净能力春、夏季好于秋、冬季,5—6月为全年大气自净能力最强时段,2—4月和7月次之,8月至次年1月最弱。襄阳城市年平均风速为2.6 m/s,全年最多风向为东南偏南风(SSE);从月尺度来看,襄阳城市3—7月以偏南风为主,8月至次年2月转为偏北风;不同季节主导风向差异明显;不同风向下的风速差异较大,偏南风、偏北风的风速明显大于其他风向的风速。襄阳城市热岛强度和热岛范围呈现出明显的季节特点,夏季城市热岛现象更加明显,空间分布与主城区的轮廓线较为一致,其中樊城区强度最大,最小的是东津镇。襄阳城市气候宜人、适宜旅游;舒适期长度在200 d左右,最佳舒适期长度在60 d左右;主要集中在4—11月,其中5月和9月为最佳。

## 2.1 生态本底遥感监测

生态监测是一项比较复杂的系统工程,主要包括生态环境现状调查、变化趋势分析以及土地利用状况、森林砍伐、城市化等对生态系统的影响。随着各类遥感数据源大量免费应用,将RS和GIS技术应用到生态气候环境评价领域具有较大尺度的研究范畴和快捷的时空变化分析等优势。襄阳城市生态本底遥感监测与评价采用基于人工智能的综合解译技术,运用GIS的空间分析功能进行多源影像对比分析地形、土地覆盖类型、植被、人口、GDP等要素变化的监测,科学客观地评价襄阳城市生态本底基本特征。

### 2.1.1 数据资料

襄阳城市生态本底遥感监测主要用到三类数据:卫星遥感数据、地理信息数据和相关部门的统计数据。

#### 2.1.1.1 卫星遥感数据

2005年、2010年和2015年多期30 m分辨率的Landsat TM卫星数据,用于襄阳城市土地覆盖类型的分类提取。

2003—2017年美国MODIS-AQUA/TERRA卫星数据,数据晴朗无云时成像条件较好,主要用于植被覆盖、建筑物密度等信息提取。

2004—2018年美国MODIS-AQUA/TERRA Level 2级气溶胶产品,主要用于气溶胶信息提取。

2005—2010年人口数和GDP公里网格数据,主要用于襄阳城市人口、GDP空间变化特征分析,数据来源于中国科学院资源环境科学数据中心(http://www.resdc.cn)。公里网格数据是在分县人口、GDP统计数据的基础上,考虑人口和GDP自然要素的地理分异规律,通过空间插值生成的1 km×1 km栅格数据。

#### 2.1.1.2 地理信息数据

地理信息数据主要用于卫星影像的裁剪,行政边界数据用于制作襄阳城市边界图层。本章研究选择的区域主要包括襄阳城市现有建成区,主要包含3个市辖区下辖街道办事处和米庄镇、张湾镇、团山镇、尹集乡、东津镇5个乡(镇)的部分连片开发区,其中,海拔高度、土地覆盖类型变化、植被变化分析为包含襄阳城市的矩形区域。

数字高程模型数据(DEM)由美国NASA LP DAAC(美国陆地过程分布式活动档案中心)提供的30 m空间分辨率ASTER GDEM(V2)数据得到,主要用于地形特征分析。

#### 2.1.1.3 统计数据

2005年、2010年人口及GDP数据均来源于中国科学院资源环境科学数据中心,2013年GDP数据来源于《襄阳市统计年鉴》。

### 2.1.2 海拔高度

借助ArcGIS软件空间分析功能提取襄阳城市范围DEM数据。襄阳城市的海拔高度主要分布在46~430 m,地形西南、东南、北部较其他地区略高(图2.1)。其中海拔高度低于

100 m 的面积最大,占到总面积的 76.61%,特别是海拔高度在 60~70 m 面积占到了 34.59%,接近襄阳城市范围的三分之一;而海拔高度高于 150 m 的面积不足 5%(表 2.1)。

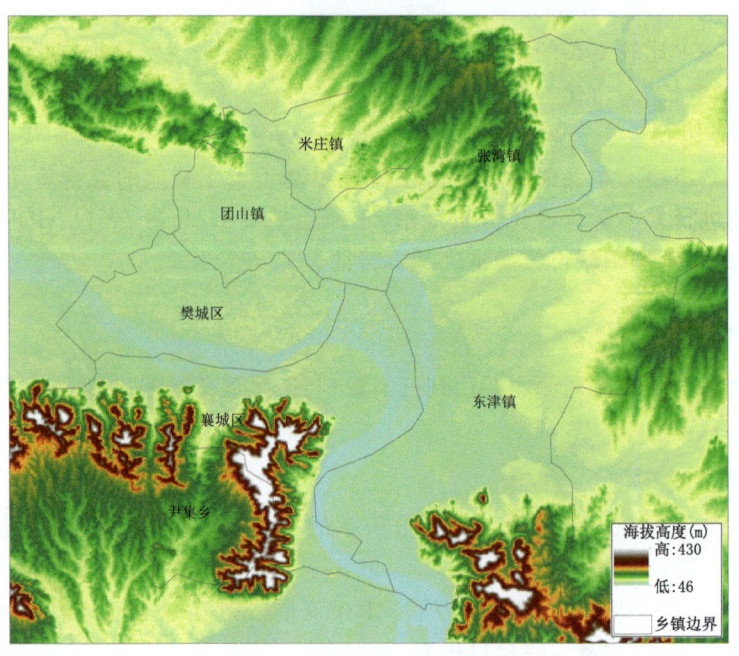

图 2.1 襄阳城市 DEM 分布

表 2.1 襄阳城市 DEM 分类结果

| 高度范围(m) | (46,60] | (60,70] | (70,80] | (80,90] | (90,100] | (100,150] | (150,200] | (200,430] |
|---|---|---|---|---|---|---|---|---|
| 百分率(%) | 3.75 | 34.59 | 17.71 | 11.05 | 9.51 | 18.70 | 2.89 | 1.80 |
| 合计(%) | 76.61 | | | | | 18.70 | 4.69 | |

## 2.1.3 土地覆盖类型变化

土地覆盖类型状况是反映自然环境变化较为敏感的因素之一,因此,人们往往用其来评价一个区域的环境质量状况。利用遥感影像来监测土地利用分布,对生态环境因子的本底、变化状况进行监测,对掌握区域环境质量状况,预测环境质量的发展趋势具有重要的现实意义。

利用 2005 年、2010 年和 2015 年 Landsat 卫星数据,根据中国土地利用/土地覆盖遥感分类系统,将襄阳城市内的土地划分为 6 种类型:城镇用地、水体、草地、耕地、林地及未利用地(图 2.2~图 2.4)。实际分类结果显示,襄阳城市范围没有未利用地土地类型,因此仅对其他5 类分类结果进行分析。

通过统计土地利用分类结果分析襄阳城市 5 种土地利用覆盖类型面积变化规律。由表 2.2 可知,襄阳城市耕地面积最大,超过总面积的 65%。2005 年、2010 年和 2015 年,林地、草地、水体面积变化不大,耕地面积不断减少,近 10 年减少了 12.51%,而城镇用地面积不断增大,累计增加了 10.51%,这与襄阳市城市化用地的发展规律较一致。随着城镇用地的不断增长,农田面积的相继减少,生物生存空间逐步减少,对城镇内部生态环境功能和布局会造成一定的影响。

表 2.3 是襄阳城市 2005—2015 年土地利用变化结果的统计,10 年间,襄阳城市有 82.43%的面积土地利用类型没有发生变化,17.57%的面积发生了变化,其中以一次土地利用变更为主,占 16.98%,二次变更仅为 0.59%。从图 2.5 可以看出,襄阳城市 10 年间土地利用变化以城镇用地增加为主,主要增加的区域为团山镇南部,米庄镇中部、东北部,张湾镇西南部,东津镇北部和襄城区东北部。

表 2.2 襄阳城市 2005 年、2010 年和 2015 年土地利用分类结果(%)

| 年份 | 耕地 | 林地 | 草地 | 水体 | 城镇用地 |
| --- | --- | --- | --- | --- | --- |
| 2005 年 | 77.66 | 9.00 | 0.14 | 7.29 | 5.92 |
| 2010 年 | 69.36 | 10.69 | 0.41 | 7.98 | 11.55 |
| 2015 年 | 65.15 | 10.14 | 0.09 | 8.19 | 16.43 |

表 2.3 襄阳城市 2005—2015 年土地利用变化结果(%)

| 类型 | 土地类型未发生变化 | | | | | 土地类型发生变化 | |
| --- | --- | --- | --- | --- | --- | --- | --- |
| | 耕地 | 林地 | 草地 | 水体 | 城镇用地 | 一次变更 | 二次变更 |
| 百分比 | 63.49 | 8.02 | 0.08 | 5.75 | 5.09 | 16.98 | 0.59 |
| 总计 | 82.43 | | | | | 17.57 | |

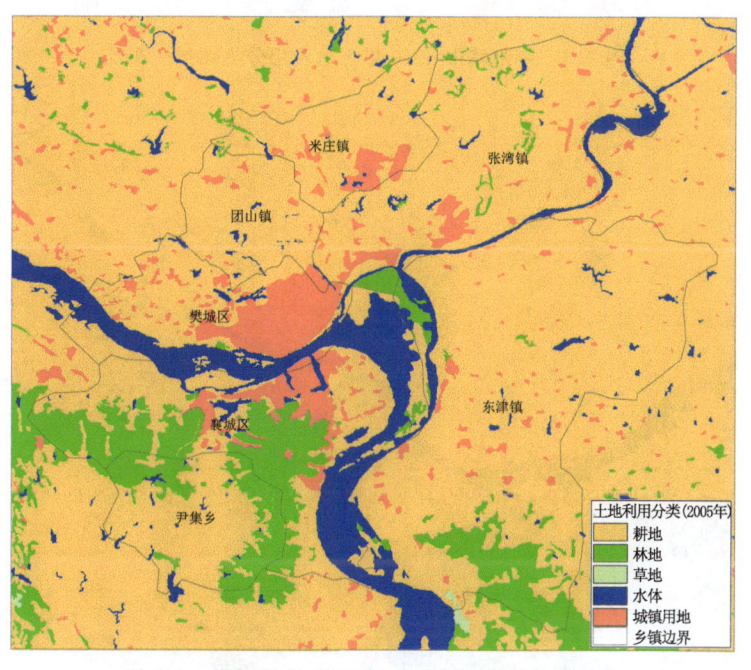

图 2.2 襄阳城市 2005 年土地利用分类结果分布

## 2.1.4 植被变化

植被是陆地生态系统的主体,在防治水土流失、调节大气、维持气候及区域生态平衡和促进区域可持续发展方面发挥着重要作用。植被变化是反映区域性生态环境状况的重要指标之一,长序列的植被指数变化则反映了植被生态环境随时间的变化规律。通过卫星遥感资料动态监测植被状况和植被覆盖度,可以在生态环境监测中发挥重要作用。

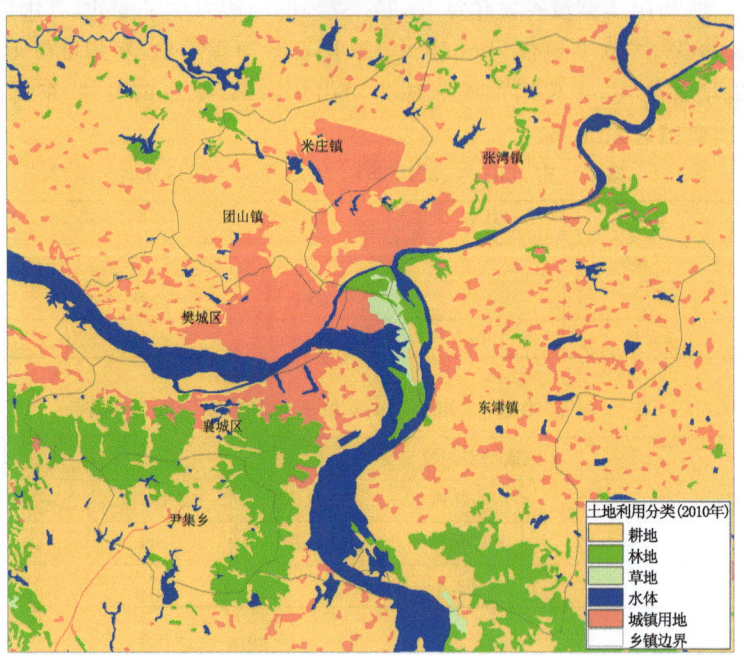

图2.3　襄阳城市2010年土地利用分类结果分布

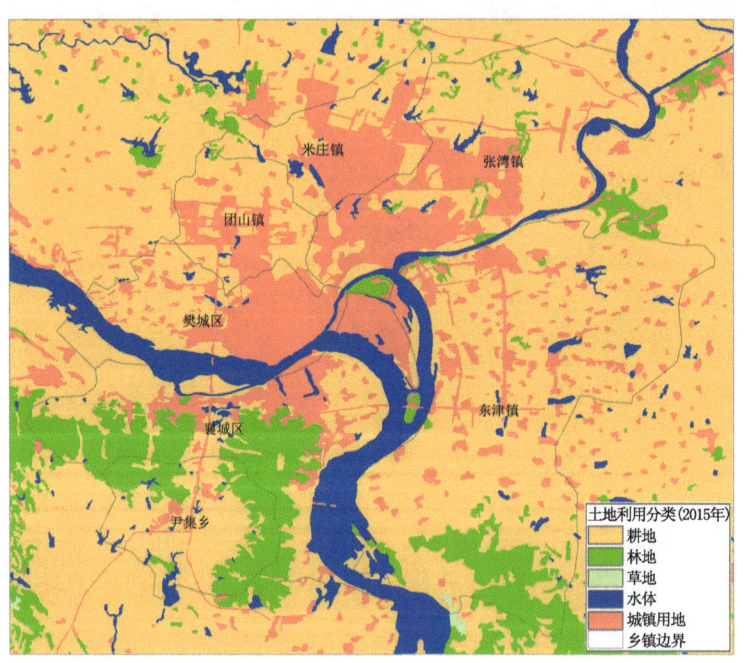

图2.4　襄阳城市2015年土地利用分类结果分布

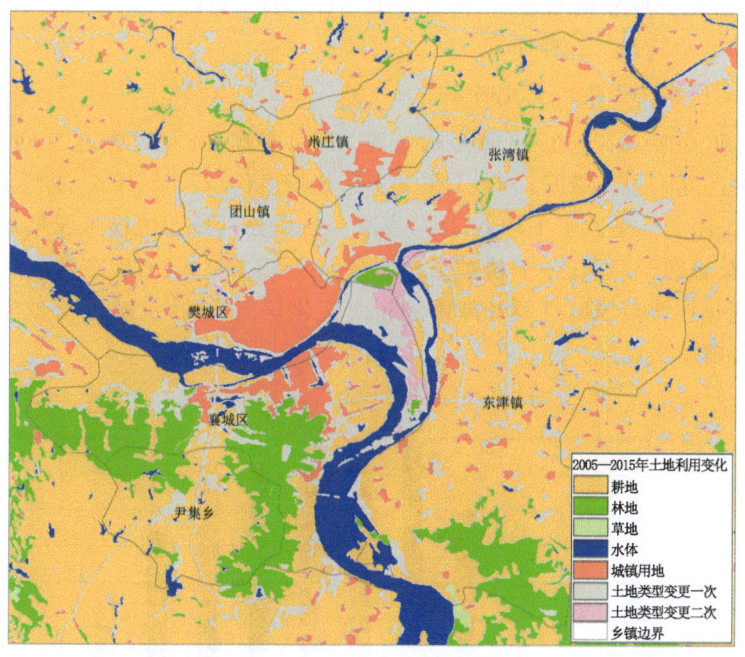

图 2.5　襄阳城市 2005—2015 年土地利用分类变化结果分布

## 2.1.4.1　原理与方法

植被指数是指通过遥感传感器获取的对植被有一定指示意义的各种数值，可以用来间接地反映地表植被的长势、覆盖度和生物量等情况。植被在红光波段由于叶绿素光合作用的强吸收作用，随着植被的生长，其反射的红光能量降低。植被对近红外波段的辐射吸收较少，反射的近红外波段的能量随着植被的生长而增大。由于经植被冠层反射到达卫星传感器的辐射量与太阳辐射、大气条件、植被冠层结构等因素有关，因此常采用两个或多个探测通道的卫星数据组合来建立植被指数。在多种定义的植被指数中，归一化植被指数（NDVI）是应用最广泛的一种。

NDVI 定义为遥感影像近红外、红外波段的差与和的比值，已被广泛应用到植被覆盖变化监测、农业估产、土地覆被类型提取、生物量定量估算及变化趋势分析等相关研究中。

本章选用 EOS/MODIS 卫星数据反演 NDVI。由 MODIS 的第 1 波段（红光波段）和第 2 波段（近红外波段）生成的 NDVI 的计算公式为：

$$NDVI = \frac{CH2 - CH1}{CH2 + CH1} \tag{2.1}$$

式中，CH2 为近红外波段的反射率，CH1 为红光波段的反射率。

NDVI 的比值形式消除了大部分受仪器定标、太阳角、地形、云阴影和大气条件有关的辐照度变化影响，增强了对植被的响应能力。因此，它可以作为监测某一地区或全球范围的植被和生态环境的有效指标，也可作为植物生长状态以及植物生长空间分布密度的最佳指示因子，且它与植物分布密度呈线形相关。

由于最大 NDVI 可以进一步消除残云及大气等因素的影响并且可反映植被生长的最好状况，本章将 MODIS-NDVI 数据集采用最大值合成法（Maximum Value Composites，MVC）借助 ArcGIS 软件分别提取襄阳城市 15 年中每个年份的月 NDVI 数据和年 NDVI 数据,用于襄阳城市 NDVI 的分布和变化趋势研究。

#### 2.1.4.2 襄阳城市 NDVI 年内变化特征

图 2.6 为襄阳城市 2003—2017 年月均植被 NDVI 柱状图,可以看出 NDVI 年内变化表现为单峰型。植被在夏季长势最好,NDVI 在 7 月达到峰值(0.77),5 月、6 月和 8 月 NDVI 普遍较高,差距不大。图 2.7 是四季平均 NDVI,春季和秋季分别处于植被生长期和枯萎期 2 个阶段,秋季的植被长势好于春季;冬季植被长势最差,NDVI 最小值出现在 1 月(0.34)。襄阳城市 NDVI 年内变化规律与该区气温和降雨的年内变化特点一致,反映了植被生长随气温和降水变化的生繁衰枯物候规律。

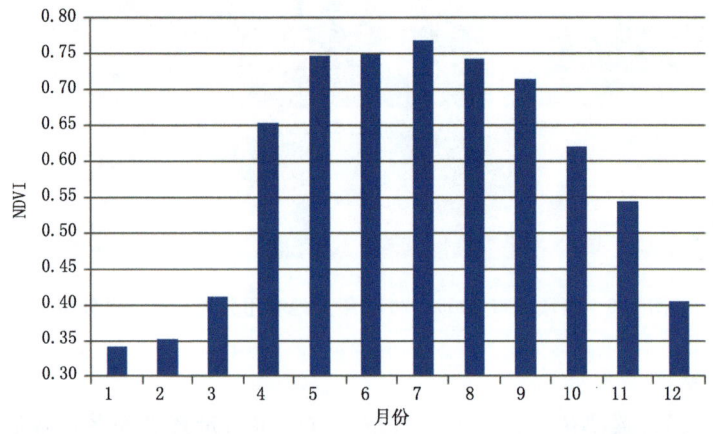

图 2.6　2003—2017 年襄阳城市各月平均 NDVI

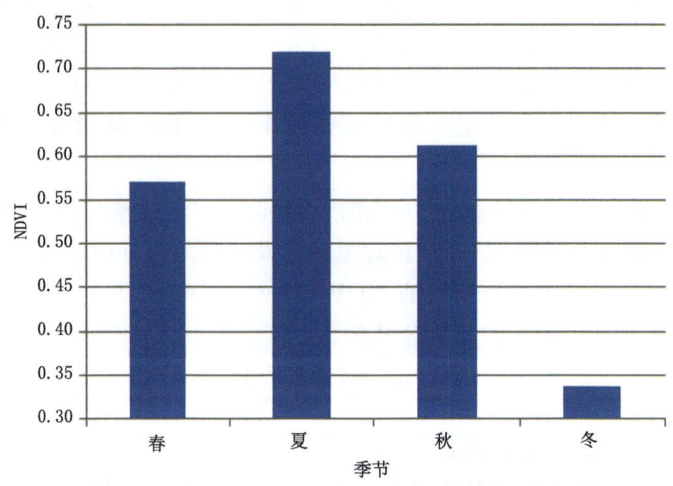

图 2.7　2003—2017 年襄阳城市四季平均 NDVI

#### 2.1.4.3 襄阳城市 NDVI 年际变化特征

用年最大化 NDVI 值取像元的平均值来表示当年植被生长季的整体状态,图 2.8 为襄阳城市植被生长季 NDVI 的年际变化曲线。2003—2017 年,襄阳城市年最大化 NDVI 平均值为

0.58~0.68，NDVI 变化幅度在 0.12 以内，总体呈弱上升趋势，增长过程中出现了较大的波动，2003 年 NDVI 为 0.61，2017 年增大到 0.66，增长率为 8.20%；2011 年最低，2004 年最高。

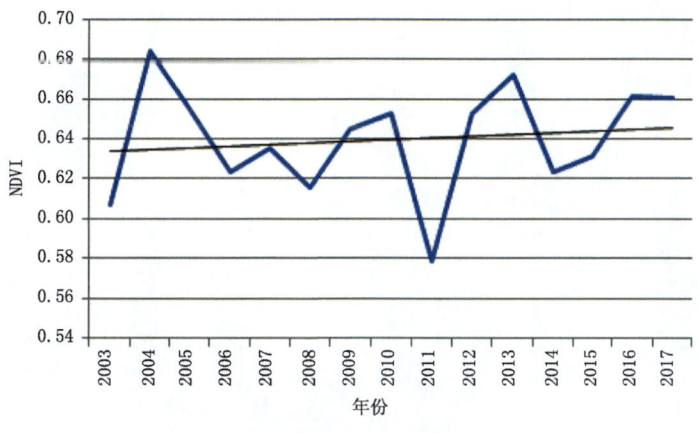

图 2.8　2003—2017 年襄阳城市逐年 NDVI

### 2.1.4.4　襄阳城市 NDVI 年际变化趋势

采用一元线性回归分析数据的变化特征模拟区域时空格局变化趋势。本章以 2003—2017 年年均 NDVI 和时间序列建立一元线性方程，模拟 15 年来襄阳城市年 NDVI 变化趋势。计算公式如下：

$$\theta_{\text{slope}} = \frac{n \times \sum_{i=1}^{n} i \times \overline{\text{NDVI}_i} - \sum_{i=1}^{n} i \sum_{i=1}^{n} \overline{\text{NDVI}_i}}{n \times \sum_{i=1}^{n} i^2 - \left(\sum_{i=1}^{n} i\right)^2} \quad (2.2)$$

式中，$\theta_{\text{slope}}$ 是年际 NDVI 回归方程的斜率，若值为正，表示植被指数有增大趋势，且值越大趋势越明显；若值为负，表示植被指数有减小趋势。$n$ 为监测时段的年数；$\text{NDVI}_i$ 表示第 $i$ 年的年均 NDVI。研究中将 $\theta_{\text{slope}}$ 分为退化（$\theta_{\text{slope}} < -0.0002$）、基本稳定（$-0.0002 \leqslant \theta_{\text{slope}} < 0.003$）、轻微改善（$0.003 \leqslant \theta_{\text{slope}} < 0.006$）、中度改善（$0.006 \leqslant \theta_{\text{slope}} < 0.009$）、明显改善（$0.009 \leqslant \theta_{\text{slope}}$）5 个等级。襄阳城市植被覆盖空间演变特征显示（表 2.4 和图 2.9），$\theta_{\text{slope}}$ 主要分布在 $-0.0055$ ~ $0.0024$。2003—2017 年襄阳城市植被覆盖有退化趋势的区域主要位于张湾镇中部和东南部、米庄镇北部、团山镇西部、东津镇的西北部等地，其他大部地区植被覆盖基本稳定。植被覆盖退化区域主要是城区，这些地区由于城市化发展，建设用地不断增加，土地利用类型发生改变，迫使植被减少。

表 2.4　襄阳城市 2003—2017 年年际 NDVI 变化趋势统计

| 变化情况 | NDVI 变化趋势 | 百分率（%） |
| --- | --- | --- |
| 退化 | $\theta_{\text{slope}} < -0.030$ | 5.40 |
| 基本稳定 | $-0.030 \leqslant \theta_{\text{slope}} < 0.020$ | 17.60 |
| 轻微改善 | $-0.020 \leqslant \theta_{\text{slope}} < -0.015$ | 39.44 |
| 中度改善 | $-0.015 \leqslant \theta_{\text{slope}} < 0$ | 37.52 |
| 明显改善 | $0 \leqslant \theta_{\text{slope}}$ | 0.04 |

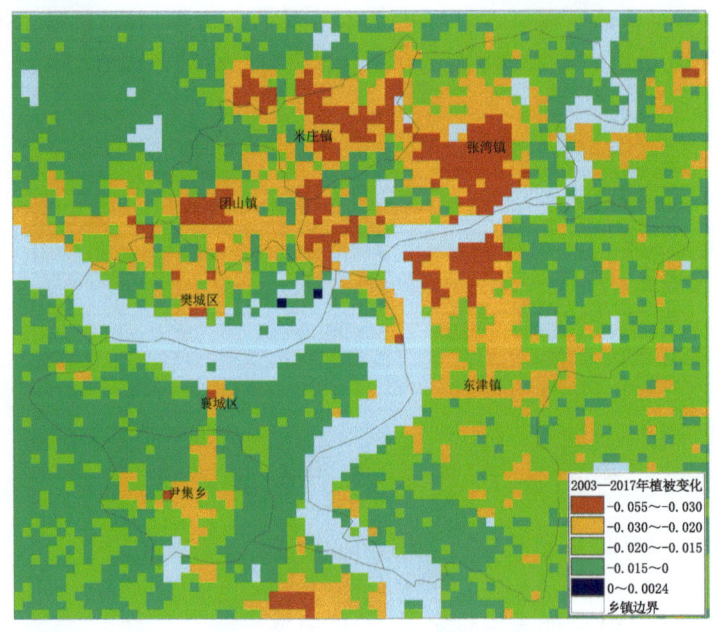

图 2.9　2003—2017 年襄阳城市年际 NDVI 空间演变趋势分布

## 2.1.5　气溶胶变化

随着我国经济社会的持续发展和城市化进程的推进,城市大气污染问题越来越受到广泛关注。大气气溶胶是悬浮在大气中的固态粒子或液态小滴物质的统称,它是影响大气环境质量的重要污染源(范娇 等,2014)。气溶胶颗粒包含多种有害物质,同时还会导致霾、酸雨、光化学烟雾等灾害,严重影响城市生态环境和居民身体健康(赵小锋 等,2018;车凤翔,1999)。气溶胶光学厚度(Aerosol Optical Depth,AOD)或(Aerosol Optical Thickness,AOT)是大气气溶胶的重要光学特征量之一,它是气溶胶的消光系数在垂直方向上的积分,描述了气溶胶对光的衰减作用,是推算气溶胶含量、评估大气污染程度、研究气溶胶气候效应的关键因子,因而是研究大气气溶胶的最常用指标(施成燕,2011)。相对于分布稀疏的大气成分地面监测站,卫星遥感可以提供范围更广且空间连续分布的气溶胶光学厚度信息。众多学者研究表明,经过垂直和湿度订正后的遥感反演气溶胶光学厚度可以有效地用于监测地面大气细颗粒物污染状况,在大气环境质量监测中发挥了重要作用。

### 2.1.5.1　数据与方法

(1)数据获取

气溶胶光学厚度数据来自 MODIS-AQUA/TERRA Level 2 级气溶胶产品(MOD04_3K、MYD04_3K)。采用的该产品版本为 C006,是利用在半干旱植被覆盖较好地区适用性更好的暗像元算法(胡蝶 等,2013),反演全球海洋和陆地环境的大气气溶胶光学厚度,空间分辨率为 3 km,时间分辨率为 1 d。研究时间范围为 2004 年 1 月到 2018 年 12 月,波段为 550 $\mu m$ 的大陆及海上气溶胶光学厚度数据集,由美国国家航空航天局(NASA)官网(http://ladsweb.nascom.nasa.gov)下载。已有学者对 MOD04 产品做了验证,证明其可以被用于湖北地区空气污染的研究(王晓玲 等,2018)。

(2) 数据预处理

对 MODIS AOD 数据利用 ENVI\IDL 编程实现投影转换批处理、图像拼接、边界范围掩膜提取，在剔除阴雨和无法获取的 AOD 数据后，将日数据按有效参与天数合成月平均、季节平均、年平均数据。季节划分按上一年 12 月到当年 2 月为冬季，3—5 月为春季，6—8 月为夏季，9—11 月为秋季。年均统计按当年 1—12 月。AOD 均值利用 ArcGIS 平台 Zonal statistics as table 工具统计实现。

(3) 研究方法

采用一元线性回归分析方法（张静怡 等，2016；景悦 等，2018），以时间为自变量，对年均 AOD 与年份进行回归分析，从而计算 AOD 随时间变化的回归斜率（slope）。slope＞0 表明此像元 AOD 呈增长变化趋势，反之则呈减少变化趋势。其计算公式如下：

$$\text{slope} = \frac{n \times \sum_{i=1}^{n}(i \times \text{AOD}_i) - \sum_{i=1}^{n} i \sum_{i=1}^{n} \text{AOD}_i}{n \times \sum_{i=1}^{n} i^2 - \left(\sum_{i=1}^{n} i\right)^2} \tag{2.3}$$

式中，slope 为一元线性方程的回归斜率，$n$ 为观测时段的累计年份，变量 $i$ 为 2004—2018 年的序列号，$\text{AOD}_i$ 为第 $i$ 年的 AOD 值。依据 slope 大小进行分级：明显增加区（slope＞0.1）、轻度增加区（0＜slope≤0.1）、基本不变区（−0.1＜slope≤0）、轻度减少区（−0.2＜slope≤−0.1）、中度减少区（−0.3＜slope≤−0.2）和明显减少区（slope≤−0.3）6 个等级，可直观反映襄阳近 15 年 AOD 的年际空间变化趋势。

#### 2.1.5.2 襄阳市 AOD 年际变化特征

本章的研究范围为襄阳市所辖的三个县、三个县级市和三个市辖区。图 2.10 为襄阳市 15 年（2004—2018 年）AOD 年均值变化趋势。如图 2.10 所示，襄阳市年平均 AOD 变化范围为 0.384~0.747，15 年平均值为 0.564，高于湖北省区域平均水平（0.437）。AOD 在 2011 年最高，2018 年最低，说明近 15 年襄阳市大气环境质量总体在好转。AOD 年际波动整体呈双峰曲线，2004—2006 年从 0.478 上升到 0.658，而后缓慢下降到 2009 年的 0.614，再上升到 2011 年最高值（0.747）。2005—2011 年 AOD 年均值持续处于大于 0.6 的高值水平，AOD 年均值从 2011 年起以平均每年 0.0452 的倾向率持续下降，在 2018 年达到近 15 年来最低值（0.384），7 年间 AOD 年均值下降了 48.52%，大气环境质量整体提升较快。

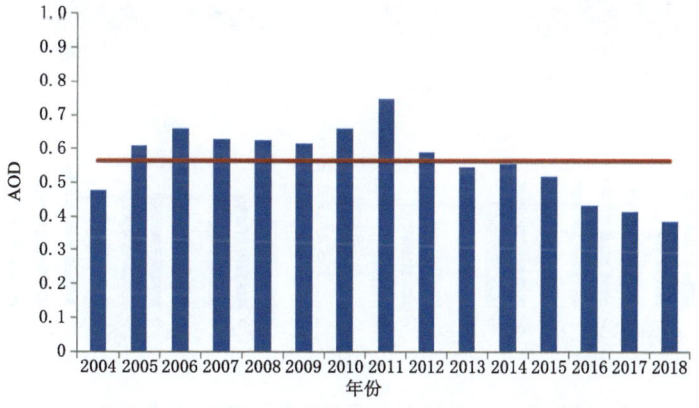

图 2.10　襄阳市 2004—2018 年 AOD 年均值变化

图 2.11 为襄阳市 2004—2018 年月均、季均 AOD 柱状图。15 年平均月值呈中间高两边低的类单峰变化趋势。15 年 AOD 月均值在 6 月达到峰值(0.699),12 月达到最低值(0.348)。襄阳市是湖北省小麦主产区,也毗邻农业大省河南,6 月是冬小麦收获的月份,农民露天焚烧秸秆的习惯会大量增加大气中的黑碳气溶胶,增加 AOD 值,造成空气污染。2015 年湖北省全面实行秸秆"禁烧"令后,由于生物物质燃烧产生的气溶胶增多得到了一定程度的遏制,AOD 值下降较为明显。12 月 AOD 均值最低,一方面与冷空气活动频繁、降雨降雪增加气溶胶颗粒物沉降有关,另一方面也受到气溶胶卫星监测因雾霾、阴雨天气限制有效合成数据不足的影响(田宏伟,2018)。

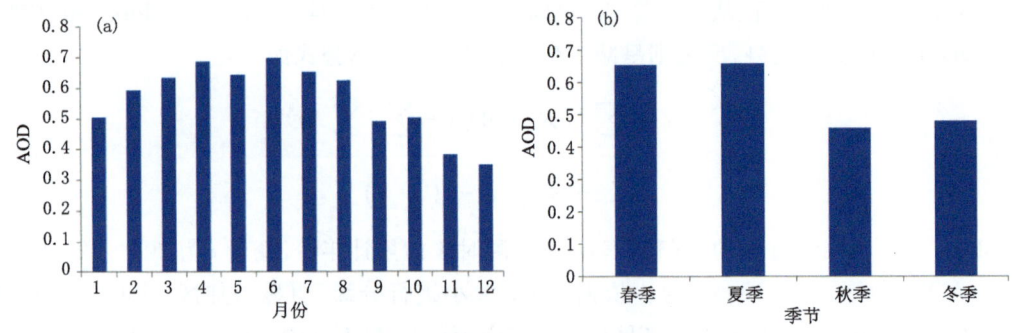

图 2.11　2004—2018 年襄阳市月均(a)、季均(b)AOD 柱状图

季节特征方面,15 年春季、夏季、秋季和冬季 AOD 均值分别为 0.655、0.659、0.458 和 0.481,整体表现为春季(3—5 月)和夏季(6—8 月)AOD 均值偏高,秋季(9—11 月)和冬季(12 至次年 2 月)AOD 均值偏低,与春季最大、夏季次之、秋季最小的湖北省域范围 AOD 季节特征略有差异(王晓玲 等,2018)。从四季 AOD 年际变化来看(图 2.12),夏季年际波动变幅最

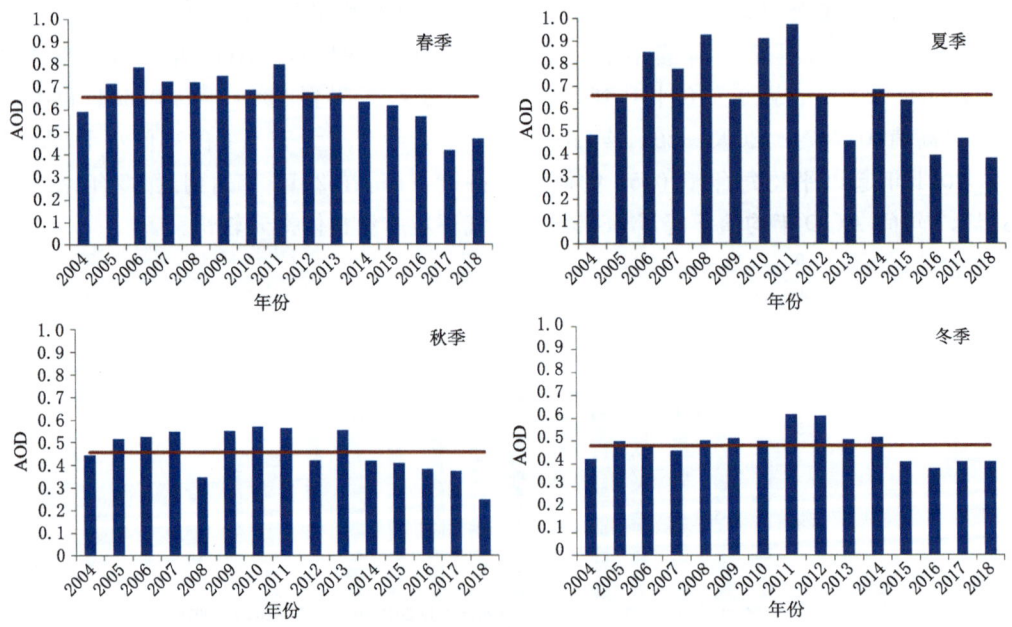

图 2.12　2004—2018 年襄阳市四季平均 AOD 年际变化

大,方差为 0.039。冬季年均 AOD 较稳定,方差仅为 0.005。受气象条件影响,春季大风易造成扬沙浮尘天气和远距离输入性气溶胶增加;夏季气温和湿度较高,有利于二次粒子的生成,且混合层厚度较高,水溶性气溶胶吸湿膨胀也是夏季 AOD 值最高的原因之一(宋薇 等,2007)。和邻近年份相比,襄阳市 2013 年夏季 AOD 值显著偏低,分析同期气象条件可知,较襄阳市近 15 年多年平均,2013 年襄阳市夏季降雨量偏少 1~5 成,相对湿度偏低 2%~8%,且平均风速偏大 0.1~1.3 m/s,形成了不利于水溶性气溶胶吸湿生成而有利于气溶胶扩散输送的天气条件,对降低 AOD 产生一定影响。

2.1.5.3 襄阳城市 AOD 时空变化特征

图 2.13 为襄阳城市近 15 年(2004—2018 年)AOD 四季均值空间分布。如图所示,襄阳城市 AOD 空间特征存在明显的季空间变化,春、夏两季襄阳城市各区域均处于 AOD 高污染

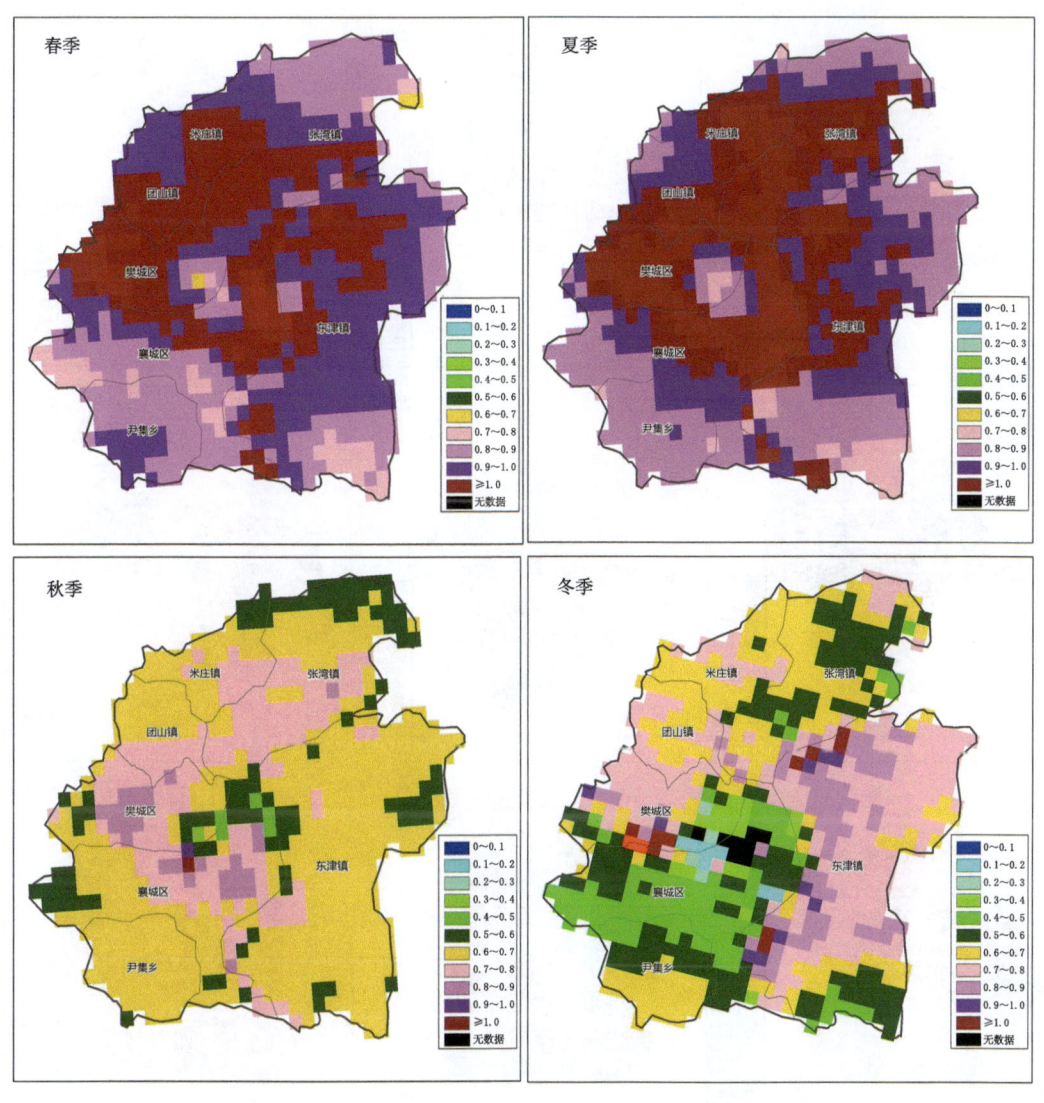

图 2.13　2004—2018 年襄阳城市 15 年季平均 AOD 空间分布

区(AOD值大于0.6)水平,且夏季AOD超高污染区(AOD值大于1.0)范围由樊城区向襄城区、米庄镇和张湾镇等区域扩大。秋季城市AOD值整体下降0.4左右,较高AOD值依旧分布在樊城区西部、襄城区东部、米庄镇东部及张湾镇南部。冬季受北方污染物随冷空气南下影响,高值区主要位于冷空气主要南下通道上的东津镇。

图2.14为襄阳城市2004—2018年年均AOD空间分布。由图可知AOD超高污染区集中范围从2008年以前的樊城、襄城区逐渐北扩转移到近几年的米庄镇和张湾镇。由图2.15可验证,米庄镇和张湾镇两地slope大于0且小于0.1,为轻度增加趋势区。叠加襄阳土地利用类型数据可知,AOD高值区主要分布在人类生活、生产活动频繁的建设用地。随着城市化进程的加速,人口与建筑密集格局改变,AOD高值区范围也随之较移和改变。与此同时,襄阳城市AOD低值区范围从2016年开始逐年增大,主要分布在耕地、林地、水域等土地类型所在范围,由此表明人类活动对大气气溶胶光学厚度的影响较大。

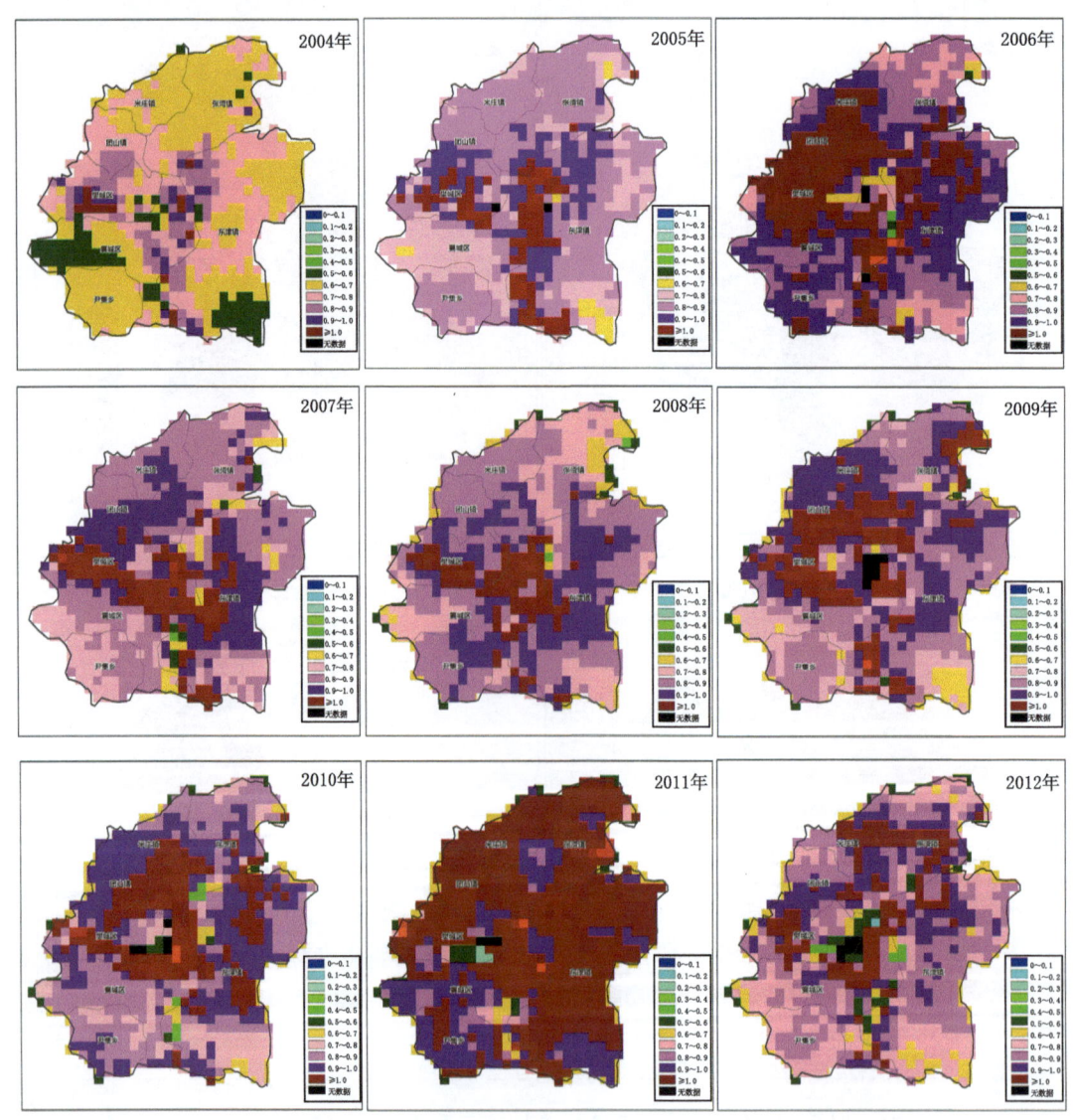

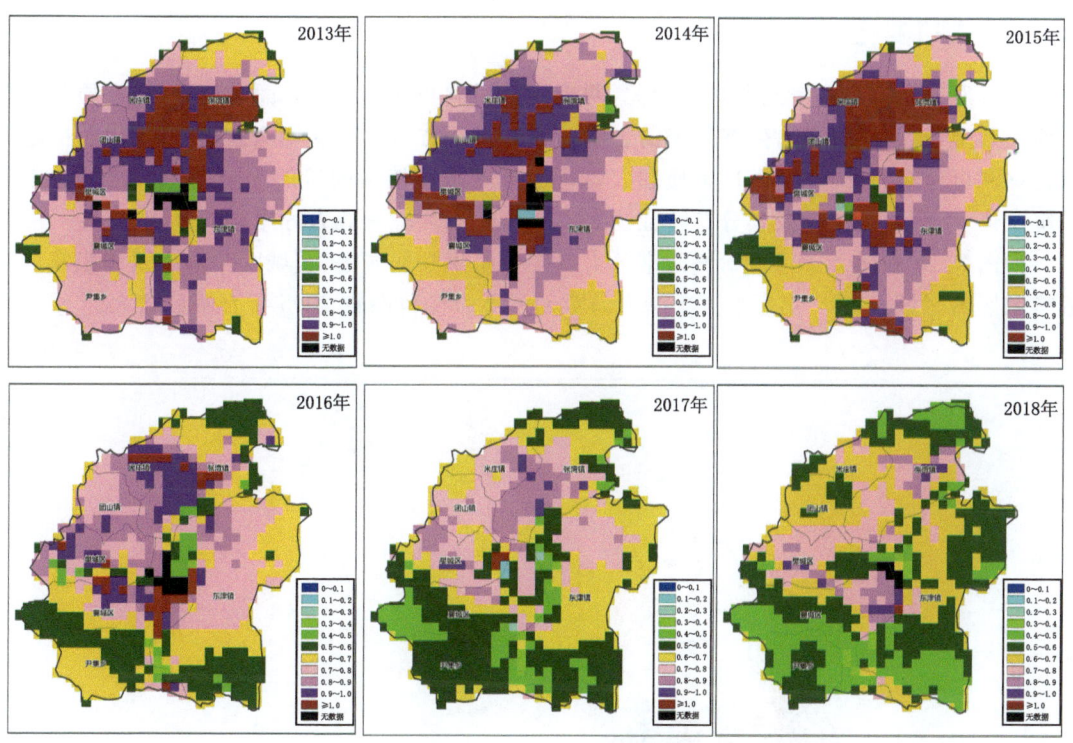

图 2.14 襄阳城市 2004—2018 年年均 AOD 空间分布

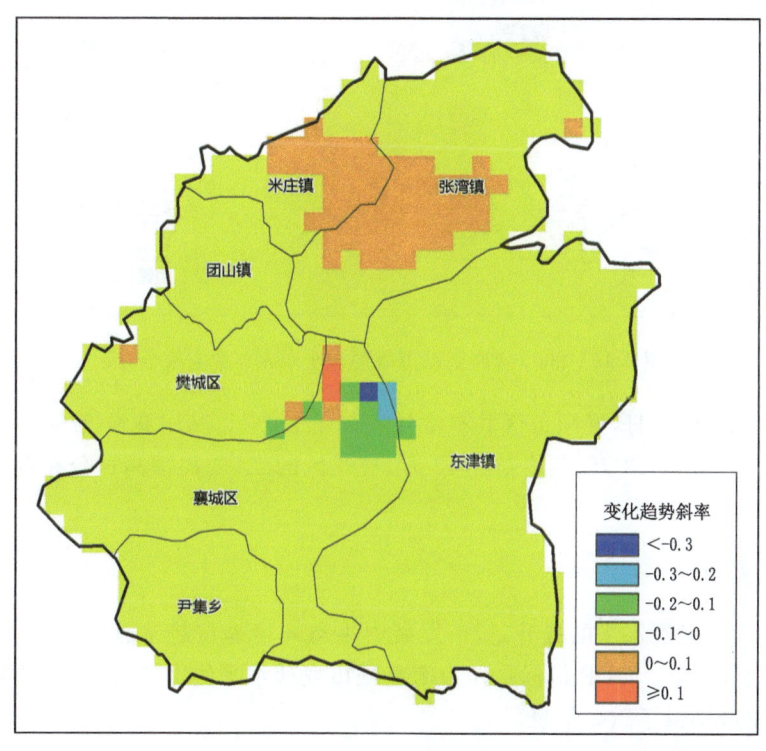

图 2.15 襄阳城市 2004—2018 年年均 AOD 变化趋势分布

## 2.1.6 人口变化

人口发展与生态环境问题息息相关,两者相互影响和制约。一方面人口数量、素质与生态环境关系密切,人口分布对生态环境的影响极大。另一方面生态变化除影响人口容量,引起人口迁移和再分布之外,也对人口素质和人口再生产带来直接和间接的影响。人口是城市生态系统主体,了解人口数量及其分布特征是研究城市生态环境承载力等内容的基础。

如图 2.16 和图 2.17 所示,襄阳市区人口主要聚集在襄城区、樊城区及米庄镇和张家湾靠近樊城区的区域。2010 年每平方千米人口数超过 2 万的范围较 2005 年有明显增大。

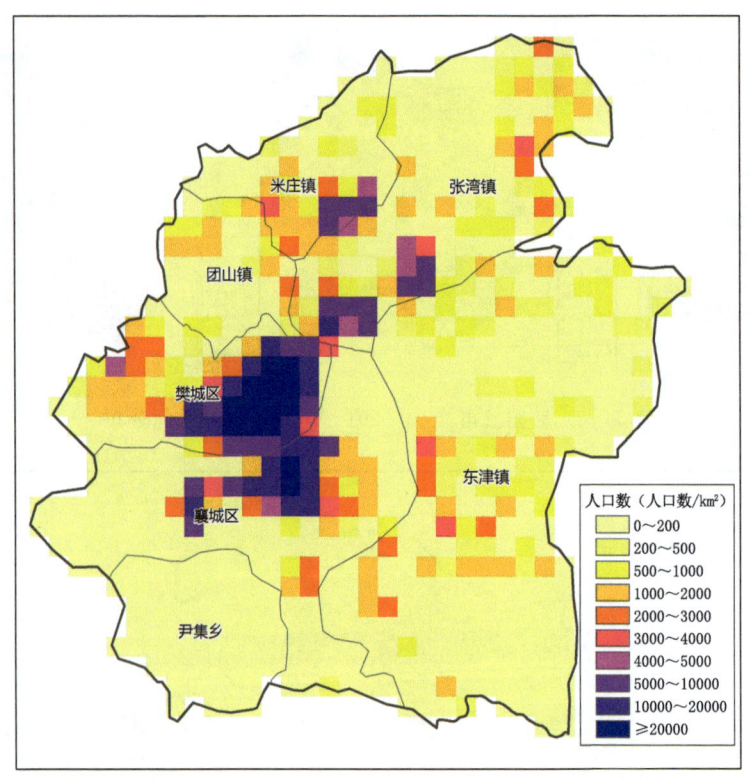

图 2.16　2005 年襄阳城市每平方千米人口数空间分布

至 2015 年 12 月 20 日,襄阳市区共有常住人口 172.2 万,其中襄城区 50 万、樊城区(含鱼梁洲)69 万、襄阳高新区 23 万、东津新区 13 万、襄州区的二广、福银高速公路和襄阳东外环围合区域内有 17.2 万。

## 2.1.7 GDP 变化

随着经济、社会发展水平的提升,城市发展中生态环境地位越来越重要,并有望成为城市未来发展的决定性要素。GDP 指标是作为衡量城市发展水平的重要标志,为研究生态环境和城市经济协调发展提供了重要信息。

第 2 章　襄阳城市生态气候环境

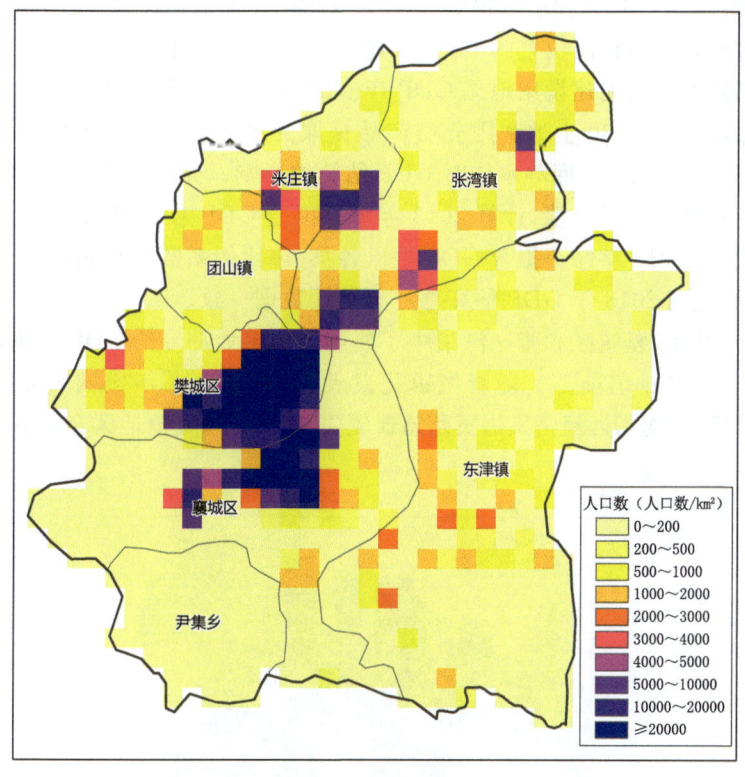

图 2.17　2010 年襄阳城市每平方千米人口数空间分布

### 2.1.7.1　2005—2013 年襄阳城市 GDP 空间分布变化分析

以 GDP 公里网格数据为基础，对襄阳城市 GDP 空间分布特征进行分析和总结。2005 年和 2010 年 GDP 公里网格数据直接来源于中科院资源环境科学数据中心发布的产品。

2013 年 GDP 估算模型以中国科学院资源环境科学数据中心发布的 2010 年全国 GDP 空间分布图为基础，通过建立中国科学院 2010 年 GDP 县域总和与 2013 年 GDP 县域总和统计值的线形拟合方程订正而成，拟合方程如图 2.18 所示。

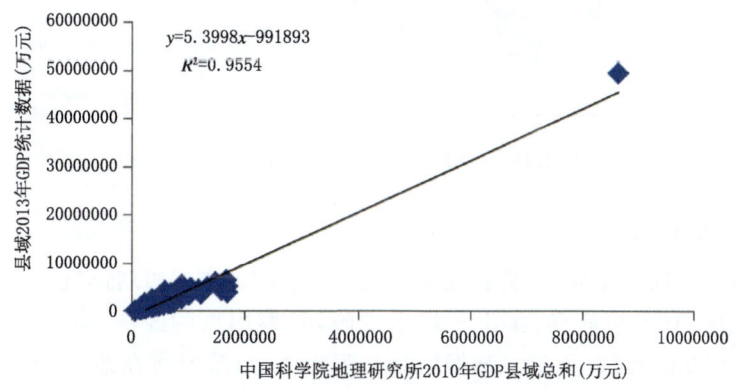

图 2.18　中国科学院 2010 年 GDP 县域总和与 2013 年 GDP 县域总和统计值的线形拟合

43

具体算法为:通过 IDL 编程运算得到 2013 年 GDP 分布初始拟合值,将初始拟合 GDP 图中部分小于 0 的像元值用相同位置的中国科学院 2010 年 GDP 像元值替代,因为这些拟合为负的区域几乎都是不发达无建设用地无 GDP 产值的地区,可假设这些地区 3 年内 GDP 变化可忽略不计。并用 Global 30 土地利用分类产品提取的水体掩膜将水体像元对应的 GDP 值替换成 0,去除江、河、湖泊、水库等水体对 GDP 估算的影响。完成以上 GDP 拟合值的去噪处理得到 2013 年 GDP 修正拟合值,计算 2013 年修正拟合 GDP 县域值和 2013 年 GDP 县域统计值的比例系数,用 2013 年修正拟合 GDP 乘以各县、市比例系数后得到订正的 2013 年 GDP 估算图,保证县域范围 2013 年 GDP 估算总和与统计数据一致。

结果显示,樊城区、襄城区和张家湾集中了襄阳城市绝大部分的 GDP 占比,且一直位于襄阳城区各行政区 GDP 排名前三。随着城镇化发展,2010—2013 年樊城区 GDP 占比增大到 50% 以上并持续增大,对城区经济发展贡献遥遥领先其他地区,其他地区变化不明显(图 2.19~图 2.22)。

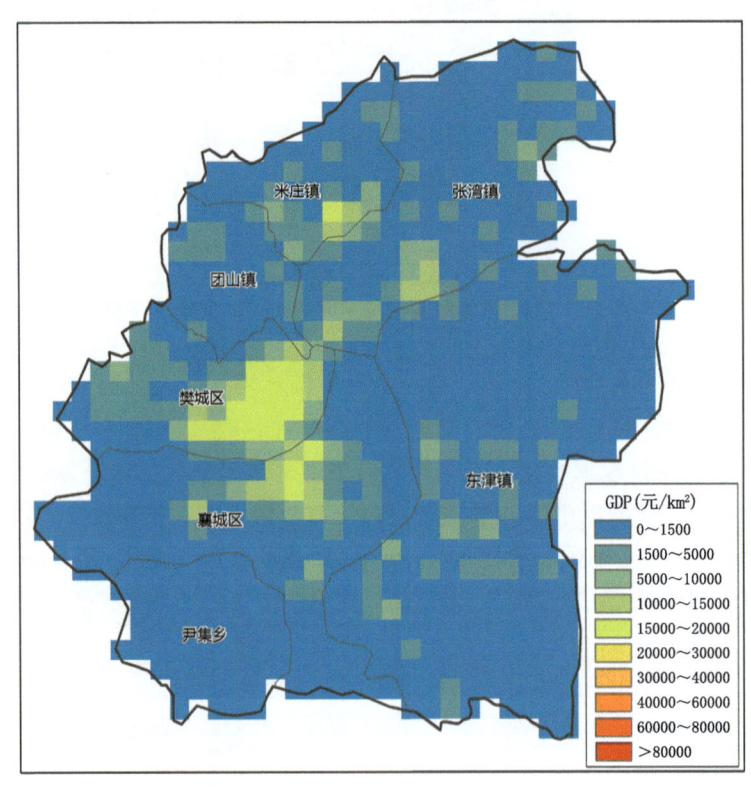

图 2.19  2005 年襄阳城市 GDP 空间分布

### 2.1.7.2 襄阳城市 GDP 统计

根据湖北省统计局数据显示,樊城区和襄城区是襄阳城市 GPD 排名前二的区域。樊城区是襄阳的中心城区,有大量商场、集市和娱乐设施,是襄阳市的经济、交通、信息、物流中心,2015 年 GDP 为 500 亿元(表 2.5)。襄城区是襄阳市委、市政府所在地,全市政治、文化中心,是老城区所在地,拥有众多景点,2015 年 GDP 为 310 亿元(表 2.6)。2017 年,樊城区 GDP 为 580.5 亿元,同比增长 6.5%,襄城区 GDP 为 358.8 亿元,同比增长 7.3%。

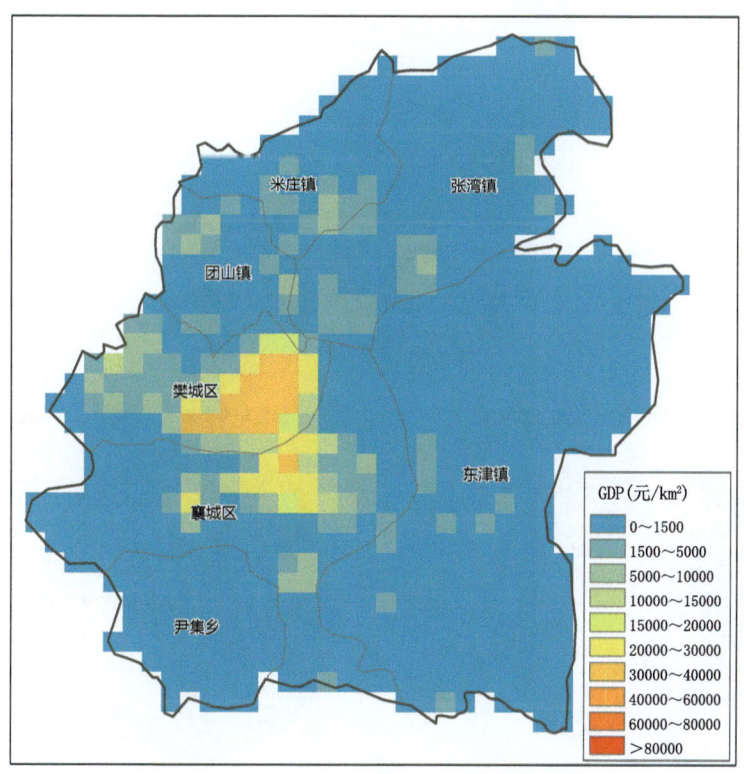

图 2.20　2010 年襄阳城市 GDP 空间分布

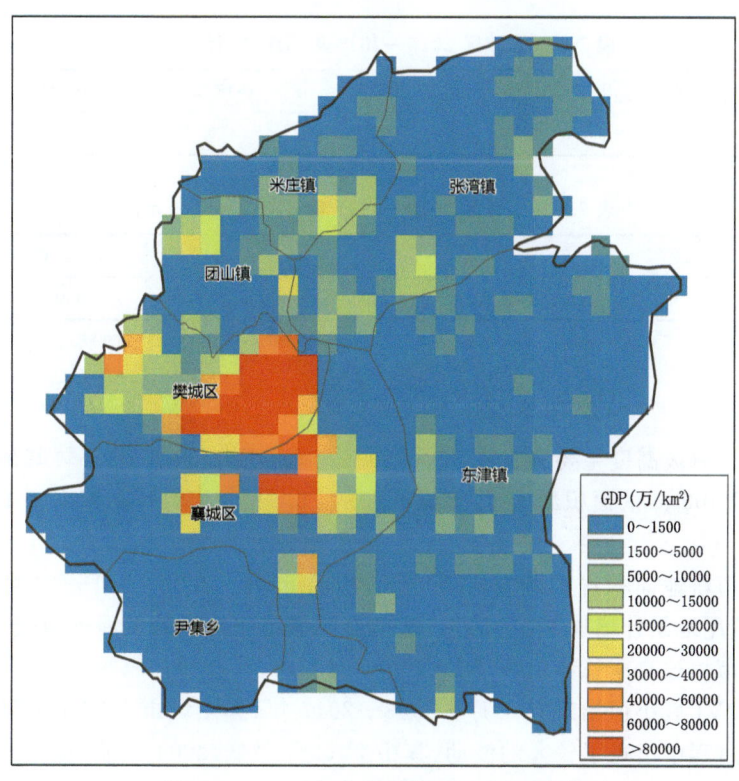

图 2.21　2013 年襄阳城市 GDP 空间分布

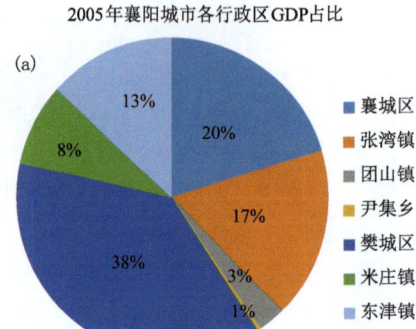

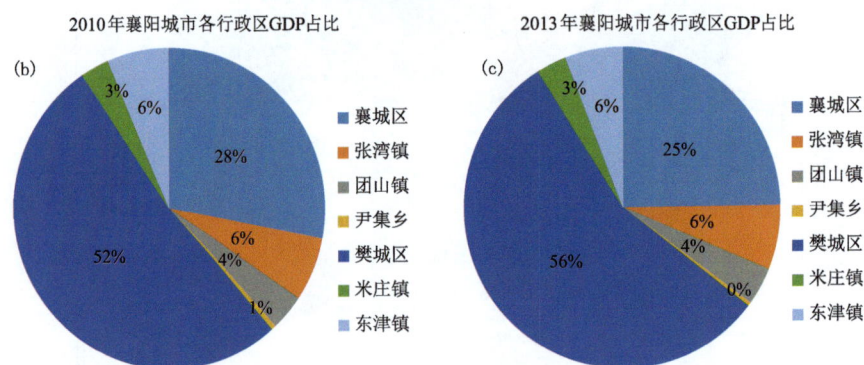

图 2.22　2005 年(a)、2010 年(b)和 2013 年(c)襄阳城市各行政区年 GDP 占比

表 2.5　樊城区 2010—2015 年 GDP 统计(亿元)

| 年份 | 2010 年 | 2011 年 | 2012 年 | 2013 年 | 2014 年 | 2015 年 |
| --- | --- | --- | --- | --- | --- | --- |
| GDP | — | 330 | 360 | 410 | 460 | 500 |

表 2.6　襄城区 2010—2015 年 GDP 统计(亿元)

| 年份 | 2010 年 | 2011 年 | 2012 年 | 2013 年 | 2014 年 | 2015 年 |
| --- | --- | --- | --- | --- | --- | --- |
| GDP | 153 | 205 | 240 | 270 | 300 | 310 |

## 2.1.8　小结

(1)襄阳城市海拔高度主要分布在 46～430 m,地形西南、东南、北部较其他地区略高。其中海拔高度低于 100 m 的面积最大,占到总面积的 76.61%,而海拔高度高于 150 m 的面积不足 5%。

(2)襄阳城市耕地面积占比最大,超过总面积的 65%。2005—2015 年,耕地累计减少了 12.51%,而城镇用地累计增加了 10.51%,这与襄阳城市化用地的发展规律较一致。

(3)襄阳城市植被夏季长势最好,NDVI 在 7 月到峰值,秋季的植被长势好于春季;冬季植被长势最差,NDVI 最小值出现在 1 月。2003—2017 年,襄阳城市 NDVI 年际变化总体呈弱上升趋势,增长过程中出现了较大的波动,其中 2011 年最低,2004 年最高。

(4)15 年间,襄阳城市植被覆盖有退化趋势的区域主要位于张湾镇中部和东南部、米庄镇北部、团山镇西部、东津镇的西北部等地,其他大部地区植被覆盖基本稳定。退化区域主要是城区。

(5) 襄阳城市近 15 年春、夏两季均处于 AOD 高污染区水平,且夏季 AOD 超高区范围由樊城区向襄城区、米庄镇和张湾镇等区域扩大。秋季 AOD 下降但较高值依旧分布在樊城区西部、襄城区东部及张湾镇南部。AOD 集中超高区范围从 2008 年以前分布在樊城、襄城区逐渐北扩转移到近几年的米庄镇和张湾镇。

(6) AOD 高值区主要分布在人类生活、生产活动频繁的建设用地区。襄阳城市 AOD 低值区范围从 2016 年开始至 2018 年逐年增大,主要分布在耕地、林地、水域等土地类型所在范围。

(7) 襄阳城市人口主要聚集在襄城区、樊城区及米庄镇和张家湾靠近樊城区的区域,2010 年每平方千米人口数超过 2 万的范围较历史有明显增大。

(8) 襄阳城市各行政区 GDP 占比在 2010 年之后 2013 年以前发生较大变化,以樊城区、襄城区贡献率增大为主要特征。2010—2013 年樊城区 GDP 占比增大到 50% 以上并持续增大,对城区经济发展贡献遥遥领先其他地区,其他地区变化不明显。

## 2.2 襄阳城市大气环境

### 2.2.1 大气自净能力

环境的自净能力是环境的一种特殊功能。当环境受到污染时,在物理、化学和生物的作用下,环境可以逐步消除污染物达到自然净化。环境自净能力指的是自然环境可以通过大气、水流的扩散、氧化以及微生物的分解作用,将污染物化为无害物的能力。但是,这种能力是有限度的,当污染物数量超过了环境的自净能力时,污染的危害就不可避免地发生,生态系统就将被破坏,生物和人就可能发生病变或死亡。

#### 2.2.1.1 大气自净能力定义

大气自净是指大气中的污染物由于自然过程,而从大气中除去或浓度降低的过程或现象。

大气完成自净,其最基础的过程就是稀释,这个过程最主要的动力就是空气的对流,也就是风,对流越强扩散越快,这一过程与地形密切相关,例如城市地貌一般就不利于污染物的扩散。另外是人气中的沉降作用,大气中总悬浮颗粒物(粒径大于 100 μm)的尘粒可以通过碰撞或者重力沉降致地面、屋面或被植被截留吸附,这些作用主要与污染物自身性质相关,小粒径颗粒物较难通过这一过程除去。由于大气中微生物含量无法与水体和土壤相比,因此生物作用较弱,最主要的化学反应是光化学反应。而靠大气的稀释、扩散、氧化等物理化学作用,能使进入大气的污染物质逐渐消失,就是大气的自净能力。例如,排入大气的颗粒物经过雨、雪的淋洗而落到地面,从而使空气清洁;排入大气的一氧化碳经稀释扩散,浓度降低,再经氧化变为二氧化碳,被绿色植物吸收,空气成分恢复到原来的状态。充分掌握和利用大气自净能力,可以降低污染浓度,减少污染的危害。大气自净能力与当地气象条件、污染物排放总量及城市布局等诸因素有关。在某一区域内,绿化植树,多种风景林,增加绿地面积,不仅能美化环境、调节气候,而且能截留粉尘、吸收有害气体,从而大大提高大气自净能力,维护良好环境质量。

#### 2.2.1.2 大气自净能力评估

除了大气污染排放以外,不利气象条件是导致大气重污染的重要原因。当大气污染排放量达到一定程度,空气质量就会对气象条件非常敏感,一旦出现不利扩散的静稳天气,很容易发生大气重污染。关于气象条件对空气污染作用的研究很多,国内学者在大气通风量的基础上,根据大气自身所具有的对大气污染物的通风稀释和湿清除能力,定义了大气自净能力指数(朱蓉 等,2018),给出基于常规气象观测的计算方法,并应用于大气自净能力特征分析以及对大气污染防控措施的效果评估(董旭光 等,2018;梅梅 等,2019;吴蓉 等,2017;杨栋 等,2019;郁珍艳 等,2017)。

大气自净能力指数与大气污染排放量和空气质量都没有任何关系,仅仅表示大气自身运动对大气污染物的通风扩散和降水清除能力。大气自净能力指数数值越大,表示大气对污染物的清除能力较强,大气自净能力强;反之,表示大气自净能力弱。

#### 2.2.1.3 大气自净能力评价方法及评价标准

(1)计算方法

基于云量和地面风速,通过计算太阳高度角,查算出 Pasquill 大气稳定度等级,可算出混合层高度和大气通风量。由于气象观测站在夜间的云量观测资料十分有限,每日14时与一天中大气对污染物的最大清除能力接近,因此,计算每日14时大气自净能力指数即可代表当日大气的自净能力,由此可得到大气自净能力的长期变化特征。

大气自净能力(A)计算公式如下:

$$A = 3.1536 \times 10^{-3} \times \frac{\sqrt{\pi}}{2} \times V_E + 2.19 \times 10^{-2} \times R \times \sqrt{S} \tag{2.4}$$

式中,$V_E$ 为通风量,$m^2/s$;$R$ 为降水强度,$mm/d$;$S$ 为单位面积,$km^2$。大气自净能力越大,说明大气自净能力越强;大气自净能力越小,说明大气自净能力越弱。具体计算方法参见《大气自净能力等级》(GB/T 34299—2017)。

(2)评价标准

1)大气自净能力指数计算方法

大气自净能力指数(AI)的具体计算公式如下。

$$AI = \frac{A_{气候平均值}}{A_{实况值}} - 0.5 \tag{2.5}$$

2)大气自净能力指数等级划分

大气自净能力等级分为五级,分别为好、较好、一般、较差和差(表2.7)。

表 2.7  大气自净能力指数等级

| 等级 | 指标范围 | 说明(当存在排放率与大气环境容量相适应的源强时,如果大气自净能力等级为较好,则环境平均浓度 $C_i$ 可以满足环境质量标准限值要求) |
|---|---|---|
| 好 | $0.0 < AI \leqslant 0.5$ | 环境平均浓度 $< C_i/2$ |
| 较好 | $0.5 < AI \leqslant 1.0$ | 环境平均浓度 $= C_i$ |
| 一般 | $1.0 < AI \leqslant 1.5$ | $1.0 C_i <$ 环境平均浓度 $\leqslant 1.5 C_i$ |
| 较差 | $1.5 < AI \leqslant 2.0$ | $1.5 C_i <$ 环境平均浓度 $\leqslant 2.0 C_i$ |
| 差 | $AI > 2.0$ | 环境平均浓度 $> 2 C_i$ |

#### 2.2.1.4 襄阳城市大气自净能力指数(AI)年、月际变化

从 AI 逐月变化来看(图 2.23),AI 值在 1.4(5—6 月)～3.9(12 月),年平均值为 2.3。从 AI 等级逐月变化来看(图 2.24),襄阳城市大气自净能力春、夏季好于秋、冬季,其中春末夏初(5—6 月)为全年大气自净能力最强时段,冬末—春中(2—4 月)、盛夏(7 月)次之,夏末—冬中(8 月至次年 1 月)最弱。

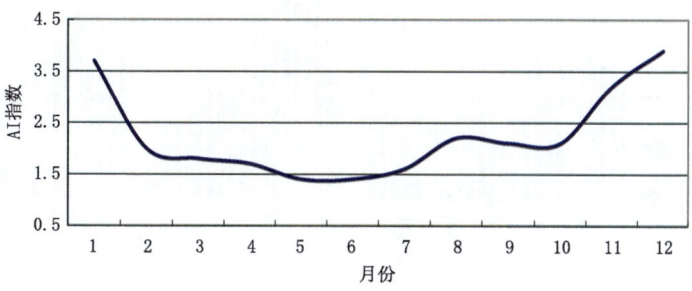

图 2.23　襄阳城市大气自净能力指数(AI)逐月变化

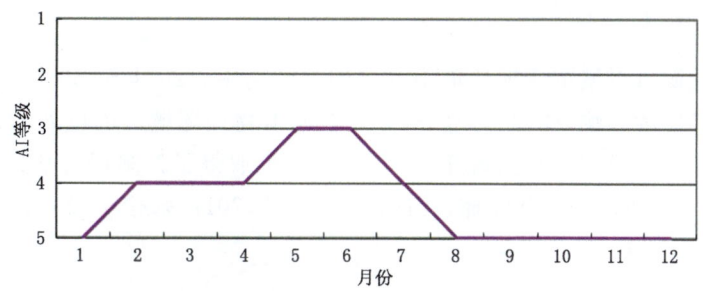

图 2.24　襄阳城市大气自净能力指数(AI)等级逐月变化

从 AI 指数逐年变化来看(图 2.25),整体上变化趋势不明显,但年代际变化十分明显。襄阳城市在 20 世纪 60 年代至 80 年代中期以及 2011—2018 年,AI 指数呈现显著的下降趋势,表明大气自净能力在增强;20 世纪 80 年代末至 21 世纪初,AI 指数呈现显著的上升趋势,表明大气自净能力在减弱。

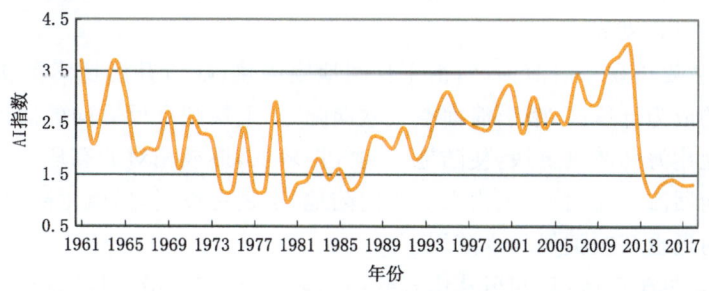

图 2.25　襄阳城市 AI 指数逐年变化

AI 指数不同等级年日数逐年变化年代际特征明显(图 2.26),与 AI 指数逐年变化趋势相似,在 20 世纪 80 年代中后期、21 世纪初有两个明显的转折点。其中"好"等级年日数在 20 世

纪60年代至80年代中期以及2011—2018年呈增加趋势,"差"等级年日数与之相反。好、较好、一般、较差、差等级年日数全年占比多年平均分别为42.9%、17.3%、6.5%、6.6%和26.7%。

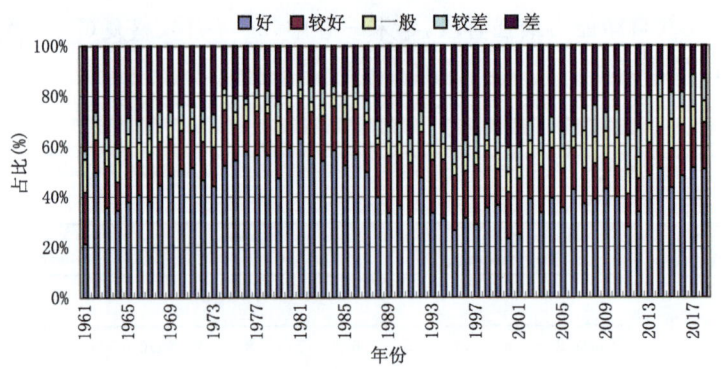

图2.26 襄阳城市AI指数不同等级年日数逐年变化

### 2.2.2 城市风环境

风环境的研究源自对城市物理环境中气候因素的重视。20世纪50年代,国外就开始探索风环境对城市环境的影响,德国、丹麦、日本等在城市物理环境方面已经取得了不错的研究成果。我国对风环境的研究起步虽晚于国外,近年来也取得了许多研究成果(沃沃 等,2012;冯娴慧 等,2010;朱亚斓,2008;叶锺楠,2015;曾忠忠 等,2017;郑拴宁,2012;王晶,2012)。

#### 2.2.2.1 城市热岛环流

在人口集中的城市,受硬化下垫面、居民生活和工业生产耗能等因素影响,导致城市气温明显高于郊区。城郊的这种温度差异导致了城市热岛的发生,具体表现在城市中空气受热上升,在郊区空气下沉,这样就使得城市与郊区之间产生一定的局地热力环流,称之为城市热岛环流。

#### 2.2.2.2 地面风

地面风是近地面局部地区的空气受热不均而产生的小范围的环流,包括海风和陆风、山风和谷风、焚风以及街巷风等。

海风和陆风主要出现于沿海地区,由于日间地表受热,陆地升温比海面快,因此陆地上的气温较高,相对的成为低压区,吸引海面空气吹向陆地,上层则有反方向的回流。到了夜间,地表散热冷却,陆地比海面散热更快,使陆地上的气温较低,形成相对的高压区,陆上气流吹向海面,上层亦有反向回流。在白天,风由海面吹向陆地;反之在夜间,风就由陆地吹向海面。在陆地内,较大水体附近也存在类似的水陆风。

山风和谷风常见于山区,日间风从山谷吹向山坡爬升,夜间沿山坡吹向山谷下沉。其形成原理大致跟海陆风相似,日间山坡受热较多,山上空气升温较快,而山谷底部的空气升温较慢,这就形成了气温和气压的差异,使谷地空气沿着山坡而上升,称为谷风。夜间时,山坡辐射冷却加剧,山上气温下降快,谷地空气则降温较慢,遂形成与日间方向相反的环流,下层风由山坡吹向山谷,称为山风。

焚风是一种干而热的风,任何时候均可出现。每当有强风越过高山,在背风坡中下部会产生焚风。由于迎风坡的上升空气凝云致雨,水汽含量大减;再沿山坡下降的空气,气温不断升高,湿度下降,于是形成干热的风。

街巷风是由于城市建筑布局与建筑平面设计的不同,在城市街道形成不同的局部风环境。

#### 2.2.2.3 城市外部空间

城市外部空间在一定程度上也是影响城市内部气候条件的原因之一。这里提到的城市外部空间是指影响城市内部风环境的无建筑物覆盖的土地,包括城市森林、湖泊、城市广场以及绿化带。改善城市外部空间,可在改善城市热环流的同时调节城市的小气候,进一步改善城市风环境,如德国的斯图加特市就是在勘测山口的风向的基础上,通过引风入城的通道,把更多新鲜空气引入城市。

#### 2.2.2.4 城市绿地和水面对风的影响

城市绿地对城市起到降温增湿的作用,能够有效改善城市温、湿度场,同时有利于局部地区风的形成。研究(轩春怡 等,2010)表明:当水体面积为4%时,分散型水体布局对夏季温度、湿度和风速的影响范围分别达到48%、45%和35%,并使该区域温度平均降低0.22 ℃,湿度增加3.2%,风速增大0.06 m/s;当水体占有率从4%增大到16%时,分散型水体布局使得相对湿度增高7.26%,风速增大0.16 m/s。

#### 2.2.2.5 建筑布局

建筑布局,从狭义的角度上来看,在进行建设工作之前选择适宜的地点进行布点安排;从广义上来讲,它不仅仅是指建筑的具体位置,还应该包括建设的组合关系以及相关的政策等,建筑布局是城市规划中重要的组成部分(柏春,2009)。城市的快速发展和建筑技术的不断提高,使得城市涌现出大量的布局多样的建筑群。不同的布局模式影响城市风环境,高层建筑群往往会产生"狭道效应",狭道内产生过高的风速,或形成"涡流区",使行人感到不适。因此,合理的建筑布局是城市获得良好风环境的主要途径之一。

### 2.2.3 风环境优化的作用

#### 2.2.3.1 有利于节能和生态

我国对建筑提出了明确的节能要求,在南方地区,实现节能的主要措施是:隔热、遮阳以及自然通风。空调是当前城市居民尤其是炎热地区必不可少的降温工具,但是,空调的大量使用对城市大气环境的破坏日益严重,使得城市气候环境愈加恶劣,同时加剧了对城市资源的浪费。实现自然通风,改善城市风环境,是城市实现节能和可持续发展的有效方法。绿地和水体等具有重要的生态价值,良好的水环境和绿化覆盖对改善城市环境和调节微气候具有显著作用。

#### 2.2.3.2 有利于污染气体的扩散

城市工业的发展给城市带来了大量的废气和污染气体,由于城市空间的复杂性,增强了对污染气体的阻滞,使得这些污染气体难以扩散,因此,良好的风环境能够加快气体的扩散,净化城市空气。

#### 2.2.3.3 有利于城市热岛的改善

城市热岛效应是现在大都市普遍存在的现象。城市热岛效应引起的城市热岛环流影响城市污染物的扩散。因此,良好的城市风环境可以将城市污染气体尽快扩散出去,在此基础上,改善了城市的热岛情况。一般来说,风速越大,热交换就越强,对城市热环境的改善作用就越显著。

#### 2.2.3.4 提高人体的舒适性

针对微观层面的街区尺度,风环境与人们的日常生活行为相关。风环境的好坏直接影响着城市居民的正常作息。研究表明,不同风速能够影响人的冷暖感觉。气温相同时,人的冷暖感觉随着风速大小的变化而变化。大量的科学实验得出:以 0 ℃为临界温度,当气温高于 0 ℃时,风力每增大 2 级,人越感觉到寒冷,其寒冷感觉会下降 3~5 ℃;当气温低于 0 ℃时,风力每增大 2 级,人的寒冷感觉下降得更多,达 6~8 ℃。因此,对风速的调节可以改善人体舒适度。

### 2.2.4 资料与方法

利用襄阳国家基本气象站近 60 年(1961—2017 年)、襄阳城市范围内的区域气象观测站 3 年(2015—2017 年)的观测资料(表 2.8),对襄阳城市的相关气象因子进行统计分析,其中风速小于 0.2 m/s 做静风处理。

表 2.8 襄阳城市范围内的气象观测站遴选情况及基本信息

| 序号 | 站名 | 编号 | 类型 | 观测时段(年-月) | 海拔高度(m) |
| --- | --- | --- | --- | --- | --- |
| 1 | 襄阳 | S1 | 国家站 | 1960-01—2017-12 | 163.4 |
| 2 | 朝阳社区 | S2 | 区域站 | 2015-01—2017-12 | 65.9 |
| 3 | 农科院 | S3 | | 2015-01—2017-12 | 64.0 |
| 4 | 隆中 | S4 | | 2015-01—2017-12 | 129.0 |
| 5 | 襄荆高速襄阳南站 | S5 | | 2015-01—2017-12 | 102.0 |
| 6 | 襄阳老站 | S6 | | 2015-01—2017-12 | 68.6 |
| 7 | 白云社区 | S7 | | 2015-01—2017-12 | 102.0 |
| 8 | 檀溪社区 | S8 | | 2015-01—2017-12 | 65.6 |
| 9 | 襄阳机场 | S9 | | 2015-01—2017-12 | 72.7 |

### 2.2.5 襄阳城市风的背景分析

#### 2.2.5.1 风向统计分析

统计结果显示,襄阳国家基本气象站风向有明显的季节变化(四季划分如下:春季 3—5 月,夏季 6—8 月,秋季 9—11 月,冬季 12 月至次年 2 月)。图 2.27 和表 2.9 显示,全年主导风向为东南偏南(SSE),次主导风向为西北(NW)。从季节分布看,春、夏季主导风向与全年一致,次主导风向均为南(S);秋季主导风向为西北(NW),次主导风向为北(N);冬季主导风向为北(N),次主导风向为东南偏南(SSE)。从逐月看,3—7 月主导风向与全年一致,为偏南,8 月至次年 2 月转为偏北,其中 8—10 月为西北(NW)、11 月至次年 2 月为北(N);次主导风向以偏南为主,其中 3—7 月为南(S),2 月、8 月、11—12 月为东南偏南(SSE),1 月为西北及西北偏北(NW、NNW),9 月为北(N),10 月为西北偏西(WNW)。

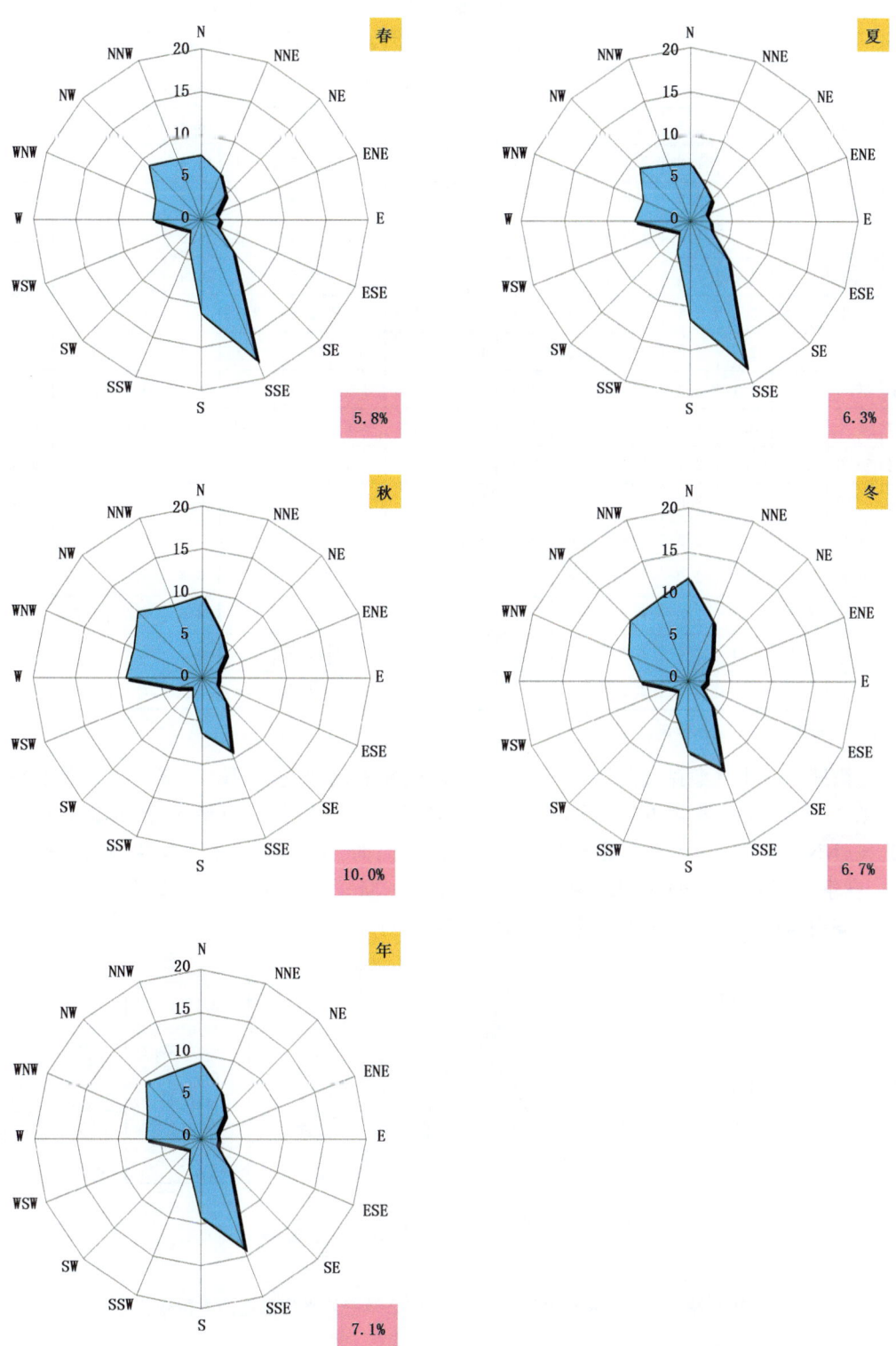

图 2.27 襄阳国家基本气象站四季及全年风频玫瑰图

表 2.9　襄阳国家基本气象站月、季节、年风向频率（％）

| 时段 | N | NNE | NE | ENE | E | ESE | SE | SSE | S | SSW | SW | WSW | W | WNW | NW | NNW | C |
|---|---|---|---|---|---|---|---|---|---|---|---|---|---|---|---|---|---|
| 1月 | 12.0 | 7.8 | 4.5 | 2.6 | 2.1 | 1.4 | 3.5 | 9.7 | 7.6 | 3.3 | 1.6 | 2.2 | 6.0 | 7.7 | 10.0 | 10.0 | 8.1 |
| 2月 | 11.8 | 8.5 | 4.5 | 2.7 | 2.4 | 2.2 | 4.0 | 11.0 | 6.9 | 3.1 | 1.5 | 2.2 | 6.1 | 6.3 | 9.4 | 9.8 | 7.6 |
| 3月 | 9.8 | 7.6 | 4.6 | 1.8 | 2.2 | 1.7 | 4.4 | 14.8 | 10.1 | 4.1 | 1.5 | 2.1 | 5.4 | 6.2 | 9.5 | 8.5 | 5.7 |
| 4月 | 7.3 | 5.8 | 4.2 | 2.3 | 2.4 | 2.1 | 5.4 | 19.4 | 11.0 | 3.5 | 1.8 | 2.6 | 5.9 | 5.6 | 8.3 | 7.5 | 5.0 |
| 5月 | 5.7 | 4.3 | 3.2 | 1.6 | 1.9 | 2.2 | 6.3 | 18.6 | 12.2 | 4.2 | 2.1 | 3.1 | 6.0 | 6.7 | 9.4 | 6.6 | 5.8 |
| 6月 | 5.2 | 3.1 | 2.7 | 1.6 | 2.1 | 2.5 | 6.9 | 21.9 | 13.3 | 4.7 | 2.5 | 2.8 | 6.4 | 5.8 | 7.7 | 5.7 | 5.1 |
| 7月 | 5.2 | 3.8 | 3.6 | 2.1 | 2.4 | 2.8 | 7.7 | 22.4 | 14.0 | 4.4 | 1.6 | 2.1 | 5.1 | 4.7 | 6.4 | 5.5 | 6.1 |
| 8月 | 9.9 | 6.1 | 4.2 | 2.2 | 2.3 | 2.2 | 4.7 | 10.3 | 7.4 | 3.1 | 2.6 | 2.7 | 7.7 | 7.6 | 11.3 | 9.8 | 6.6 |
| 9月 | 10.5 | 6.1 | 4.1 | 2.4 | 2.0 | 1.9 | 4.0 | 6.9 | 6.1 | 2.9 | 1.4 | 2.7 | 8.5 | 9.6 | 12.4 | 10.2 | 8.1 |
| 10月 | 9.8 | 5.7 | 3.4 | 1.4 | 1.6 | 1.9 | 4.0 | 9.4 | 6.0 | 2.9 | 1.6 | 3.3 | 9.3 | 9.9 | 10.7 | 9.4 | 9.6 |
| 11月 | 11.0 | 6.6 | 4.2 | 2.1 | 1.8 | 1.8 | 3.9 | 9.9 | 7.9 | 3.4 | 1.8 | 2.8 | 7.7 | 7.5 | 9.7 | 9.0 | 9.0 |
| 12月 | 11.2 | 6.3 | 4.4 | 2.5 | 2.1 | 1.6 | 3.7 | 11.1 | 7.3 | 3.6 | 2.4 | 2.4 | 6.2 | 7.8 | 10.0 | 9.6 | 8.7 |
| 春 | 7.6 | 5.9 | 4.0 | 1.9 | 2.2 | 2.0 | 5.4 | 17.6 | 11.1 | 3.9 | 1.8 | 2.6 | 5.8 | 6.2 | 9.1 | 7.5 | 5.5 |
| 夏 | 6.8 | 4.3 | 3.5 | 2.0 | 2.3 | 2.6 | 6.5 | 18.0 | 11.6 | 4.1 | 1.9 | 2.5 | 6.4 | 6.0 | 8.5 | 7.0 | 6.0 |
| 秋 | 10.4 | 6.1 | 3.9 | 2.0 | 1.8 | 1.9 | 3.9 | 8.7 | 6.7 | 3.1 | 1.6 | 2.9 | 8.5 | 9.0 | 10.9 | 9.5 | 8.9 |
| 冬 | 11.7 | 7.5 | 4.4 | 2.6 | 2.2 | 1.7 | 3.7 | 10.6 | 7.3 | 3.3 | 1.9 | 2.3 | 6.1 | 7.3 | 9.8 | 9.8 | 8.2 |
| 年 | 9.1 | 6.0 | 4.0 | 2.1 | 2.1 | 2.1 | 4.9 | 13.8 | 9.2 | 3.6 | 1.7 | 2.6 | 6.7 | 7.1 | 9.6 | 8.5 | 7.1 |

注：阴影值为最多风向，C表示静风。

襄阳国家基本气象站逐月、四季及全年平均风速的趋势显示（图2.28），各风向下平均风速在1.3～4.6 m/s，差异明显。东南偏南风—南风（SSE—S）的风速最大，西北偏北风—东北偏北风（NNW—NNE）次之。最大平均风速的出现风向，全年为南风（S），春、夏、冬季与全年一致，秋季为西北偏北风（NNE），南风（S）次之；1月、3—8月与全年一致，2月、4月、11—12月为东南偏南风（SSE），9—10月在东北偏北风（NNE）。

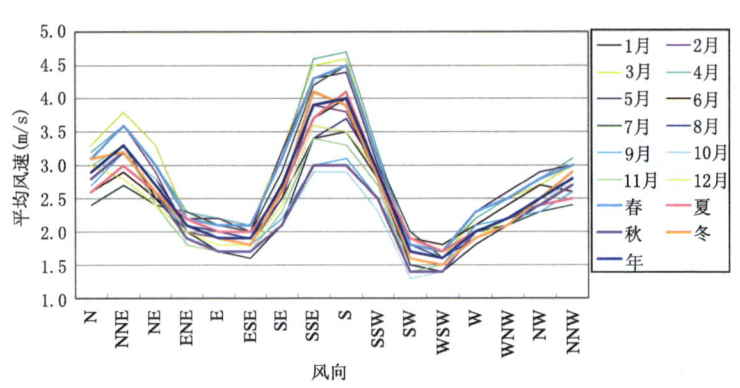

图 2.28　襄阳国家基本气象站逐月、四季及全年平均风速的方位变化

襄阳国家基本气象站不同风向下不同持续时间出现频次统计结果显示（表2.10），各风向持续时间2 h以上占比在9.4%～41.2%，平均占比为21.8%，全年主导风东南偏南风（SSE）

占比 41.2%。各风向最长持续时间大多在 24 h 以内,其中东南偏南风(SSE)最长达 79 h,出现在 2002 年 4 月 18 日 14 时至 2002 年 4 月 21 日 20 时。

表 2.10  襄阳国家基本气象站不同风向下不同持续时间出现频次

| 时长(h) | N | NNE | NE | ENE | E | ESE | SE | SSE | S | SSW | SW | WSW | W | WNW | NW | NNW | C |
|---|---|---|---|---|---|---|---|---|---|---|---|---|---|---|---|---|---|
| 1 | 6827 | 4876 | 3948 | 2438 | 2492 | 2619 | 4702 | 6484 | 6318 | 2918 | 2180 | 2590 | 5632 | 6250 | 7791 | 7074 | 7238 |
| 2 | 1059 | 634 | 424 | 248 | 248 | 205 | 687 | 1219 | 709 | 478 | 142 | 406 | 814 | 982 | 1149 | 1135 | 281 |
| 3 | 402 | 249 | 130 | 59 | 51 | 27 | 202 | 684 | 318 | 193 | 33 | 110 | 342 | 355 | 414 | 416 | 89 |
| 4 | 179 | 104 | 48 | 14 | 6 | 4 | 88 | 376 | 136 | 95 | 6 | 37 | 115 | 143 | 159 | 171 | 26 |
| 5 | 104 | 49 | 17 | 2 | 3 | 1 | 21 | 217 | 85 | 37 | 1 | 19 | 75 | 49 | 69 | 73 | 13 |
| 6 | 46 | 21 | 8 | 3 | 1 | 0 | 12 | 153 | 55 | 22 | 0 | 6 | 27 | 29 | 33 | 23 | 3 |
| 7 | 636 | 442 | 224 | 49 | 61 | 41 | 157 | 1068 | 890 | 115 | 40 | 18 | 341 | 307 | 756 | 459 | 866 |
| 8 | 16 | 9 | 2 | 0 | 0 | 0 | 0 | 52 | 22 | 5 | 0 | 0 | 10 | 4 | 5 | 4 | 2 |
| 9 | 8 | 4 | 0 | 0 | 0 | 0 | 0 | 33 | 20 | 3 | 0 | 1 | 5 | 1 | 7 | 4 | 0 |
| 10 | 6 | 1 | 0 | 0 | 0 | 0 | 0 | 29 | 15 | 0 | 0 | 0 | 2 | 2 | 3 | 2 | 0 |
| 11 | 2 | 3 | 0 | 0 | 0 | 0 | 0 | 15 | 9 | 1 | 0 | 0 | 2 | 0 | 1 | 0 | 0 |
| 12 | 3 | 1 | 0 | 0 | 0 | 0 | 0 | 19 | 5 | 1 | 0 | 0 | 1 | 0 | 0 | 0 | 0 |
| 13 | 149 | 121 | 40 | 3 | 4 | 3 | 28 | 375 | 296 | 20 | 3 | 0 | 46 | 42 | 164 | 92 | 304 |
| 14 | 1 | 0 | 0 | 0 | 0 | 0 | 0 | 6 | 6 | 0 | 0 | 0 | 1 | 0 | 1 | 0 | 0 |
| 15 | 0 | 0 | 0 | 0 | 0 | 0 | 0 | 8 | 1 | 0 | 0 | 0 | 0 | 1 | 0 | 0 | 0 |
| 16 | 2 | 1 | 0 | 0 | 0 | 0 | 0 | 4 | 1 | 1 | 0 | 0 | 0 | 0 | 0 | 0 | 0 |
| 17 | 0 | 0 | 0 | 0 | 0 | 0 | 0 | 5 | 1 | 0 | 0 | 0 | 0 | 0 | 0 | 0 | 0 |
| 18 | 1 | 0 | 0 | 0 | 0 | 0 | 0 | 1 | 0 | 0 | 0 | 0 | 0 | 0 | 0 | 0 | 0 |
| 19 | 37 | 18 | 6 | 1 | 0 | 1 | 0 | 117 | 66 | 5 | 0 | 0 | 12 | 10 | 35 | 13 | 32 |
| 20 | 2 | 0 | 0 | 0 | 0 | 0 | 0 | 1 | 1 | 0 | 0 | 0 | 0 | 0 | 0 | 0 | 0 |
| 21 | 0 | 0 | 0 | 0 | 0 | 0 | 0 | 0 | 0 | 0 | 0 | 0 | 0 | 0 | 0 | 0 | 0 |
| 22 | 0 | 0 | 0 | 0 | 0 | 0 | 0 | 0 | 0 | 0 | 0 | 0 | 0 | 0 | 0 | 0 | 0 |
| 23 | 0 | 0 | 0 | 0 | 0 | 0 | 0 | 1 | 1 | 0 | 0 | 0 | 0 | 0 | 0 | 0 | 0 |
| 24 | 0 | 0 | 0 | 0 | 0 | 0 | 0 | 1 | 0 | 0 | 0 | 0 | 0 | 0 | 0 | 0 | 0 |
| >24 | 30 | 12 | 8 | 0 | 0 | 0 | 8 | 151 | 59 | 6 | 0 | 0 | 7 | 2 | 15 | 10 | 18 |

#### 2.2.5.2  风速统计分析

图 2.29 风速等级统计结果显示(将风速分为 11 组:≤0.5 m/s、0.6～1.0 m/s、1.1～1.5 m/s、1.6～2.0 m/s、2.1～2.5 m/s、2.6～3.0 m/s、3.1～3.5 m/s、3.6～4.0 m/s、4.1～4.5 m/s、4.6～5.0 m/s、>5.0 m/s),襄阳国家基本气象站以 1.6～2.0 m/s 风速段频率最高,为 18.3%,2.6～3.0 m/s 风速段次之,为 14.3%。0.6～3.0 m/s 风速段累计频率达 61.1%。

风速在 2.5 m/s 以下,最大出现频率所在风向为偏西,集中在西(W)和西北(NW),出现频率在 8.9%～13.4%;随着风速的增大,最大出现频率所在风向保持一致,为东南偏南(SSE),且出现频率明显增大,风速在 5.0 m/s 以上,出现频率达 34.2%(表 2.11)。

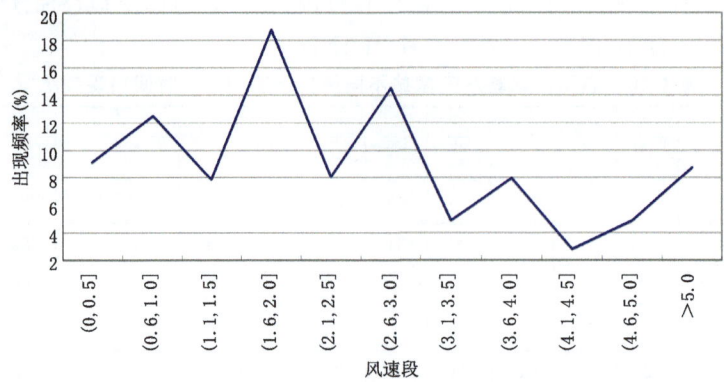

图 2.29 襄阳国家基本气象站不同风速段出现频率变化

表 2.11 襄阳国家基本气象站不同风速段不同风向出现频率(%)

| 风速段 (m/s) | N | NNE | NE | ENE | E | ESE | SE | SSE | S | SSW | SW | WSW | W | WNW | NW | NNW |
|---|---|---|---|---|---|---|---|---|---|---|---|---|---|---|---|---|
| (0,0.5] | 6.0 | 4.7 | 4.5 | 3.9 | 5.1 | 5.0 | 8.3 | 6.4 | 6.5 | 5.5 | 6.2 | 7.8 | 8.9 | 8.2 | 7.2 | 5.8 |
| (0.6,1.0] | 8.4 | 5.1 | 5.4 | 3.5 | 4.0 | 3.9 | 6.0 | 7.5 | 6.9 | 3.9 | 4.6 | 5.6 | 10.0 | 8.1 | 10.0 | 7.1 |
| (1.1,1.5] | 7.1 | 5.1 | 4.8 | 3.8 | 3.6 | 3.8 | 5.9 | 7.2 | 3.8 | 3.0 | 3.3 | 7.8 | 11.9 | 10.8 | 9.9 | 8.2 |
| (1.6,2.0] | 9.0 | 5.3 | 4.5 | 2.9 | 3.1 | 2.9 | 5.4 | 8.6 | 5.2 | 2.9 | 2.1 | 2.9 | 10.8 | 10.3 | 13.1 | 9.0 |
| (2.1,2.5] | 9.2 | 5.5 | 4.0 | 2.6 | 2.5 | 2.5 | 5.5 | 9.3 | 4.6 | 4.5 | 1.6 | 2.9 | 9.1 | 12.0 | 13.4 | 10.9 |
| (2.6,3.0] | 10.8 | 6.6 | 4.1 | 2.0 | 1.9 | 1.8 | 4.6 | 13.9 | 9.9 | 4.1 | 1.0 | 1.2 | 6.5 | 8.3 | 12.7 | 10.6 |
| (3.1,3.5] | 13.0 | 5.4 | 3.7 | 1.8 | 1.8 | 1.5 | 5.7 | 17.9 | 8.1 | 5.7 | 0.8 | 0.7 | 4.4 | 6.5 | 10.3 | 12.4 |
| (3.6,4.0] | 12.6 | 7.2 | 2.1 | 1.3 | 0.9 | 1.0 | 4.3 | 21.2 | 14.4 | 4.4 | 0.4 | 3.0 | 3.0 | 4.5 | 9.1 | 11.0 |
| (4.1,4.5] | 14.5 | 7.1 | 3.3 | 0.9 | 0.7 | 0.5 | 6.4 | 25.7 | 11.5 | 5.6 | 0.4 | 0.1 | 2.5 | 3.5 | 6.0 | 11.2 |
| (4.6,5.0] | 12.0 | 9.8 | 6.0 | 0.4 | 0.6 | 0.4 | 4.3 | 27.1 | 17.2 | 4.0 | 0.1 | 1.6 | 2.9 | 6.1 | 8.7 | |
| >5.0 | 8.3 | 10.0 | 3.5 | 0.4 | 0.3 | 0.1 | 4.5 | 34.2 | 23.6 | 3.2 | 0.1 | 0.0 | 0.9 | 1.5 | 4.1 | 5.3 |

注:阴影值为最多风向。

各风速段持续时间 2 h 以上占比在 13.6%～39.4%,平均占比为 22.3%,>5.0 m/s 风速段占比最大,为 39.4%,0.0～3.0 m/s 风速段占比在 20.2%～25.6%。各风速段最长持续时间大多在 20 h 以内,>5.0 m/s 风速段最长持续时间达 73 h,出现在 1981 年 5 月 4 日 20 时至 7 日 20 时(表 2.12)。

表 2.12 襄阳国家基本气象站不同风速段不同持续时间出现频次

| 时长 (h) | (0,0.5] | (0.6,1.0] | (1.1,1.5] | (1.6,2.0] | (2.1,2.5] | (2.6,3.0] | (3.1,3.5] | (3.6,4.0] | (4.1,4.5] | (4.6,5.0] | >5.0 |
|---|---|---|---|---|---|---|---|---|---|---|---|
| 1 | 8260 | 10643 | 6918 | 15915 | 7635 | 13798 | 5332 | 8814 | 3331 | 5683 | 3975 |
| 2 | 588 | 1112 | 1737 | 1951 | 1774 | 1319 | 1005 | 685 | 536 | 341 | 552 |
| 3 | 180 | 274 | 460 | 521 | 457 | 309 | 194 | 133 | 89 | 65 | 407 |
| 4 | 56 | 94 | 124 | 138 | 121 | 66 | 43 | 21 | 18 | 8 | 192 |
| 5 | 27 | 31 | 44 | 41 | 31 | 20 | 9 | 7 | 4 | 5 | 129 |

续表

| 时长(h) | (0,0.5] | (0.6,1.0] | (1.1,1.5] | (1.6,2.0] | (2.1,2.5] | (2.6,3.0] | (3.1,3.5] | (3.6,4.0] | (4.1,4.5] | (4.6,5.0] | >5.0 |
|---|---|---|---|---|---|---|---|---|---|---|---|
| 6 | 9 | 5 | 10 | 12 | 10 | 6 | 4 | 0 | 0 | 0 | 95 |
| 7 | 871 | 1337 | 3 | 2000 | 18 | 1603 | 3 | 662 | 1 | 420 | 677 |
| 8 | 4 | 2 | 1 | 1 | 3 | 1 | 0 | 0 | 0 | 0 | 70 |
| 9 | 1 | 0 | 0 | 0 | 1 | 0 | 0 | 0 | 0 | 0 | 49 |
| 10 | 0 | 0 | 0 | 0 | 0 | 0 | 0 | 0 | 0 | 0 | 34 |
| 11 | 0 | 0 | 0 | 0 | 0 | 0 | 0 | 0 | 0 | 0 | 32 |
| 12 | 0 | 0 | 0 | 0 | 0 | 0 | 0 | 0 | 0 | 0 | 26 |
| 13 | 304 | 356 | 0 | 567 | 3 | 343 | 0 | 110 | 0 | 54 | 217 |
| 14 | 0 | 0 | 0 | 0 | 0 | 0 | 0 | 0 | 0 | 0 | 21 |
| 15 | 0 | 0 | 0 | 0 | 0 | 0 | 0 | 0 | 0 | 0 | 6 |
| 16 | 0 | 0 | 0 | 0 | 0 | 0 | 0 | 0 | 0 | 0 | 8 |
| 17 | 0 | 0 | 0 | 0 | 0 | 0 | 0 | 0 | 0 | 0 | 6 |
| 18 | 0 | 0 | 0 | 0 | 0 | 0 | 0 | 0 | 0 | 0 | 5 |
| 19 | 32 | 104 | 0 | 141 | 0 | 67 | 0 | 20 | 0 | 3 | 45 |
| 20 | 0 | 0 | 0 | 0 | 0 | 0 | 0 | 0 | 0 | 0 | 4 |
| 21 | 0 | 0 | 0 | 0 | 0 | 0 | 0 | 0 | 0 | 0 | 2 |
| 22 | 0 | 0 | 0 | 0 | 0 | 0 | 0 | 0 | 0 | 0 | 0 |
| 23 | 0 | 0 | 0 | 0 | 0 | 0 | 0 | 0 | 0 | 0 | 2 |
| 24 | 0 | 0 | 0 | 0 | 0 | 0 | 0 | 0 | 0 | 0 | 1 |
| >24 | 18 | 50 | 0 | 48 | 0 | 38 | 0 | 4 | 0 | 2 | 8 |

### 2.2.6 襄阳城市风的时空特征分析

在利用襄阳国家基本气象站近60年(1961—2017年)气象观测资料开展襄阳城市范围风的长年代背景分析基础上,利用气象部门近年来建设的区域气象观测站(具体台站信息见表2.8)近3年(2015—2017年)的观测资料,针对襄阳城市内部及周边区域重点开展风的时空特征分析。

#### 2.2.6.1 风向统计分析

(1)主导、次主导风向及风频

襄阳城市范围内气象观测站四季及全年风频玫瑰图见图2.30~图2.34。襄阳城市主导风向呈现明显的季节变化,春、夏季以偏南为主,集中在西南偏南—东南(SSW—SE)扇区;秋季以偏北、偏西为主,集中在北—东北偏东(N—ENE)扇区及西南偏西—西北偏西(WSW—WNW)扇区;冬季以偏西为主,集中在西南偏西—西北(WSW—NW)扇区。

四季次主导风向较为分散,主要在东南偏南—西南偏南(SSE—SSW)扇区、西北—西北偏北(NW—NNW)扇区和东北偏北(NNE)。区域四季主导风向与次主导风向相差一个方位(±22.5°以内)共计18站次,出现概率为50%。区域四季主导风向频率在6.6%~26.8%,

10%以上占比94.4%,20%以上占比13.9%,其中朝阳社区站四季主导风向频率较高,在12.0%~26.8%。区域四季次主导风向频率在5.2%~15.3%,10%以上占比77.8%,15%以上占比8.3%。区域四季静风在0.1%~67.9%,10%以上占比38.9%,15%以上占比25.0%。

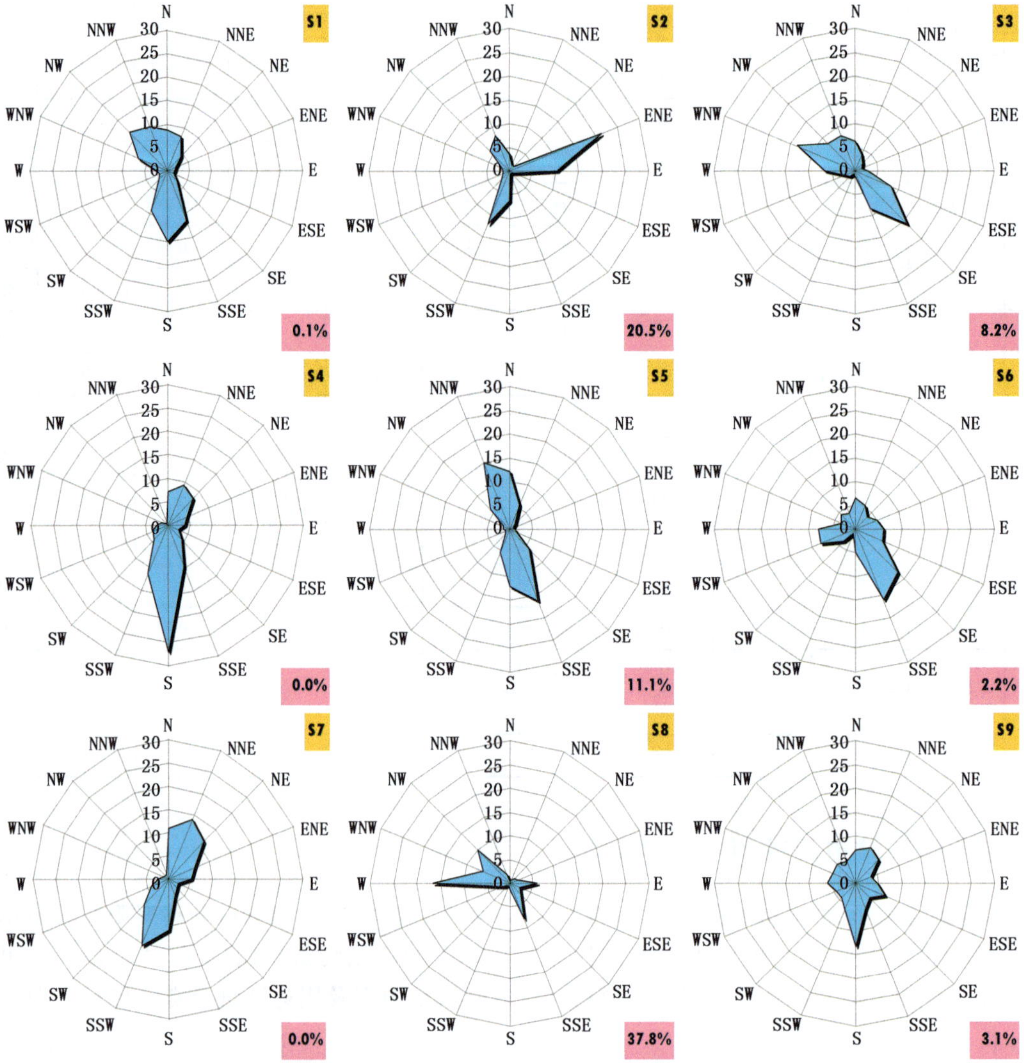

图2.30 襄阳城市范围内气象观测站春季风频玫瑰图(各图右上角为观测站编号,下同)

图2.35是襄阳城市范围内气象观测站全年主导风向、次主导风向分布扇区。区域年主导风向、次主导风向以南—北风为主,其中年主导风向集中在东南—南(SE—S)扇区、北—东北偏北(N—NNE)扇区、东北偏东(ENE)、西(W);年次主导风向集中在南—西南偏南(S—SSW)扇区、西北偏西—东北(WNW—NE)扇区、西南偏西(WSW)。年主导风向与年次主导风向整体偏差较大(差值平均112.5°)。年主导风向频率在10.3%~18.9%,次主导风向频率在7.1%~14.3%。区域年静风频率在0.2%~55.3%,大多在10%以下,局部较高。

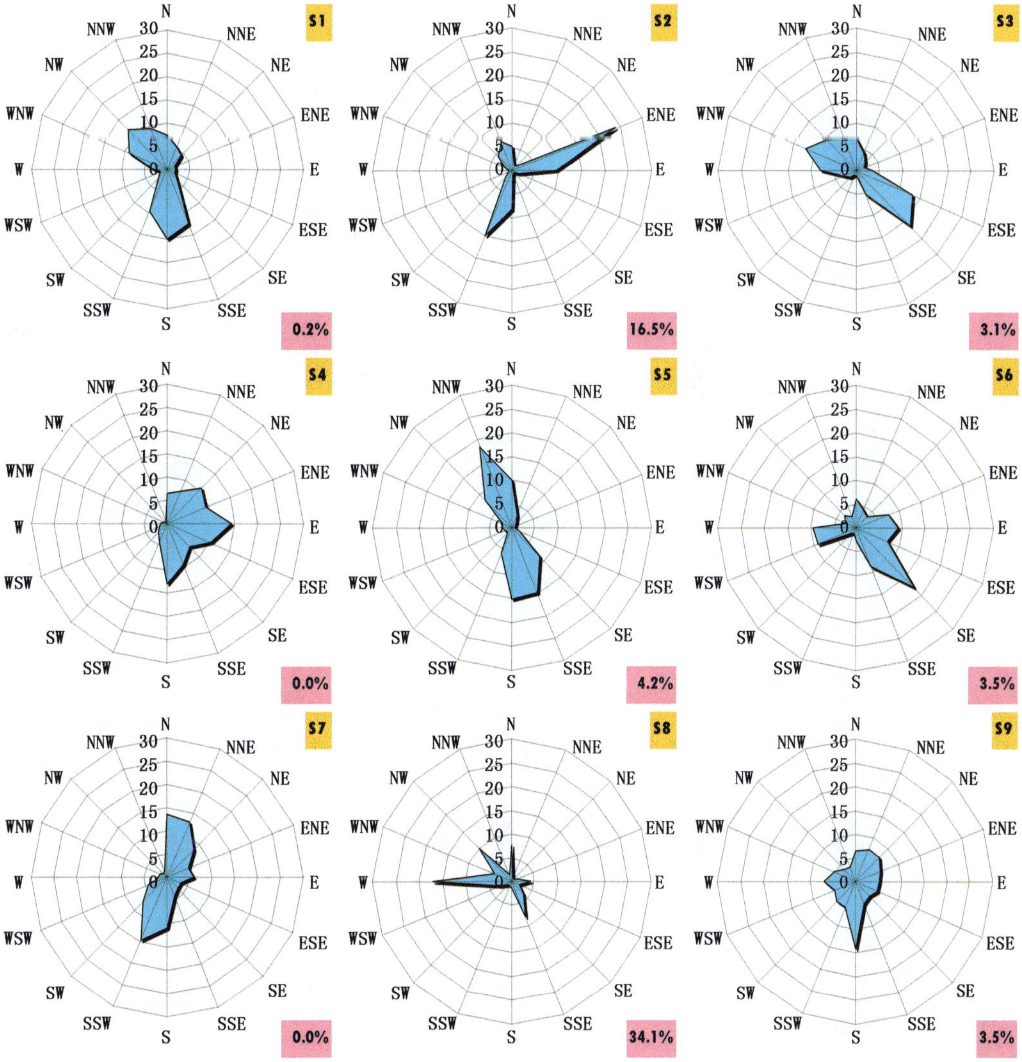

第 2 章　襄阳城市生态气候环境

图 2.31　襄阳城市范围内气象观测站夏季风频玫瑰图

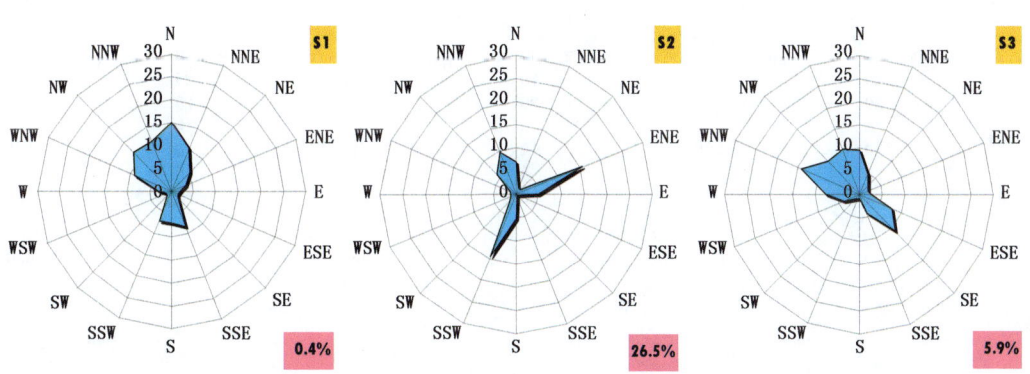

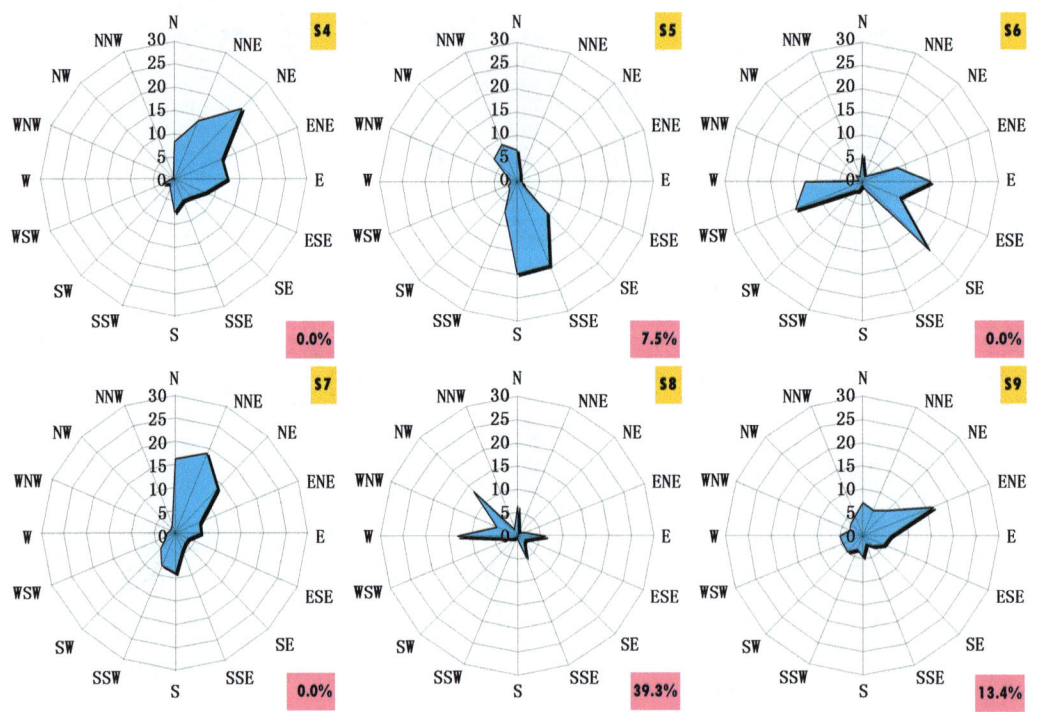

图 2.32 襄阳城市范围内气象观测站秋季风频玫瑰图

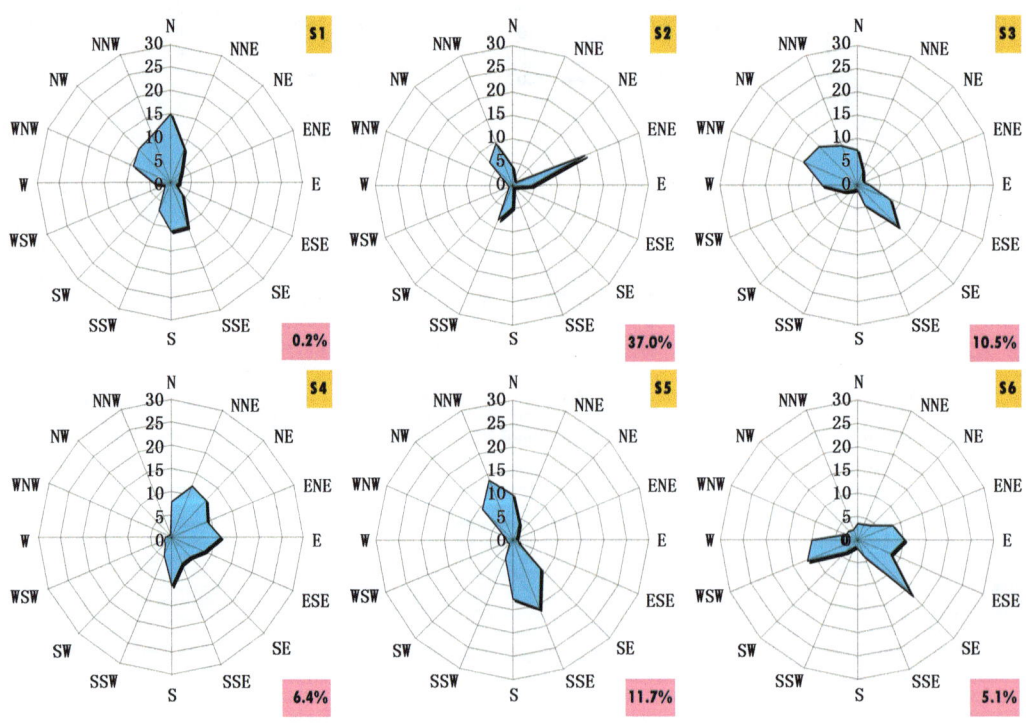

# 第 2 章 襄阳城市生态气候环境

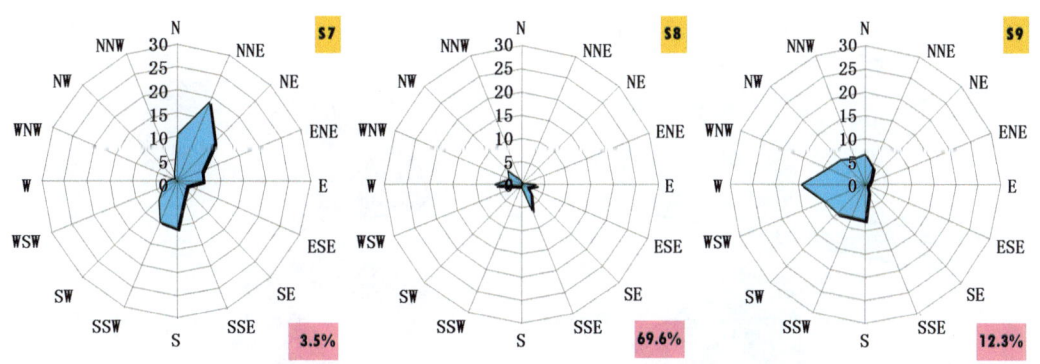

图 2.33 襄阳城市范围内气象观测站冬季风频玫瑰图

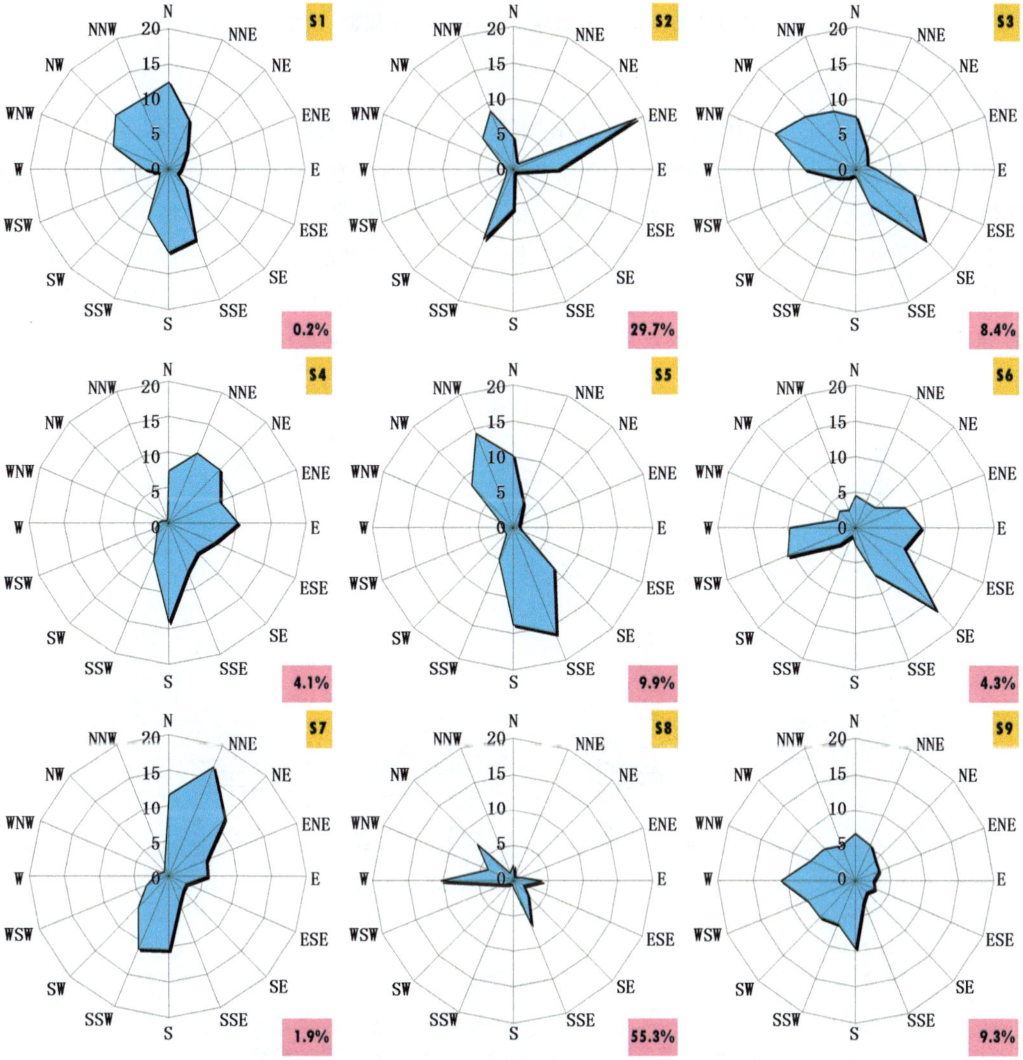

图 2.34 襄阳城市范围内气象观测站全年风频玫瑰图

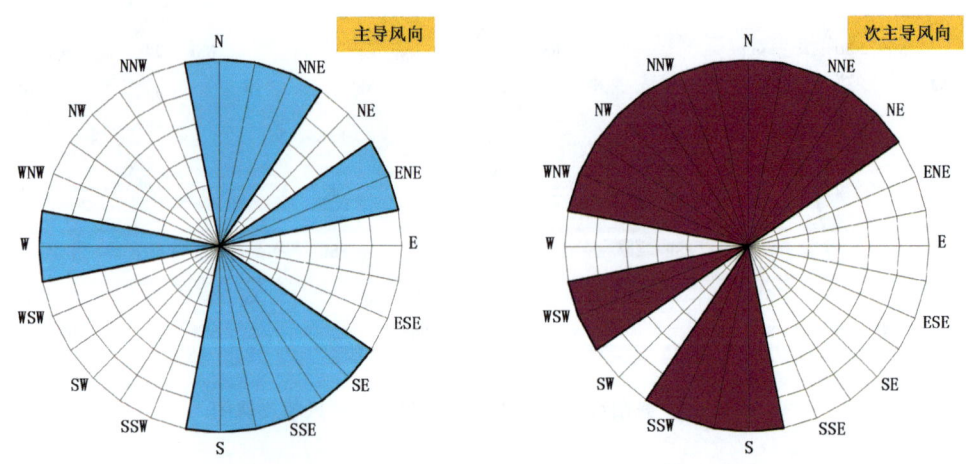

图 2.35　襄阳城市范围内气象观测站全年主导风向、次主导风向分布

(2)各风向下平均风速

图 2.36 是襄阳城市范围内气象观测站四季及全年平均风速的方位变化。由图 2.36 可见,襄阳城市各风向下各站四季平均风速在 0.1~5.6 m/s。平均最大风速春季高、冬夏次之、秋季低。各站最大平均风速主要出现在南—北风向,集中在西北—东北偏北(NW—NNE)扇区和东南—西南偏南(SE—SSW)扇区。四季各风向下平均风速≥2.0 m/s 以上的出现概率 5 个方位在 35%以上,分别是东北偏北(NNE)50.0%、北(N)44.4%、西北偏北(NNW)44.4%、西南偏南(SSW)38.9%和西北(NW)38.9%。

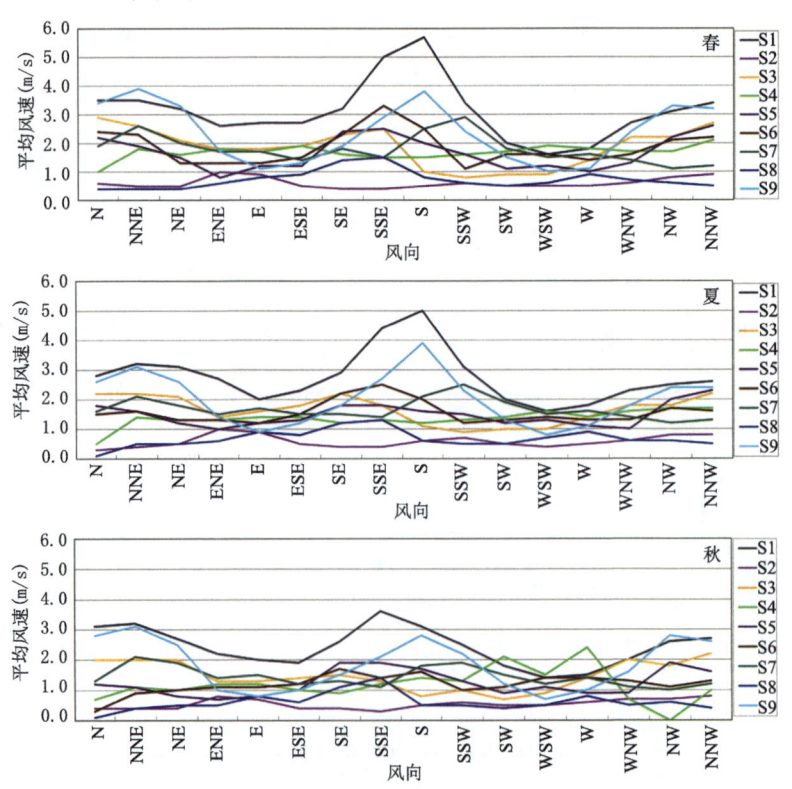

## 第 2 章 襄阳城市生态气候环境

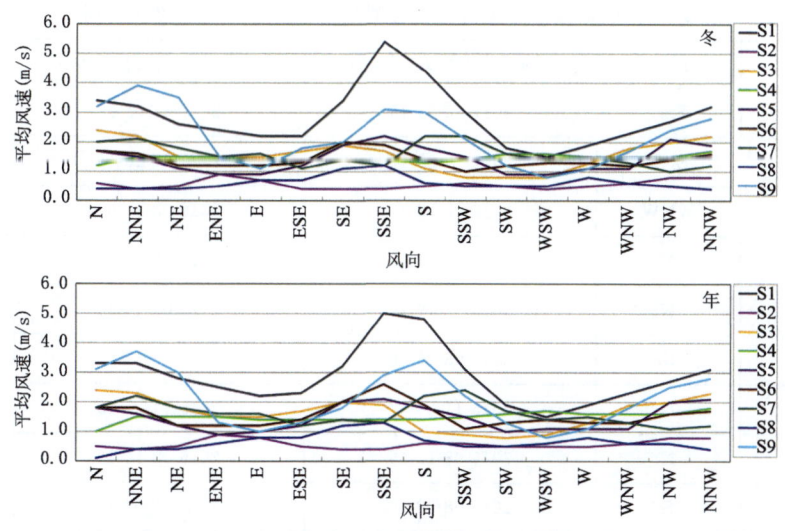

图 2.36 襄阳城市范围内气象观测站四季及全年平均风速的方位变化

襄阳城市各风向下各站年平均风速在 0.9~5.0 m/s；各风向下区域年平均风速在 1.1~2.1 m/s，东南偏南—南（SSE—S）扇区在 2.0 m/s 及以上；西北—东北（NW—NE）扇区、东南（SE）、西南偏南（SSW）在 1.5~1.9 m/s，其余方位在 1.4 m/s 以下。

（3）风向持续性分析

由表 2.13 可见，襄阳城市范围内气象观测各站各风向持续时间 2 h 以上占比在 1.2%~50.1%，占比的最大值主要出现在区域主导风向扇区内，平均占比北（N）最大，为 30.6%；南（S）、东南偏南（SSE）和东南（SE）次之，分别为 26.9%、26.3% 和 24.8%；其余各风向在 14.2%~23.5%。各站各风向最长持续时间大多在 20 h 以内，与区域主导风向所在扇区一致。

由表 2.14 可见，襄阳城市范围内气象观测各站最长持续风向持续时间在 18~29 h，以北（N）、东南偏南（SSE）居多。襄阳机场南（S）最长持续 29 h，出现在 2015 年 8 月 2 日 06 时至 3 日 10 时。

表 2.13 襄阳城市范围内气象观测站各风向持续时间 2 h 及以上占比（%）

| 站点编号 | N | NNE | NE | ENE | E | ESE | SE | SSE | S | SSW | SW | WSW | W | WNW | NW | NNW | C |
|---|---|---|---|---|---|---|---|---|---|---|---|---|---|---|---|---|---|
| S1 | 38.1 | 31.4 | 26.7 | 20.8 | 18.5 | 14.0 | 27.5 | 45.1 | 41.4 | 36.5 | 12.4 | 9.3 | 20.5 | 35.3 | 34.5 | 34.6 | 4.5 |
| S2 | 15.2 | 1.2 | 5.1 | 50.1 | 24.6 | 3.9 | 2.5 | 1.3 | 17.1 | 32.4 | 9.1 | 7.1 | 8.2 | 9.5 | 19.7 | 31.8 | 41.5 |
| S3 | 30.7 | 20.2 | 18.1 | 14.6 | 15.0 | 35.5 | 40.8 | 25.3 | 5.9 | 9.5 | 12.4 | 15.1 | 30.6 | 37.2 | 28.2 | 32.3 | 33.8 |
| S4 | 27.3 | 28.8 | 22.7 | 16.9 | 21.1 | 21.3 | 16.1 | 15.7 | 36.5 | 19.5 | 8.9 | 8.5 | 9.9 | 7.1 | 3.6 | 1.3 | 36.9 |
| S5 | 34.4 | 19.9 | 15.7 | 5.5 | 7.4 | 13.2 | 29.6 | 40.6 | 38.5 | 23.4 | 11.8 | 13.4 | 15.1 | 13.2 | 33.9 | 42.6 | 36.2 |
| S6 | 22.1 | 14.1 | 9.4 | 22.4 | 21.7 | 14.3 | 44.2 | 27.2 | 15.1 | 4.0 | 11.0 | 31.5 | 27.5 | 9.4 | 15.6 | 12.6 | 30.4 |
| S7 | 28.9 | 38.8 | 27.4 | 19.2 | 20.4 | 10.0 | 18.4 | 16.1 | 34.8 | 25.3 | 17.2 | 18.2 | 9.2 | 4.2 | 7.6 | 27.1 | |
| S8 | 38.7 | 4.3 | 9.5 | 12.6 | 34.4 | 14.5 | 17.7 | 37.5 | 7.6 | 3.9 | 2.5 | 13.4 | 38.9 | 16.5 | 32.2 | 11.4 | 55.3 |
| S9 | 39.6 | 37.5 | 36.3 | 31.9 | 28.3 | 32.8 | 26.1 | 27.4 | 44.7 | 33.9 | 34.3 | 32.1 | 42.6 | 32.0 | 36.8 | 34.9 | 34.4 |
| 均值 | 30.6 | 21.8 | 19.0 | 21.5 | 21.3 | 17.7 | 24.8 | 26.3 | 26.9 | 22.0 | 14.2 | 16.4 | 23.5 | 18.8 | 23.2 | 23.2 | / |

表 2.14　襄阳城市范围内气象观测站最长持续风向及出现时间

| 站点编号 | 风向 | 开始时间(年-月-日-时) | 结束时间(年-月-日-时) | 时长(h) |
| --- | --- | --- | --- | --- |
| S1 | SSE | 2017-04-02-15 | 2017-04-03-08 | 18 |
| S2 | ENE | 2017-07-25-16 | 2017-07-26-11 | 20 |
| S3 | WNW | 2016-02-12-21 | 2016-02-14-00 | 28 |
| S4 | N | 2017-12-08-12 | 2017-12-09-14 | 27 |
| S5 | N | 2015-02-19-19 | 2015-02-20-14 | 20 |
| S6 | SSE | 2015-03-16-06 | 2015-03-17-04 | 23 |
| S7 | N | 2015-11-24-07 | 2015-11-25-09 | 27 |
| S8 | N | 2016-08-12-16 | 2016-08-13-12 | 21 |
| S9 | S | 2015-08-02-06 | 2015-08-03-10 | 29 |

#### 2.2.6.2　风速统计分析

(1) 风速等级分布

图 2.37 风速等级统计结果显示(将风速分为 11 组：≤0.5 m/s、0.6～1.0 m/s、1.1～1.5 m/s、1.6～2.0 m/s、2.1～2.5 m/s、2.6～3.0 m/s、3.1～3.5 m/s、3.6～4.0 m/s、4.1～4.5 m/s、4.6～5.0 m/s、>5.0 m/s)，区域各风速等级中以≤0.5 m/s 风速段出现频率最高，为 24.6%，随风速的增大，出现频率整体呈现降低趋势，并伴有小幅波动。襄阳站 1.1～3.5 m/s 风速段累计出现频率较高，为 59.7%，其余各站≤2.0 m/s 风速段累计出现频率在 61.5%～99.7%，≤3.0 m/s 风速段累计频率在 79.8%～100.0%，其中朝阳社区和檀溪社区≤0.5 m/s 风速段出现频率在 50% 以上，檀溪社区最大，为 74.8%。

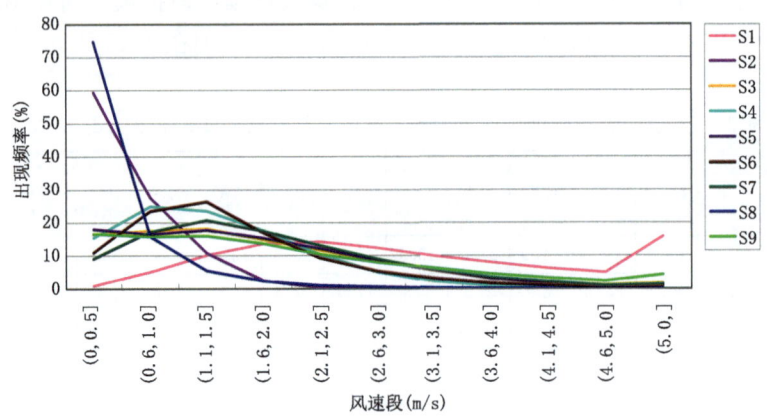

图 2.37　襄阳城市范围内气象观测站不同风速段出现频率

(2) 不同风速段的风向分布

区域各站不同风速段的主导风向，呈现随风速增大趋于稳定的变化趋势，并与区域主导风向一致；同时，出现频率也呈现增大趋势。区域相邻站点不同风速段的主导风向基本一致(表 2.15)。

表 2.15　襄阳城市范围内气象观测站不同风速段最大频率(%)及出现的风向

| 站点<br>风速段(m/s) | 襄阳 | 朝阳社区 | 农科院 | 隆中 | 襄荆高速襄阳南站 |
|---|---|---|---|---|---|
| (0.0,0.5] | N[11.8] | SSW[18.1] | NW[10.9] | N[24.8] | N[11.7] |
| (0.6,1.0] | WNW[9.7] | ENE[28.3] | W[12.5] | S[19.3] | S[16.4] |
| (1.1,1.5] | WNW[12.8] | ENE[49.8] | WNW[15.9] | S[14.6] | S[17.1] |
| (1.6,2.0] | NW[15.4] | ENE[61.9] | WNW[18.2] | S[12.9] | NNW[18.4] |
| (2.1,2.5] | NW[15.6] | ENE[60.3] | SE[16.9] | NNE[14.1] | SSE[22.0] |
| (2.6,3.0] | NW[13.8] | ENE[50.0] | SE[19.4] | NNE[13.7] | SSE[21.9] |
| (3.1,3.5] | N[15.4] | / | SE[20.0] | NNE[13.6] | SSE[24.9] |
| (3.6,4.0] | N[17.1] | / | SE[20.5] | ENE[13.4] | SSE[25.1] |
| (4.1,4.5] | N[17.7] | / | N[20.0] | S[17.3] | SSE[29.4] |
| (4.6,5.0] | S[17.8] | / | N[28.7] | ENE[12.5] | SSE[26.0] |
| (5.0,0.0] | SSE[30.7] | / | WNW[25.1] | ENE[18.4] | SSE[38.2] |

| 站点<br>风速段(m/s) | 襄阳老站 | 白云社区 | 檀溪社区 | 襄阳机场 |
|---|---|---|---|---|
| (0.0,0.5] | E[13.5] | N[38.0] | NW[20.7] | WSW[47.4] |
| (0.6,1.0] | E[14.5] | S[9.9] | W[27.9] | W[34.9] |
| (1.1,1.5] | WSW[15.1] | NNE[14.6] | W[32.7] | WNW[20.3] |
| (1.6,2.0] | SE[19.6] | NNE[21.1] | SSE[40.9] | SSW[17.4] |
| (2.1,2.5] | SE[33.4] | NNE[25.2] | SSE[57.1] | S[14.9] |
| (2.6,3.0] | SE[39.6] | NNE[25.7] | SSE[64.2] | S[20.7] |
| (3.1,3.5] | SE[40.1] | NNE[22.2] | SSE[66.0] | S[24.3] |
| (3.6,4.0] | SE[30.7] | SSW[25.2] | SSE[83.3] | S[24.3] |
| (4.1,4.5] | SSE[27.6] | SSW[28.5] | SSE[66.7] | S[27.6] |
| (4.6,5.0] | SSE[40.2] | SSW[32.0] | SSE[100.0] | NNE[24.1] |
| (5.0,0.0] | SSE[65.6] | N[27.9] | / | S[27.6] |

(3)风速持续性分析

襄阳城市范围内气象观测各站各风速段持续时间 2 h 以上占比在 5.9%~67.1%,>5.0 m/s 风速段最大,为 46.0%;≤0.5 m/s 风速段次之,为 44.2%,其余各风速段在 15.2%~35.6%。

襄阳城市范围内气象观测各站各风速段最长持续时间大多在 15 h 以内,≤0.5 m/s 风速段持续时间整体最长。襄阳城市范围内气象观测各站最长持续风速段持续时间在 14~148 h,以≤0.5 m/s 风速段和>5.0 m/s 风速段居多。襄阳机场≤0.5 m/s 风速段最长持续 148 h,出现在 2015 年 1 月 6 日 08 时至 12 日 11 时(表 2.16)。

表 2.16　襄阳城市范围内气象观测站最长持续风速段及出现时间

| 序号 | 站点编号 | 风速段(m/s) | 开始时间 | 结束时间 | 时长(h) |
|---|---|---|---|---|---|
| 1 | S1 | (5.0,] | 2016-11-21　17时 | 2016-11-22　23时 | 31 |
| 2 | S2 | (0,0.5] | 2017-12-26　14时 | 2017-12-29　23时 | 82 |
| 3 | S3 | (0,0.5] | 2015-09-27　18时 | 2015-09-28　07时 | 14 |
| 4 | S4 | (0,0.5] | 2017-05-20　18时 | 2017-05-21　10时 | 17 |
| 5 | S5 | (0.6,1.0] | 2015-11-24　06时 | 2015-11-25　09时 | 28 |
| 6 | S6 | (0,0.5] | 2017-03-05　22时 | 2017-03-06　12时 | 15 |
| 7 | S7 | (5.0,] | 2015-11-24　07时 | 2015-11-25　09时 | 27 |
| 8 | S8 | (5.0,] | 2017-10-18　08时 | 2017-10-23　14时 | 127 |
| 9 | S9 | (0,0.5] | 2015-01-06　08时 | 2015-01-12　11时 | 148 |

## 2.2.7　小结

(1)襄阳城市大气自净能力春、夏季好于秋、冬季。AI指数逐月变化显示,5—6月为全年大气自净能力最强时段,2—4月和7月次之,8月至次年1月最弱。

(2)襄阳城市大气自净能力年代际变化十分明显。大气自净能力显著增强有两个时段,分别是20世纪60年代至80年代中期以及2011—2018年;大气自净能力显著减弱的时段为20世纪80年代末至21世纪初,其在不同等级年日数,特别是"好""差"等级上也有明显反映。"较好"等级以上年日数全年占比多年平均为60.2%、"较差"等级以下为33.3%。

(3)襄阳城市年平均风速为2.6 m/s,全年最多风向为东南偏南(SSE),占13.8%,其次为西北(NW)9.6%、南(S)9.2%、北(N)9.1%。

(4)从月尺度来看,襄阳城市3—7月以偏南风为主,主导风向为东南偏南(SSE),其中东南偏南(SSE)和南(S)合计风向频率达24.9%~36.4%;8月至次年2月转为偏北,其中8—10月为西北(NW)、11月至次年2月为北(N)。

(5)不同季节主导风向差异明显。不同风向下的风速差异较大,偏南风、偏北风的风速明显偏大于其他风向的风速。

(6)基于近3年襄阳城市区域气象观测站风向风速资料分析表明,同一季节城市内部不同区域主导风向明显不同。

## 2.3　襄阳城市热环境

城市热岛效应是指城市气温明显高于外围郊区的现象。随着我国城镇化的迅速发展,城市与局地气候的相互影响也越来越显著。热岛效应已经成为城市气候最明显的常态特征之一,对城市居民的生活质量、城市气候等多个方面产生了一系列负面影响,并成为一种城市公害,越来越受到人们的关注。本节利用卫星遥感数据分析了襄阳城市热岛的季间、年际变化特征,并开展了东津新区城市热岛效应预估。

## 2.3.1 城市热环境概念

随着全球变暖,我国城市化发展进程的加快,大量的自然地表被不透水地面替代,大量的人工热量排放,造成热量流动减缓,使得大量的热能在城市空间范围内聚集,形成了城市高温热环境。城市热环境实际是热力场在城市空间环境中的一种表现。

19世纪初,英国气候学家路克·霍德华在《伦敦的气候》一书中指出,伦敦市中心气温比郊外高和城乡温差夜间比白天大,首先提出了"热岛效应"这个气候特征理念,并在世界范围内引起了广泛关注。

城市是文明的一种象征,是区域经济发展的龙头。城市化进程使得人们的生活水平不断提高,同时也带来了一系列的城市生态问题。城市相对于郊区,内部热量聚集,风速减小,对流减弱,阻碍了城市污染物向外扩散和消解,空气质量下降,雾、霾天气频现,易诱发呼吸系统疾病,影响人们的身体健康;同时,热岛的出现使城市变得更热,降低了城市的舒适度,增加了能源消耗。此外,城市热岛也加剧了气象灾害的发生。

在快速城市化背景下,城市热环境效应越来越影响着城市生态环境和居民生活。它是气候条件、土地利用/覆盖、城市人为热等多因素综合作用的结果,而城市热岛效应是城市热环境的集中体现。地表温度是城市热岛研究的一个重要因子。随着深入研究城市热环境,如何监测和计算地表温度已经成为城市热环境研究的重要内容之一。

## 2.3.2 城市热岛效应研究进展

目前的城市热岛研究中,主要包括三种研究方法:第一种是通过气象观测数据分析;第二种是数值模拟法;第三种是利用卫星遥感资料,结合GIS手段反演地表温度。

气象观测数据分析法是指利用常规的气象观测数据或实地观测数据对城市热岛进行研究的方法。早期的热岛效应研究主要是通过比较城市和乡村地区的气象台站或监测网络所得到的多年监测数据,使用数理方法描述城市热岛强度变化和空间分布特征。徐家良(2001)利用上海1873—1999年的气象资料对上海两次变暖期的特征及成因进行了研究。宋艳玲等(2003)利用约40年的北京市气候资料分析了热岛效应的时空变化特征。孙学珍等(2009)利用气象观测数据研究了2004年以及此后3年的宁夏大武口区热岛季节变化。余永江等(2009)从温度、降水量、平均风速等因素研究了福州市的城市热岛空间演变特征。气象观测数据分析法资料准确,能够减少数据之间的误差,但受气象站的空间分布影响较大,如站点之间的距离、站点的地理位置等,同时对于研究城市热岛的空间格局等情况很难描述。

数值模拟法是指通过建立特殊的数据模型来还原城市热岛效应,比如MM5\RBLMWRF\WRF等基于非静力的边界模型。杨玉华等(2003)在MM5模式基础上研究了北京市冬季城市热岛的演变机制。韩素芹等(2009)利用MM5模式模拟了天津地区的城市热岛的污染物扩散机制;林炳怀等(2007)利用MM5模式对北京市热岛效应进行了数值试验研究。Zhang等(2009)利用WRF UCM进行了北京地区热岛特征的分析。Zhang等(2008)利用RAMSUCM模拟了重庆地区的热岛效应。数据模型能快速高效地反映城市热岛变化、发展综合趋势,但由于模型实际是现实状况的一种理论化反映,在实际应用中,这些平衡模型和非静力模型较难从时空上动态反映城市热岛效应的综合效应。

卫星遥感方法是根据不同地物对太阳辐射的吸收情况不同,形成不同波段的辐射值,卫星的热红外传感器可对城市地物的辐射值进行观测,再通过计算机辅助技术进行卫星影像解译反演得到亮温或地面温度,时效性强,空间上可以确定热岛的大概范围。由于遥感具有成本低、数据获取迅速、覆盖范围广、可动态监测热岛分布和变化等优点,是目前研究城市热岛运用最广泛的手段之一。范天锡等(1987)利用 NOAA/AVHRR 遥感数据研究了北京城市热岛效应的季节变化;葛伟强等(2010)开展了长江三角洲区域整体热岛效应研究,比较不同城市的强热岛面积分布,分析了夏季各城市热岛强度的年际变化趋势;薛丹等(2013)对上海市的热岛空间分布特征及规律,以及季节变化进行研究,分析了植被覆盖指数与地表温度的关系;江志红等(2010)选用 9 年南京夏季晴空天气的地表温度分布情况,对比分析了南京城市热岛的时空变化特征、热岛区面积变化;王建凯等(2007)分析了 2000—2005 年北京城市热岛强度的季节变化特征和分布特征,开展了城市热岛形成机制和城市热岛(冷岛)与空气污染的关系研究。梁益同等(2010)利用三期 TM 影像分析了武汉城市热岛效应的现状及年代演变,解析了武汉城区热岛强度分布与土地利用类型、植被覆盖率的相关关系。

目前,卫星遥感城市热岛研究主要分为以下几个方面:①城市热环境空间分布、形态特征研究;②城市热环境时间变化分布特征研究;③城市热环境的驱动因素和驱动机制分析模拟;④城市地表辐射与热平衡建模与应用。

### 2.3.3 技术路线

(1)基于 MODIS 卫星影像,反演襄阳城市地表温度,提取热岛数据。

(2)开展襄阳城市 2005 年、2009 年、2013 年和 2017 年四个时次城市热岛分布的变化分析。

(3)开展气温、蒸发、风速三个气象要素与襄阳城市热岛的关系分析。

(4)解析襄阳城市城镇用地、耕地、林地和水体等 4 种土地利用覆盖类型对城市热岛效应的贡献率。

技术路线为:首先对 2005—2017 年襄阳城市 MODIS 卫星影像进行数据处理提取地表温度,再利用地表温度数据提取热岛数据,并进行城市热岛的季节、时空、年际变化分析。结合中国气象局陆面数据同化系统(CLDAS)逐时驱动数据集,开展气温、蒸发、风速三个要素与襄阳市城市热岛的关系分析。分别统计襄阳城市城镇用地、耕地、水体和植被 4 种土地利用覆盖类型的热岛效应比率,分析各种地物对城市热岛效应的贡献率(图 2.38)。

### 2.3.4 数据处理及方法

襄阳城市热环境影响评估分析主要用到 3 类数据:卫星遥感数据、地理信息数据及模式数据。

#### 2.3.4.1 卫星遥感数据

选用 2005—2017 年美国 EOS/MODIS-AQUA/TERRA 卫星中分辨率数据,卫星数据选取晴朗无云,成像条件较好,适合地表特征参数反演,主要用于植被覆盖度信息提取、地表温度、归一化建筑指数反演;TM 卫星数据 30 m 分辨率土地利用分类结果,用于卫星影像的土地覆盖类型的分类提取。

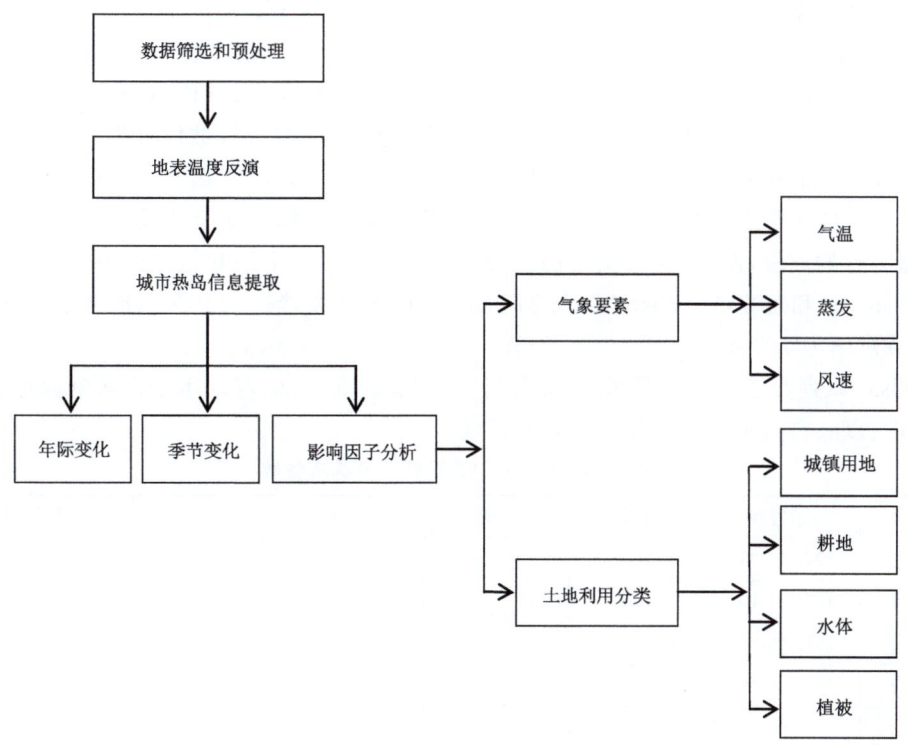

图 2.38 襄阳热岛分析技术路线图

(1) EOS/MODIS 卫星数据简介及获取

EOS(Earth Observation System)卫星是美国地球观测系统计划中一系列卫星的简称(刘玉洁 等,2001)。EOS 系列卫星上的最主要的仪器是中分辨率成像光谱仪(MODIS),MODIS 的全称是中分辨率成像光谱仪(moderate-resolution imaging spectroradiometer),是搭载在 AQUA 和 TERRA 卫星上的一个重要的传感器,它是新一代"图谱合一"的光学遥感仪器,它通过 x 波段向全球传播实时监测数据。其地面分辨率为 250 m、500 m 和 1000 m,扫描宽度为 2330 km。MODIS 采用的是被动式成像原理。它覆盖从 $0.4~\mu m$ 的可见光到 $14.4~\mu m$ 的热红外共 36 个光谱波段,装载多达 490 个探测器。在对地观测过程中,每秒可同时获得 6.1 Mbit 的来自大气、云边界、云特性、海洋水色、浮游植物、生物地理、化学、大气中水汽、地表温度、云顶温度、大气温度、臭氧核、云顶高度等特征的信息,对于研究海陆空物理和化学特质提供很好的数据源。

EOS/MODIS 卫星数据极大增强了其对地表土地类型的识别力度以及对地球复杂环境的反演能力,并且 MODIS 数据供全球用户免费使用,使用成本低。本节的 MODIS 卫星数据主要是从中国气象局国家卫星气象中心获取。所获取的数据为 2 级产品,即 L1B 级数据,经过定标定位、符合国际标准的 EOS-HDF 格式。包含所有波段数据,可能是应用比较广泛的一类数据。

(2) Landsat TM 卫星数据简介及获取

表 2.17 是 LANDSAT 系列卫星的基本参数。Landsat 是美国 NASA 的陆地卫星计划(1975 年前称"地球资源技术卫星-ERTS"),从 1972 年开始发射第一颗卫星 Landsat-1,至

2018年已发射8颗。其中,Landsat 1～3有4个波段,Landsat TM 4～5卫星影像主要由7个波段组成,除了波段6(热红外波段)的空间分辨率为120 m,其他波段均为30 m。Landsat-6卫星发射失败。Landsat-7卫星携带的主要传感器为增强型成像仪(ETM+),它共有8个波段,比Landsat T 1～5增加了一个15 m分辨率的全色波段,热红外波段分辨率从120 m提高到了60 m。Landsat系列最新卫星Landsat-8于2013年2月11日发射,携带有OLI陆地成像仪和TIRS热红外传感器。Landsat-8的OLI陆地成像仪包括9个波段,OLI包括了ETM+传感器所有的波段,此外,新增两个的波段:蓝色波段(band 1)和短波红外波段(band 9)。近红外(band 5)和短波红外(band 9)与MODIS对应的波段接近,TIRS包括2个单独的热红外波段,分辨率为100 m。

Landsat系列数据空间分辨率高、覆盖范围广、信息量丰富,可以用于自然资源保护、能源勘探、环境管理、自然灾害监测等多个研究领域。

表2.17 LANDSAT系列卫星基本参数

| 卫星参数 | 发射时间 | 覆盖周期 | 扫幅宽度 | 波段数 | 机载传感器 | 运行情况 |
| --- | --- | --- | --- | --- | --- | --- |
| Landsat 1 | 1972-07-23 | 18 d | 185 km | 4 | MSS | 1978年退役 |
| Landsat 2 | 1975-01-12 | | | | | 1982年退役 |
| Landsat 3 | 1978-03-05 | | | | | 1983年退役 |
| Landsat 4 | 1982-07-16 | 16 d | | 7 | MSS、TM | 1983年退役 |
| Landsat 5 | 1984-03 | | | | | 2013年退役 |
| Landsat 6 | 1993-01 | — | | — | | 发射失败 |
| Landsat 7 | 1999-04-15 | 16 d | | 8 | ETM+ | 2003年故障 |
| Landsat 8 | 2013-02-11 | | | 11 | OLI、TIRS | 在役 |

本章节研究用的Landsat影像数据成像时间在6—9月,影像基本无云影响。

#### 2.3.4.2 地理信息数据

地理信息数据主要用于卫星影像的裁剪,行政边界数据用于制作襄阳城市边界层;本章节研究选择的区域包括襄阳城市现有建成区,主要包含3个市辖区下辖街道办事处和米庄镇、张湾镇、团山镇、尹集乡、东津镇5个乡(镇)的部分连片开发区,其中,城市热岛分析为包含上述乡镇的矩形区域。

#### 2.3.4.3 模式数据

利用中国气象局陆面数据同化系统(CLDAS)逐时驱动数据集来分析气象要素与襄阳市城市热岛的关系。该数据集采用了包括2421个国家级气象观测站以及业务考核的29452个区域自动气象站,2009—2013年地面基本气象要素逐时观测数据以及相应时期的台站信息(台站经纬度、海拔高度),利用多重网格三维变分方法(STMAS)在NCEP/GFS背景场基础上制作的陆面大气驱动数据集,空间分辨率为1/16°×1/16°。

#### 2.3.4.4 原理与方法

(1)地表温度反演

地表温度遥感反演中,主要采用遥感器接收到的地面热辐射强度来推算地表温度。利用MODIS热红外通道资料可反演整个地球陆地表面的温度,包括森林、农作物和草地、水体、积雪和冰以及无植被地区如裸土、沙地、岩石和城市等。分析中选用覃志豪等(2001)推导的分裂窗算法进行反演,即用大气透过率和地表比辐射率2个因素来进行地表温度的计算。MODIS卫星共有8个热红外通道,其中第31和第32通道的比辐射率相对稳定,最适合地表温度反演。反演所需的地表比辐射率和大气透过率都可以从MODIS的其他波段数据中反演出来。通过MODIS第2和第19波段来反演大气水分含量,然后再根据大气水分含量与大气透过率的函数关系估计大气透过率。通过MODIS第1和第2波段计算植被覆盖度,再求出植被和裸土的辐射比率以及热辐射相互作用校正项,最后根据MODIS图像的地表比辐射率公式估算地表比辐射率。

目前,国内外学者反演地表温度的理论方法大致可分为三类:①只利用一个热红外通道的单窗算法;②利用两个热红外通道的分裂窗算法;③利用多个热红外通道的多通道反演方法。但是发展得较为完善、应用较为广泛的是分裂窗算法。

分裂窗算法最早由McMillin(1975)提出,最初主要用于海面温度的反演。之后几十年里出现了几十个不同版本的分裂窗方法,根据推导过程的简化程度,算法可归纳为四大类,即简单模型、地表比辐射率模型、两因素模型和复杂模型。本节使用覃志豪等(2005)推导的分裂窗算法,该算法仅需2个因素来进行地表温度的反演,即大气透过率和地表比辐射率。覃志豪等(2005)提出的算法所需参数少、计算简单且精度较高,在众多的分裂窗算法中被认为是较好的算法之一,下面做一个简单的介绍。

基于MODIS数据反演地表温度的分裂窗算法使用的公式如下:

$$T_S = A_0 + A_1 T_{31} - A_2 T_{32} \tag{2.6}$$

式中,$T_S$是地表温度,$T_{31}$、$T_{32}$分别是MODIS第31、32通道的亮温。$A_0$、$A_1$、$A_2$是系数,分别定义如下:

$$A_0 = -64.60363E_1 + 68.72575E_2 \tag{2.7}$$

$$A_1 = 1 + A + 0.440817E_1 \tag{2.8}$$

$$A_2 = A + 0.473453E_2 \tag{2.9}$$

$$A = D_{31}/(D_{32}C_{31} - D_{31}C_{32}) \tag{2.10}$$

$$E_1 = D_{32}(1 - C_{31} - D_{31})/(D_{32}C_{31} - D_{31}C_{32}) \tag{2.11}$$

$$E_2 = D_{31}(1 - C_{32} - D_{32})/(D_{32}C_{31} - D_{31}C_{32}) \tag{2.12}$$

$$D_{31} = (1 - \tau_{31})[1 + (1 - \varepsilon_{31})\tau_{31}] \tag{2.13}$$

$$D_{32} = (1 - \tau_{32})[1 + (1 - \varepsilon_{32})\tau_{32}] \tag{2.14}$$

$$C_{31} = \varepsilon_{31}\tau_{31} \tag{2.15}$$

$$C_{32} = \varepsilon_{32}\tau_{32} \tag{2.16}$$

式中,$A$、$E_1$、$E_2$、$D_{31}$、$D_{32}$、$C_{31}$、$C_{32}$为中间变量,可进行迭代消除;$\varepsilon_{31}$、$\varepsilon_{32}$分别为MODIS卫星资料第31、32波段的地表比辐射率;$\tau_{31}$、$\tau_{32}$分别为第31、32波段的大气透过率。

由以上推导公式可以看出,反演地表温度主要包括4个步骤:①计算亮温$T_{31}$、$T_{32}$;②计算比辐射率$\varepsilon_{31}$、$\varepsilon_{32}$;③计算大气透过率$\tau_{31}$、$\tau_{32}$;④根据分裂窗算法计算地表温度。因此,求解地表温度的关键就是确定亮温、地表比辐射率、大气透过率。该方法具有较高的反演精度,亮温可以通过Planck方程直接计算,地表比辐射率和大气透射率都可从MODIS卫星的其他波段数据进行反演,无须额外的信息也可进行地表温度反演,计算较简便。

亮温是指辐射出与观测物体相等辐射能量黑体的温度。公式如下:

$$T_i = \frac{C_2}{\lambda_i \ln\left(1 + \frac{C_1}{\lambda_i^5 I_i}\right)} \quad (2.17)$$

式中,$T_i$ 是 MODIS 第 $i(i=31,32)$ 波段的亮温;$I_i$ 是 MODIS 第 $i(i=31,32)$ 波段的热辐射强度,$I_i = A \times (DN_i - B)$,$A$ 是辐射缩放比,$B$ 是辐射缩放截距,均可通过查找 HDF 头文件获取,$DN_i$ 是波段数据 12 bit 的整型值,表示 MODIS 是第 $i$ 波段 DN 值;$\lambda_i$ 是第 $i(i=31,32)$ 波段的中心波长,分别取 $\lambda_{31}=11.28~\mu m$ 和 $\lambda_{32}=12.02~\mu m$;$C_1$ 和 $C_2$ 是常数,分别取 $C_1=1.19104356 \times 10^{-16}~W \cdot m^2$ 和 $C_2=1.4387685 \times 10^4~\mu m \cdot K$。

大气透过率是指地表辐射能透过大气到达遥感器的能量与地表辐射能的比值。在地表反演过程中,水汽是估计大气透过率的不可忽略的因素。MODIS 卫星第 2 和第 19 波段可以反演大气水分含量,然后再根据大气水分含量与大气透过率的函数关系来估计大气透过率。以下利用 Kaufman 等(1992)提出的两通道比值法反演大气水汽含量,再推算大气透过率。

大气水汽含量计算公式为:

$$\omega = \left[\left(\alpha - \ln \frac{\rho_{19}}{\rho_2}\right)/\beta\right]^2 \quad (2.18)$$

式中,$\omega$ 是大气水汽含量;$\alpha$、$\beta$ 是常数,分别取 $\alpha=0.02$,$\beta=0.651$;$\rho_{19}$ 和 $\rho_2$ 分别是 MODIS 第 19 和第 2 波段地面反射率,可以通过下式计算:

$$\rho_i = RL_i(DN_i - RLOS_i) \quad (2.19)$$

式中,$\rho_i$ 是 MODIS 第 $i(i=2,19)$ 波段的地面反射率;$DN_i$ 是第 $i$ 波段的 DN 值;$RL_i$、$RLOS_i$ 是波段的反射率常量;可在 MODIS 头文件中找到;在夏季中纬度大气情况下,MODIS 第 31、第 32 波段的大气水汽含量和透过率可用以下线性关系表示(刘玉洁 等,2001)。

$$\tau_{31} = -0.10671\omega + 1.04015 \quad (2.20)$$
$$\tau_{32} = -0.12577\omega + 0.99229 \quad (2.21)$$

地表比辐射率是指物体与黑体在同温度、同波长下的辐射出射度的比值。由于地面物体不是黑体,当观测地表热辐射温度时,需要用比辐射率来修正。目前地表比辐射率的计算方法主要有三种:差值法、独立温度光谱指数法(TISI)和归一化植被指数门槛值法(NDVITHM)。由于 MODIS 卫星分辨率属于中低空间分辨率,MODIS 像元可以看作是由不同比例的植被、水体和裸土 3 种地物类型组成的混合像元,再根据地表组分估算混合像元的有效平均比辐射率。混合像元比辐射率计算公式为:

$$\varepsilon_i = \varepsilon_{iw} + P_v R_v \varepsilon_{iv} + (1-P_v) R_s \varepsilon_{is} \quad (2.22)$$

式中,$\varepsilon_i$ 是 MODIS 卫星资料第 $i(i=31,32)$ 波段的地表比辐射率;$\varepsilon_{iw}$ 是水体在第 $i(i=31,32)$ 波段的地表比辐射率,分别取 0.992、0.989;$\varepsilon_{iv}$ 在植被第 $i(i=31,32)$ 波段的地表比辐射率,分别取 0.9844、0.9851;$\varepsilon_{is}$ 是在裸土第 $i(i=31,32)$ 波段的地表比辐射率,分别取 0.9731、0.9832。$R_v$ 和 $R_s$ 分别是植被和裸土的辐射比率,定义为 $R_i = (T_i/T)^4$,$i$ 表示植被或裸土,$T$ 为混合像元的平均温度。$P_v$ 是像元的植被覆盖度,可通过 NDVI 进行估算。

$$P_v = \frac{NDVI - NDVI_s}{NDVI_v - NDVI_s} \quad (2.23)$$

式中,NDVI 是归一化植被指数,可通过 MODIS 卫星第 1、2 波段计算;$NDVI_v$、$NDVI_s$ 分别是植被和裸土的 NDVI 值,NDVI 值越大说明地表被植被覆盖越多,NDVI 越小说明地表越接近裸土,如果介于两者之间说明地表由一定比例植被覆被。当地表完全被植被覆盖时,$NDVI_v =$

$0.8$，$P_v=1$；当地表完全为裸土时，$NDVI_s=0.15$，$P_v=0$。

(2) 城市热岛效应比率

为了克服不同时相不同季节地表温度差异造成的不可比性,客观地分析热岛面积及其强度的年际变化,本节引入城市热岛效应比率的概念和计算方法,通过对地表温度进行归一化处理,得到城市热岛效应比率,并在此基础上开展各项分析。同时,每个季节尽量选取同一过境卫星多幅反演结果平均值来代表襄阳城市某个季节的热岛情况。

城市热岛效应比率的概念和计算公式如下：

$$N_i = \frac{T_i - T_{\min}}{T_{\max} - T_{\min}} \tag{2.24}$$

式(2.24)中，$N_i$ 是热岛效应比率,其实质是归一化的相对地温；$T_i$ 代表第 $i$ 个网格的地温值；$T_{\min}$ 和 $T_{\max}$ 分别代表研究范围内的最低和最高地温。对研究范围内的地温分布进行归一化处理,有助于克服不同时相不同季节地温差异造成的不可比性,以便于进行不同时期的比较,客观地分析热岛面积及其强度的年际变化。

热岛效应比率变化范围在 $0\sim1$，$0$ 代表最低温，$1$ 代表最高温。并利用阈值分割技术将归一化后的值划分为 5 个等级：低温区($0\sim0.2$)、较低温区($0.2\sim0.4$)、中温区($0.4\sim0.6$)、次高温区($0.6\sim0.8$)、高温区($0.8\sim1.0$)，并将高温区和次高温区定义为城市热岛区域,低温区和较低温区定义为冷岛区域。

### 2.3.5 襄阳城市热岛变化分析及影响评估

利用 2005—2017 年 13 年的卫星遥感数据开展襄阳城市热岛效应的季节变化和年际变化特征分析、城市热岛与气象要素的关系分析以及城市热岛与土地利用/覆盖变化的关系分析。

#### 2.3.5.1 城市热岛效应季节变化分析

2005—2017 年,襄阳城市春、夏、秋、冬四季的热岛强度均呈现一致的时空变化趋势,考虑到近 13 年热岛范围是在不断变化的,选择较为中间的年份 2013 年作为代表年份分析襄阳城市热岛效应的季节变化(图 2.39～图 2.42)。

(1) 春季

襄阳城市春季城市热岛现象较为明显,热岛区域主要集中在北部地区,分布在张湾镇、米庄镇、团山镇、樊城区、襄城区的中北部、尹集乡中部以及东津镇的西南角,其中最强热岛区域位于张湾镇的中北部、米庄镇的东南部及樊城区的局部(图 2.39)。结合襄阳城市规划布局图和土地利用分布图来看,张湾镇热岛区主要是襄阳机场所在地；米庄镇、团山镇、樊城区和襄城区的热岛区主要是城市建筑密集区。综合以上分析,除张湾镇特殊的建筑属性外,春季樊城区热岛强度最大,最小的是东津镇。

(2) 夏季

襄阳城市夏季城市热岛现象十分明显,城区的地表温度明显高于周边林地和郊区,呈现出片状发散和零星热岛共存的空间分布特征。城市热岛区域主要分布在张湾镇、米庄镇、团山镇、樊城区、襄城区的中北部、尹集乡局部以及东津镇局部,其中最强热岛区域位于张湾镇局部、米庄镇的东南部、团山镇南部及樊城区的东部(图 2.40)。其空间分布基本与城市建成区的轮廓一致,而且城乡的温度差异明显。与春季相比,最强热岛区域范围较春季按照西南方向向市中心移动。结合襄阳城市规划布局图和土地利用分布图来看,热岛区主要是城市建筑密集区；东津镇整体地表温度较襄阳城区低。

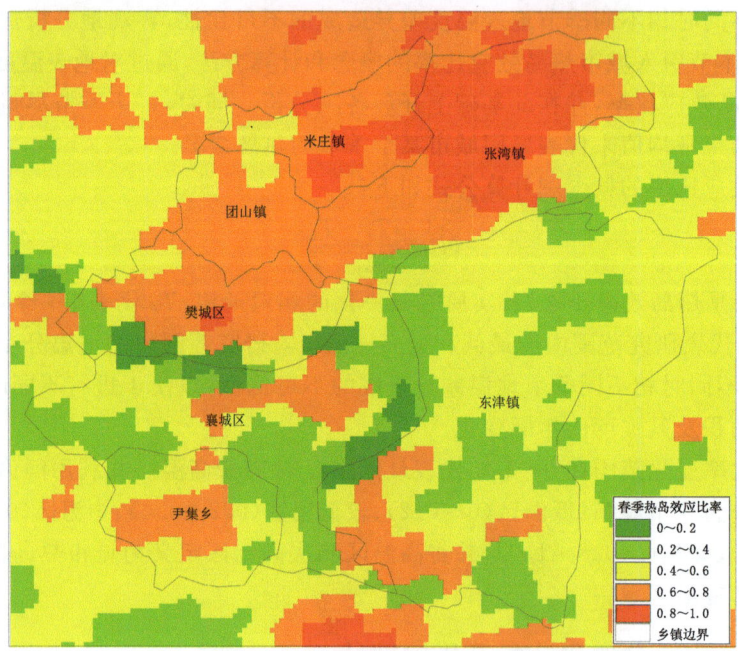

图2.39 襄阳城市2013年春季城市热岛效应比率分布

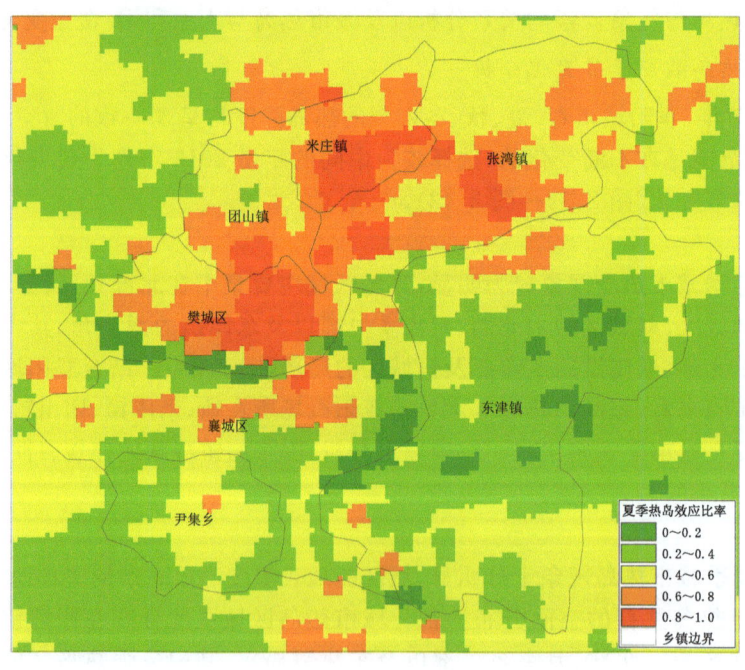

图2.40 襄阳城市2013年夏季城市热岛效应比率分布

## 第 2 章　襄阳城市生态气候环境

**(3) 秋季**

襄阳城市秋季城市热岛现象不明显,主城区大部分地表温度明显低于周边郊区,尤其是襄城区地表温度最低,低温面积最大。城市热岛区域主要分布在张湾镇、米庄镇、团山镇、樊城区中部、尹集乡局部以及东津镇部分地区,其中热岛高温区范围较小,零星分布在米庄镇、张湾镇、东津镇等地局部(图 2.41)。与春季、夏季相比,除张湾镇表现为稳定的热岛区域外,春季、夏季表现为热岛区的主城区,地表温度较郊区低,开始出现冷岛现象。城区的温度差异主要是在逐渐变冷的季节里由地表热特性(柏油、混凝土、砖瓦等)及城市建筑密度决定的地表降温差异所致。

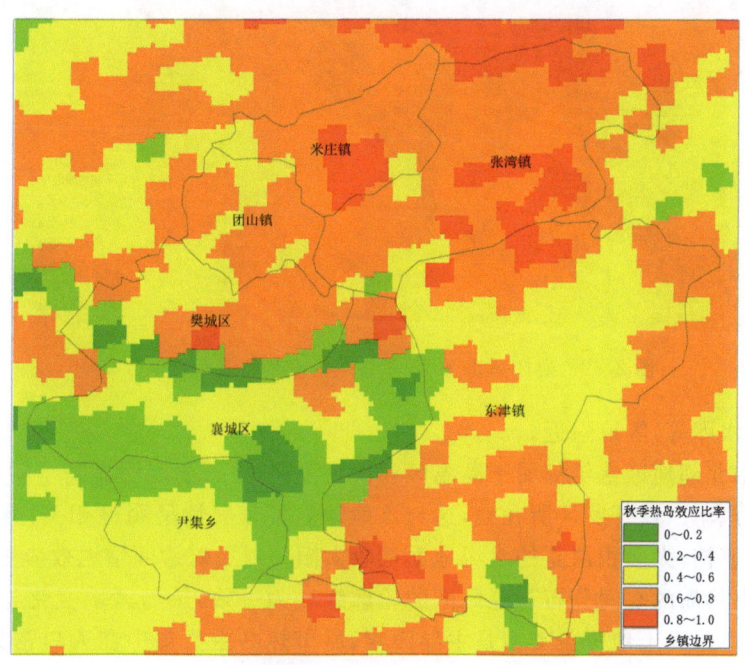

图 2.41　襄阳城市 2013 年秋季城市热岛效应比率分布

**(4) 冬季**

襄阳城市冬季城市冷岛现象较秋季更明显,主城区的地表温度明显低于周边郊区。城市热岛区域主要分布在张湾镇北部、米庄镇东北部、东津镇西北、东北、南部局部,其中最强热岛区域位于张湾镇北部的中部(图 2.42)。与秋季相比,热岛区域缩小,冷岛区范围扩大,樊城区、襄城区等主城区建筑面积较大的地方地表温度较低;张湾镇中北部地区一年四季表现出稳定的热岛区域,而东津镇地温整体较高。与夏季城市热岛的空间分布特征相比,襄阳城市冬季冷岛空间分布同样存在片状和零星冷岛共存的现象,且空间位置大体一致。

**(5) 小结**

1) 襄阳城市热岛强度和热岛范围呈现出明显的季节变化。襄阳城市白天的热岛主要出现在春、夏两季,夏季城市热岛现象更为明显;秋、冬季城区温度比郊区低,为稳定的冷岛,其中冬季的冷岛现象更明显。城市热岛在空间分布以樊城区强度最大,最小的是东津镇。襄阳主城区热岛强度小的区域主要出现在江边(月亮湾)、大型山体(岘山、虎头山、尖山等)、湖泊(东湖、

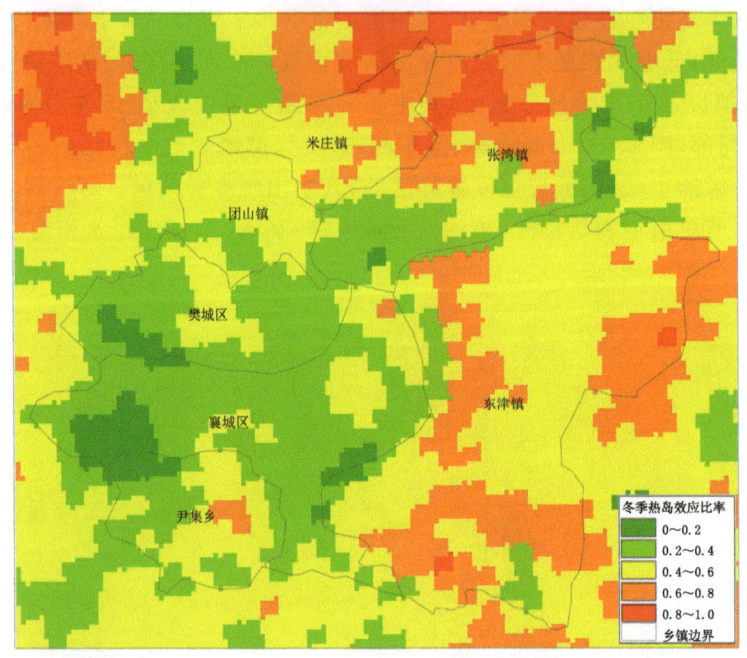

图 2.42 襄阳城市 2013 年冬季城市热岛效应比率分布

连山水库、张湾水库等)等地附近。

2)张湾镇中北部地区常年都属于高温区或次高温区,区域温度明显高于周边,主要是因为其是襄阳机场、汽车产业开发区所在地,这与该地地表覆盖属性呈明显相关,露天跑道场面积大,四周无植被遮挡,大面积裸露的水泥地面接收太阳辐射后对地面增温效应更强。

3)襄阳城市热岛的空间分布与主城区的轮廓线较为一致,热岛区域变化与城市集聚程度有明显的关系,下垫面土地覆盖类型是主导因素,城市热岛主要集中在人口密集、工商业发达的区域,热岛的强度由高到低依次为:工业区、城市中心区(商业区)、居民区、郊区。这反映了热岛效应是人为因素和自然因素共同作用的结果。

#### 2.3.5.2 城市热岛效应时空变化分析

为研究襄阳城市近 13 年来城市热岛的变化,选择热岛现象最为明显的夏季进行分析,并用 2005 年、2009 年、2013 年和 2017 年作为表征襄阳热岛年际变化的特征年份(图 2.43~图 2.47)。过去 13 年中,襄阳城市各年的热岛空间分布特征较为一致,热岛最强区域 2005 年主要集中在樊城区的东部、襄城区局部、米庄镇局部,随着城市化建设的快速发展,除樊城区东部、襄城区局部范围保持稳定不变外,热岛最强区域逐渐扩大,新增了团山镇南部、张湾镇南部、原米庄镇局部分别向四个方向扩展,截至 2013 年,襄阳城市热岛最强区域达到了最大,较2005 年增加了 4.52%。同时热岛次高温区也出现明显增大,与 2005 年相比,区域面积增加了7.96%,新增了团山镇北部、米庄镇西部、张湾镇的东北部、东津镇北部局部等地。总体来说,与 2005 年相比热岛区域面积总体增加了 12.46%(表 2.18)。热岛区域范围变化数据表明2005—2013 年襄阳城市化进程迅速,热岛区面积不断扩大,与襄阳当年城市规划图对照分析发现,热岛范围的变化在一定程度上反映了襄阳城市化进程效应。

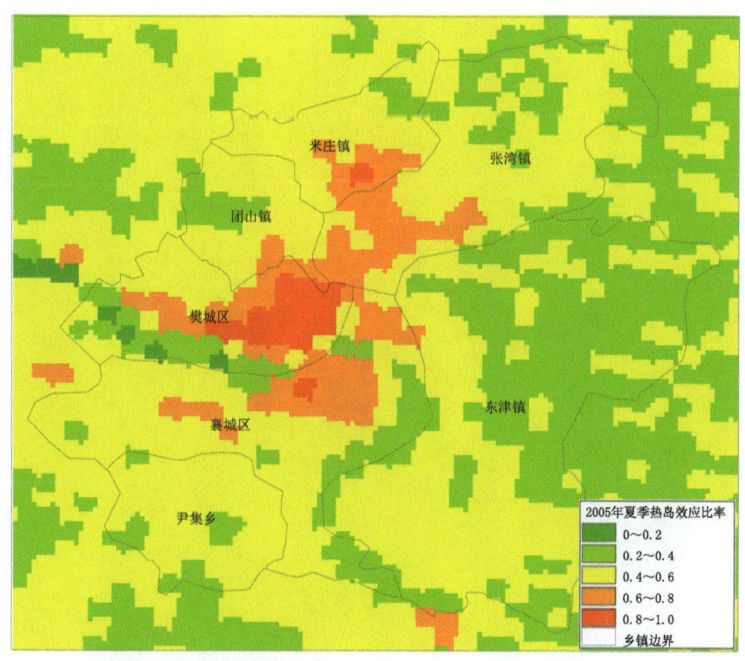

图 2.43　襄阳城市 2005 年夏季城市热岛效应比率分布

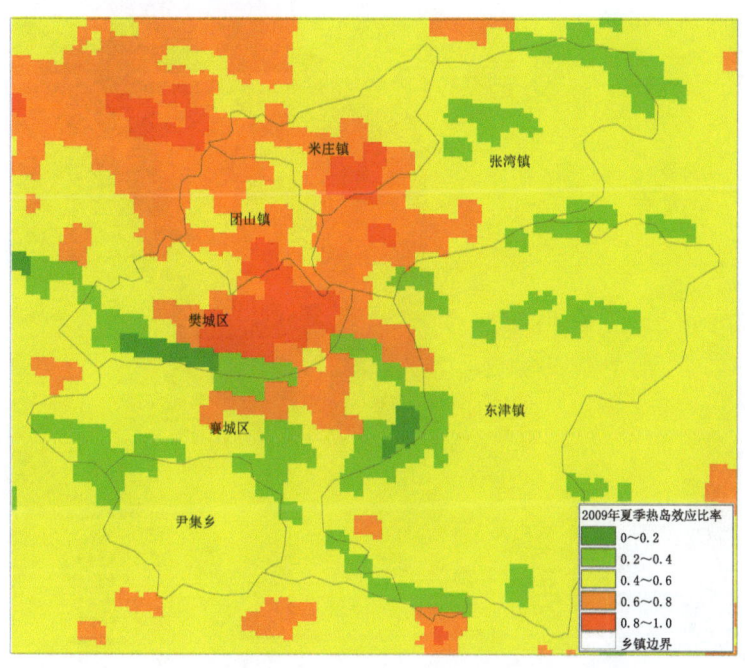

图 2.44　襄阳城市 2009 年夏季城市热岛效应比率分布

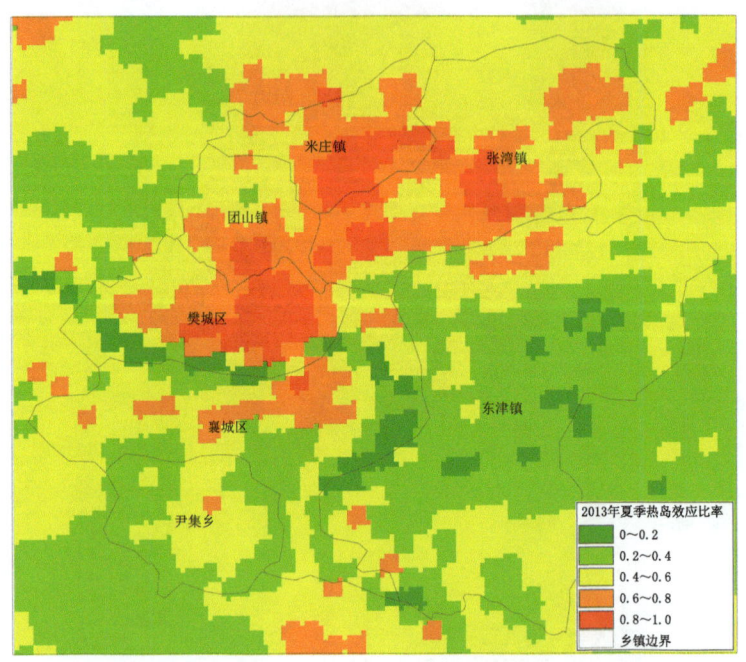

图 2.45　襄阳城市 2013 年夏季城市热岛效应比率分布

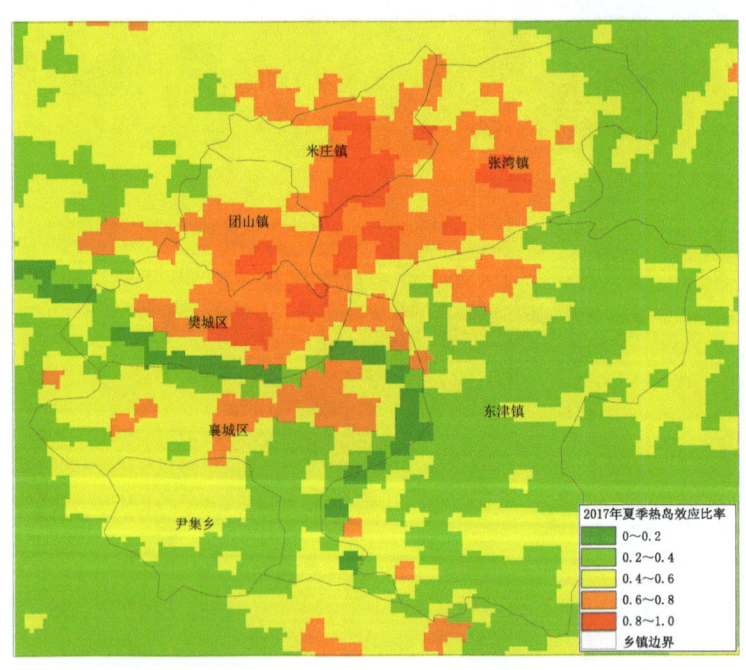

图 2.46　襄阳城市 2017 年夏季城市热岛效应比率分布

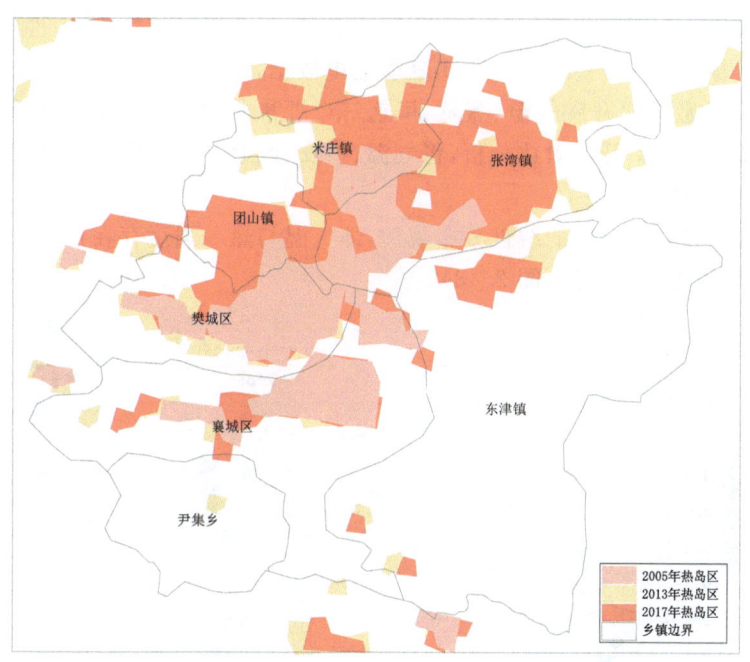

图 2.47 襄阳城市 15 年间夏季城市热岛区域变化分布

表 2.18 襄阳城市夏季热岛区面积比例均值(%)

| 等级 | 2005 年 | 2009 年 | 2013 年 | 2017 年 | 2005—2013 年比较 | 2013—2017 年比较 |
| --- | --- | --- | --- | --- | --- | --- |
| 高温区 | 2.63 | 4.58 | 7.15 | 2.4 | 4.52 | −4.75 |
| 次高温区 | 10.46 | 14.68 | 18.40 | 16.1 | 7.94 | −2.30 |
| 中温区 | 57.60 | 65.34 | 38.67 | 51.8 | −18.93 | 13.13 |
| 次低温区 | 29.03 | 14.18 | 30.53 | 28.7 | 1.50 | −1.83 |
| 低温区 | 0.27 | 1.23 | 5.25 | 1.0 | 4.98 | −4.25 |
| 热岛区域 | 13.09 | 19.25 | 25.55 | 18.5 | 12.46 | −7.05 |
| 均值 | 0.46 | 0.49 | 0.51 | 0.48 | 0.05 | −0.03 |

但是 2013 年以后,到 2017 年热岛最强区域面积出现了缩小,较 2013 年减少了 4.75%,其中米庄镇、樊城区最强热岛区域缩小较多,张湾镇、团山镇略有缩小,襄城区变化不大。2017 年热岛次高温区较 2013 年缩小了 2.30%,张湾镇缩小较多,其他区域变化不大。近年来,随着城市热岛效应的危害越来越大,引起了政府及规划部门的广泛关注,统筹兼顾,合理规划,严格控制城市的建设和发展,并提出了一些有效的措施,同时,2017 年夏季平均气温低于 2013 年,使城市热岛的范围得到了有效的控制。

热岛区与城区的空间变化规律高度相关,下垫面土地覆盖类型改变了地表热特征,城市建设的空间格局在很大程度上决定了热岛的空间分布。

#### 2.3.5.3 城市热岛与气象要素的关系

城市热岛强度的季节变化特征与土地利用状况、地物热辐射特性、季节性地表植被覆盖以及气候因子等有着密切的联系。选择4年夏季卫星数据,结合中国气象局陆面数据同化系统(CLDAS)逐时驱动数据集开展气温、蒸发、风速三个要素与襄阳城市热岛的关系分析。为了便于与城市热岛效应比率开展对比分析,将气温、蒸发、风速三个气象要素进行归一化处理。

(1)气温与城市热岛的关系

热岛强度与气温存在一致的线性分布规律,即气温与热岛强度存在正相关关系,随着气温的上升,城市热岛强度逐步增强(图2.48)。

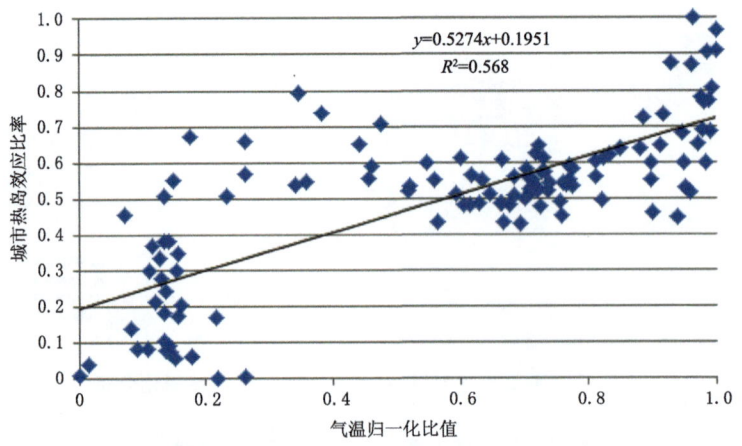

图 2.48 襄阳城市夏季气温与城市热岛效应比率关系

(2)蒸发与城市热岛的关系

热岛强度与蒸发存在一致的线性分布规律,即蒸发与热岛强度存在负相关关系,随着蒸发增大,城市热岛强度减弱,这是因为城市下垫面的蒸发作用会吸收热量,使得城市气温降低,进而使城郊温差减小,城市热岛强度减弱(图2.49)。

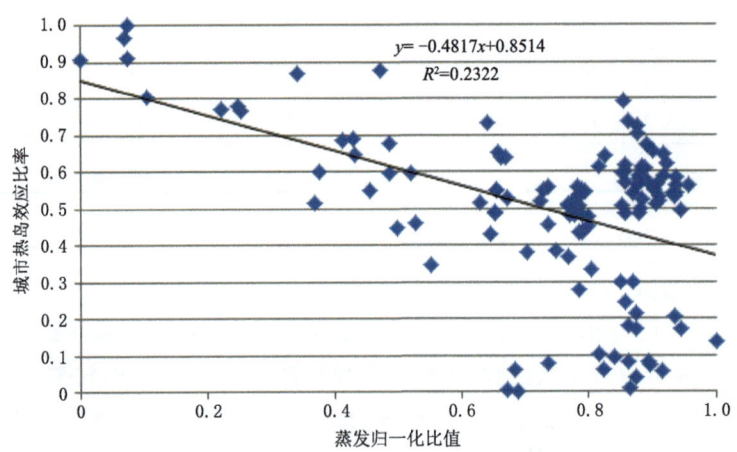

图 2.49 襄阳城市夏季蒸发与城市热岛效应比率关系

(3)风速与城市热岛的关系

热岛强度与风速存在一致的线性分布规律,即风速与热岛强度存在正相关关系,襄阳市热岛越强,增强了空气的平流和湍流运动,进而加大了城区风速(图2.50)。

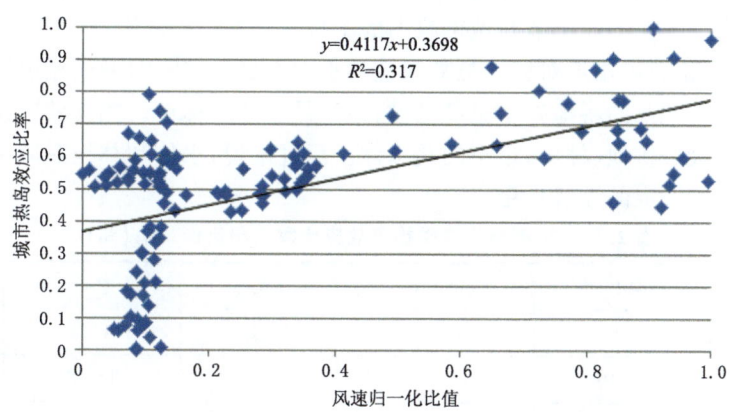

图 2.50　襄阳城市夏季风速与城市热岛效应比率关系

(4)气象要素对城市热岛的影响分析

利用多元线性回归方法分析气温、蒸发、风速3个气象要素对襄阳市城市热岛的影响(图2.51)。结果表明,3个气象要素与城市热岛效应比率呈高度相关;气温与城市热岛相关最强,襄阳城市热岛强度的58%可以由气象要素来解释。因此,气象要素对城市热岛效应的影响超过50%,而其他的影响可能还与局地地形、人为热排放、城市规模和探测环境等其他因子有关。

| 回归统计 | |
|---|---|
| 相关系数R | 0.7688 |
| 拟合优度 | 0.5911 |
| 校正测定系数 | 0.5805 |
| 标准误差 | 0.1417 |
| 观测值 | 120.0000 |

方差分析

| | 自由度 | 回归平方和 | 均方差 | 回归分析 | 在显著性水平下Fα临界值 |
|---|---|---|---|---|---|
| 回归分析 | 3.0000 | 3.3646 | 1.1215 | 55.8860 | 0.0000 |
| 残差 | 116.0000 | 2.3279 | 0.0201 | | |
| 总计 | 119.0000 | 5.6926 | | | |

| | 回归系数 | 回归系数标准误差 | T检验统计量t值 | T检验对应P值 | 置信空间 下限 95.0% | 上限 95.0% |
|---|---|---|---|---|---|---|
| 截距 | 0.3935 | 0.0851 | 4.6241 | 0.0000 | 0.2249 | 0.5620 |
| 气温斜率 | 0.5717 | 0.0657 | 8.6984 | 0.0000 | 0.4415 | 0.7018 |
| 蒸发斜率 | -0.1760 | 0.0890 | -1.9771 | 0.0504 | -0.3522 | 0.0003 |
| 风速斜率 | -0.2302 | 0.0915 | -2.5154 | 0.0133 | -0.4114 | -0.0489 |

图 2.51　各气象要素与城市热岛效应比率多元回归分析结果

(5)小结

襄阳城市热岛强度与气温、蒸发、风速这三种气象要素的相关关系,其中气温、风速与襄阳城市热岛强度呈正相关,蒸发与热岛呈负相关。同时襄阳城市热岛效应在一定程度上会受到气象要素的影响,其中起主导作用的是气温,气象要素对襄阳城市热岛效应的影响超过50%,其他的影响可能还与局地地形、人为热排放、城市规模和探测环境等其他因子有关。

### 2.3.5.4 城市热岛与土地利用/覆盖变化的关系

通过统计襄阳城市城镇用地、耕地、林地和水体等四种土地利用类型的地表温度热岛效应比率,分析各种地物对城市热岛效应的贡献率(表2.19~表2.22)。

(1)不同地物类型在不同季节对城市热岛的影响

1)春季。首先是城镇用地对城市热岛效应的贡献率最大,49.71%的城镇用地处于热岛区域;其次是耕地,33.59%的耕地处于热岛区域;最后是水体和林地。热岛效应比率平均值最大的是城镇用地,其次是耕地、林地,最小的是水体。反过来说,水体和林地对城市热岛的贡献有限,其对城市热岛有一定的缓解作用。

表2.19 襄阳城市春季热岛效应比率面积比例均值(%)

| 等级 | 整体比例 | 城镇用地 | 耕地 | 林地 | 水体 |
| --- | --- | --- | --- | --- | --- |
| 高温区 | 6.40 | 6.83 | 7.11 | 4.53 | 3.37 |
| 次高温区 | 26.10 | 42.87 | 26.47 | 13.30 | 23.17 |
| 中温区 | 49.77 | 39.25 | 52.47 | 47.01 | 39.54 |
| 次低温区 | 15.71 | 9.72 | 12.56 | 34.29 | 21.87 |
| 低温区 | 2.02 | 1.32 | 1.39 | 0.87 | 12.06 |
| 热岛区域 | 32.50 | 49.71 | 33.59 | 17.83 | 26.54 |
| 热岛效应比率均值 | 0.54 | 0.59 | 0.56 | 0.48 | 0.47 |

2)夏季。首先是城镇用地对城市热岛效应的贡献率最大,43.62%的城镇用地处于热岛区域,其次是耕地,最后是水体和林地。热岛效应比率平均值最大的是城镇用地,其次是耕地、林地,最小的是水体。城市化发展改变了城市下垫面属性,城区高层建筑集中,不利于空气流通,导致了城镇用地的平均温度较高,相反,水体和林地能有效缓解城市热岛效应,地表温度相对较低。

表2.20 襄阳城市夏季热岛效应比率面积比例均值(%)

| 等级 | 整体比例 | 城镇用地 | 耕地 | 林地 | 水体 |
| --- | --- | --- | --- | --- | --- |
| 高温区 | 4.11 | 15.80 | 3.24 | 0.87 | 2.85 |
| 次高温区 | 12.62 | 27.82 | 13.22 | 4.63 | 11.64 |
| 中温区 | 44.41 | 37.33 | 45.46 | 53.07 | 40.05 |
| 次低温区 | 35.52 | 18.03 | 35.82 | 40.68 | 32.88 |
| 低温区 | 3.34 | 1.02 | 2.26 | 0.74 | 12.58 |
| 热岛区域 | 16.73 | 43.62 | 16.46 | 5.50 | 14.49 |
| 热岛效应比率均值 | 0.46 | 0.58 | 0.46 | 0.43 | 0.41 |

3)秋季。首先是耕地对城市热岛效应的贡献率最大,73.53%的耕地处于热岛区域,其次是城镇用地,最后是水体和林地。热岛效应比率平均值最大的是耕地,其次是城镇用地、林地,最小的是水体。虽然在秋季,城镇用地在热岛区的比例仍然很高,主要集中在樊城区中部地区,但是由于其面积范围较耕地小,所以表现出的热岛效应并不明显。相反,郊区地温较主城

区明显偏高,开始出现了冷岛现象。同时,由于秋季选择的卫星过境数据时间为10月中下旬,襄阳主要耕种的作物已经收割,耕地大部分属于裸露状态,植被覆盖度低,热辐射的吸收使地表温度显著上升,因而地表温度较城区高。

表 2.21 襄阳城市秋季热岛效应比率面积比例均值(%)

| 等级 | 整体比例 | 城镇用地 | 耕地 | 林地 | 水体 |
| --- | --- | --- | --- | --- | --- |
| 高温区 | 14.86 | 11.09 | 16.67 | 7.40 | 5.66 |
| 次高温区 | 52.31 | 49.05 | 56.85 | 24.51 | 30.16 |
| 中温区 | 23.60 | 31.77 | 21.64 | 38.12 | 37.66 |
| 次低温区 | 7.69 | 7.69 | 3.78 | 29.85 | 17.87 |
| 低温区 | 1.54 | 0.40 | 1.06 | 0.13 | 8.65 |
| 热岛区域 | 67.17 | 60.14 | 73.53 | 31.91 | 35.82 |
| 热岛效应比率均值 | 0.59 | 0.63 | 0.66 | 0.53 | 0.51 |

4)冬季。首先是耕地对城市热岛效应的贡献率最大,28.52%的耕地处于热岛区域,其次是林地,最后是城镇用地和水体。热岛效应比率平均值最大的是耕地,其次是城镇用地、林地,最小的是水体。冬季,耕地属于裸露状态,热辐射的吸收使地表温度显著上升,夏季或春季耕地上的作物生长较好,植被覆盖度高,因此降低了地表裸露面积,使地表温度显著下降。

表 2.22 襄阳城市冬季热岛效应比率面积比例均值(%)

| 等级 | 整体比例 | 城镇用地 | 耕地 | 林地 | 水体 |
| --- | --- | --- | --- | --- | --- |
| 高温区 | 4.31 | 2.85 | 4.91 | 3.70 | 1.55 |
| 次高温区 | 21.24 | 13.49 | 23.62 | 14.69 | 7.74 |
| 中温区 | 46.26 | 42.36 | 48.06 | 38.11 | 36.39 |
| 次低温区 | 25.65 | 40.31 | 21.88 | 35.22 | 45.25 |
| 低温区 | 2.53 | 0.99 | 1.54 | 8.29 | 9.07 |
| 热岛区域 | 25.55 | 16.34 | 28.52 | 18.38 | 9.29 |
| 热岛效应比率均值 | 0.50 | 0.46 | 0.52 | 0.44 | 0.39 |

(2)城市热岛与地表类型的定量关系

1)城市热岛与植被覆盖度关系定量分析。城镇用地的地表温度与植被覆盖度存在负相关线性关系,即在地表属性同为城镇用地的情况下,随着植被覆盖度的增大,地表温度会降低。当植被覆盖度增加10%时,城市热岛强度下降0.8 K;当城市热岛强度下降1 K时,植被覆盖度需要增加13%(图2.52)。由此可见,在进行襄阳城市规划时,要合理保护、增加绿地建设,增加不同城市功能区绿地比例,减少城市硬化地表比例,可以有效地控制和消减城市热岛的规模和强度。

2)城市热岛与建筑密度关系定量分析。归一化建筑指数(NDBI)是用遥感影像反映建筑用地信息的一种参数,其数值越大表明建筑用地比例越高,建筑密度越高。襄阳城市的NDBI主要分布在[−0.8～0.5]。NDBI最高值区分布在汉江周边,樊城区、襄城区东北部、张湾镇南部、米庄镇南部、团山镇南部,这些地区下垫面以建筑物和硬化路面为主,建筑密度高;中值区分布在尹集乡大部、樊城区西部和南部、东津镇南部、团山镇北部、米庄镇北部、张湾镇北部

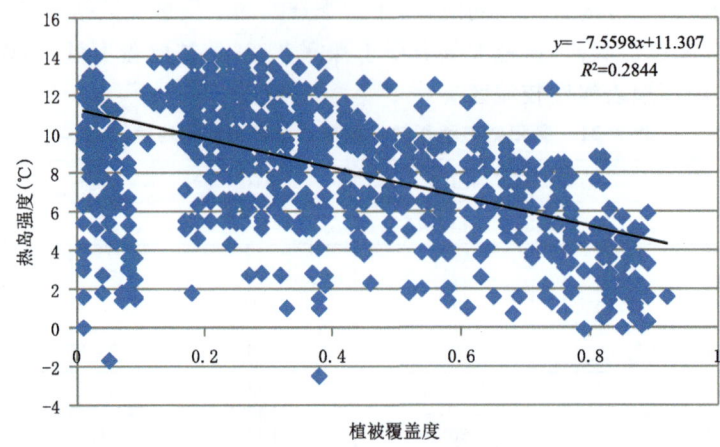

图 2.52 襄阳城市热岛强度与植被覆盖度散点图

等地,这些地区的土地利用类型以林地为主;低值区主要分布在东津镇中北部,这些地区的土地利用类型以耕地为主(图 2.53)。结合襄阳城市土地覆盖分布分析发现,归一化建筑指数能较好地反映襄阳城市各种土地利用类型的分布状况。

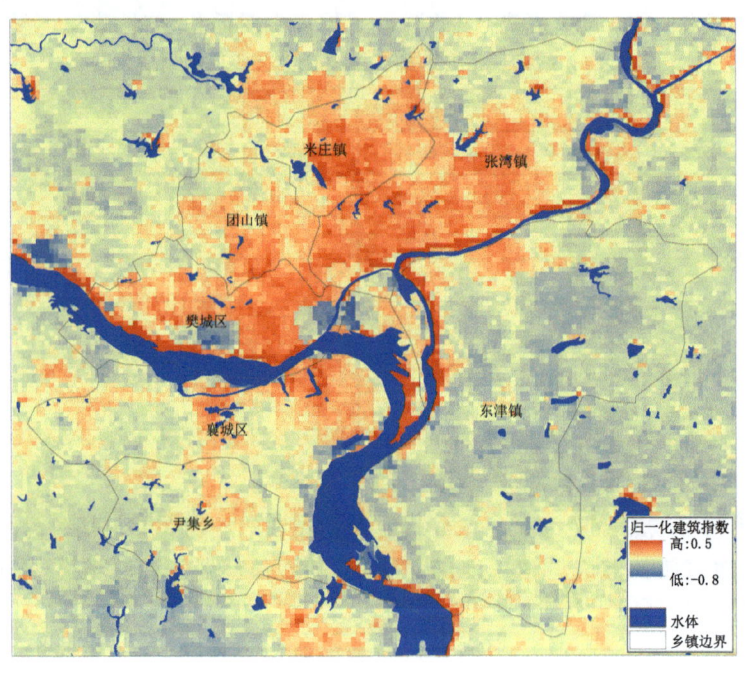

图 2.53 襄阳城市归一化建筑指数分布

城镇用地的地表温度与建筑密度存在正相关关系,即在地表属性同为城镇用地的情况下,随着建筑密度的增大,地表温度会升高。当建筑归一化指数增加 0.1 时,城市热岛强度上升 5 K;当城市热岛强度下降 1 K 时,建筑归一化指数需要减少 0.02(图 2.54)。由此可见在进行城市规划时,严格控制建筑密度,减少城市硬化地表比例,可以有效地控制和消减城市热岛的规模和强度。

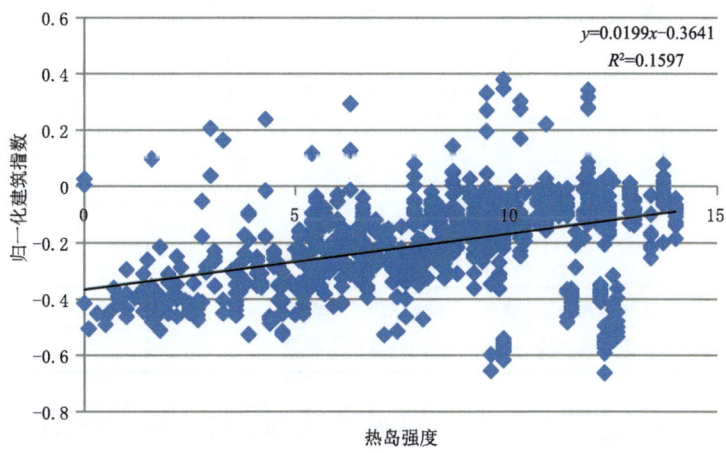

图 2.54　襄阳城市热岛效应强度与归一化建筑指数散点图

3）城市热岛与水体缓冲区定量分析。一般来说，由于水体的比热容较大，热传导率小，升温慢，水体的蒸发作用将太阳能转化为物理能，因此水体能有效缓解城市热岛效应。利用 GIS 缓冲区分析技术，对襄阳水系进行整体和分级处理，建立不同间隔距离的水系缓冲区，分析水体对襄阳城市热岛效应的作用。

城市热岛与整个襄阳水体缓冲区定量分析：

以襄阳城市水系整体为中心，分别以 0.2 km、0.5 km、0.8 km、1.0 km、1.2 km、1.5 km、1.8 km 和 2.0 km 范围建立缓冲区，提取距离水体不同距离内的城市热岛强度。提取结果见图 2.55，随着距离水体的增大，襄阳城市热岛强度逐渐增强，说明水体对热岛强度有一定缓解作用，距离水体越近，热岛强度越低，且在距离水体 1 km 范围内，水体缓解城市热岛效应的能力最强。

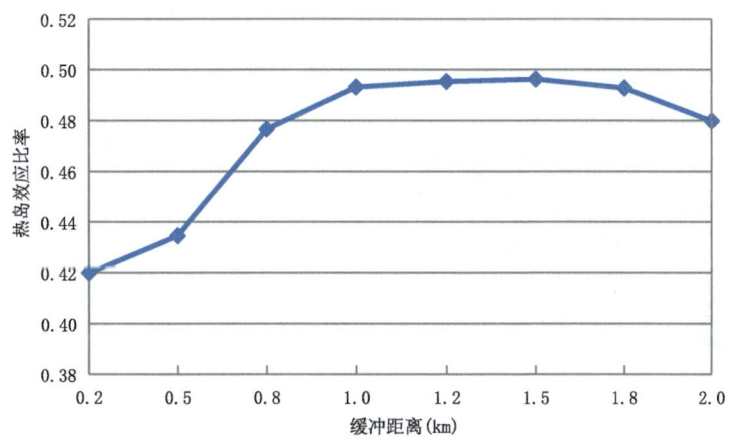

图 2.55　襄阳市城市热岛效应强度与水体缓冲区距离关系

城市热岛与襄阳分级水体缓冲区定量分析：

依据水域面积大小将襄阳城市水体分为一级河流、二级河流、三级河流和较大水库四个类别（表 2.23），以 0.2 km 距离为间隔建立 10 个缓冲区，结果显示，不同级别的水体，随着距离水体距离的增大,襄阳城市热岛效应比率值逐渐增大,且距离水体越近,热岛效应比率值越小,说明水体缓解城市热岛效应的范围及幅度与水域大小有关。

表 2.23 襄阳城市水系分级

| 等级 | 代表水体 | 缓解热岛效应的最佳距离(km) |
| --- | --- | --- |
| 一级河流 | 汉江干流 | 1.2 |
| 二级河流 | 唐河、白河、唐白河 | 1.0 |
| 三级河流 | 小清河、滚河 | 0.8 |
| 较大水库 | 永丰水库、白龙堰水库、刘洼水库、三董水库、王湖冲水库、普陀堰水库、兴隆坝水库等 | 0.6 |

城市热岛与分级水体缓冲区定量分析结果(图 2.56~图 2.59):①汉江流域 1.2 km 范围内的水体缓解城市热岛效应的能力最强,1.2 km 范围外水体对城市热岛的缓解能力变化不显著;②唐河、白河、唐白河等水系 1.0 km 范围内的水体缓解城市热岛效应的能力最强;1.0 km 范围外水体对城市热岛的缓解能力趋于平缓;③小清河、滚河等水系虽然 1.0 km 外显示热岛效应比率值仍呈线性变化,但是 0.8~1.0 km 范围内水体降温能力趋于稳定,同时整个水体对襄阳热岛缓解能力最强的范围在 1.0 km 内,所以综合考虑 0.8 km 内是小清河、滚河最佳缓解热岛效应距离;④永丰水库、白龙堰水库等较大水库 0.6 km 范围内水体缓解城市热岛效应的能力最强;0.6 km 范围外水体降温能力差异不明显。

4)植被与水体对城市热岛效应影响比较。以襄阳原气象站为中心,以每隔 2 km 范围建立 7 个缓冲区,提取缓冲区内林地和水体的热岛比率,用来比较水体和植被降温能力(表 2.24)。

用同一缓冲区内林地、水体的热岛比率分别与城镇用地热岛比率之差来表示植被、水体的降温效应;统计各级缓冲区(由于在 2 km 缓冲区内无林地,因此从 4 km 缓冲区开始)内植被、水体的降温效应。

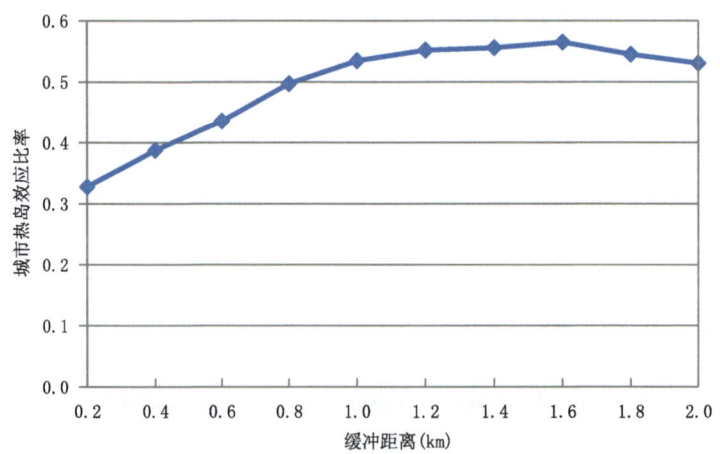

图 2.56 襄阳城市热岛效应比率与一级水系缓冲区距离关系

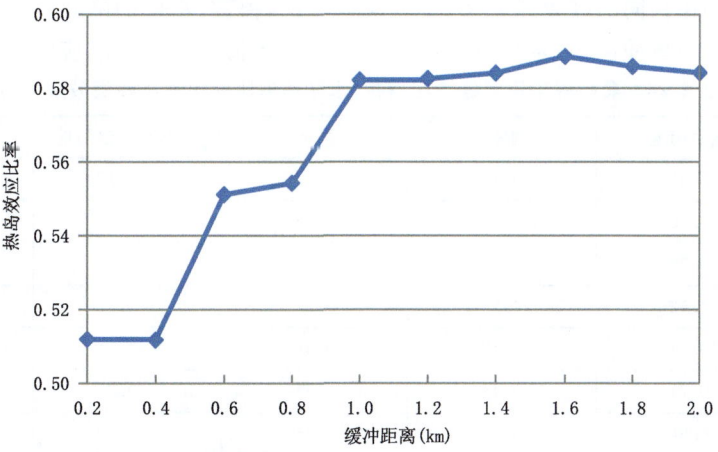

图 2.57 襄阳城市热岛效应比率与二级水系缓冲区距离关系

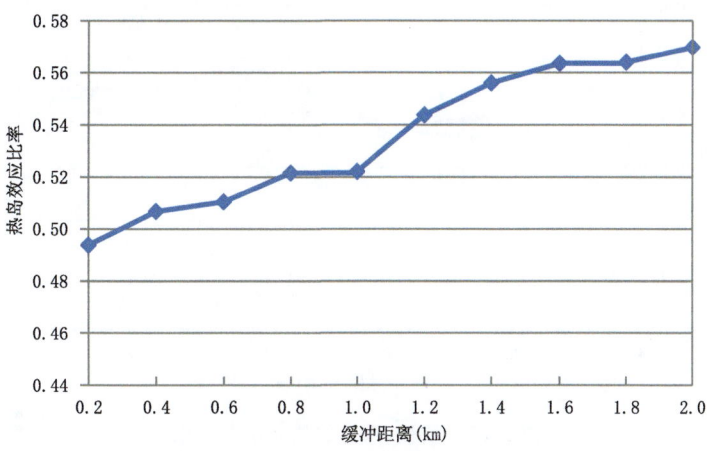

图 2.58 襄阳城市热岛效应比率与三级水系缓冲区距离关系

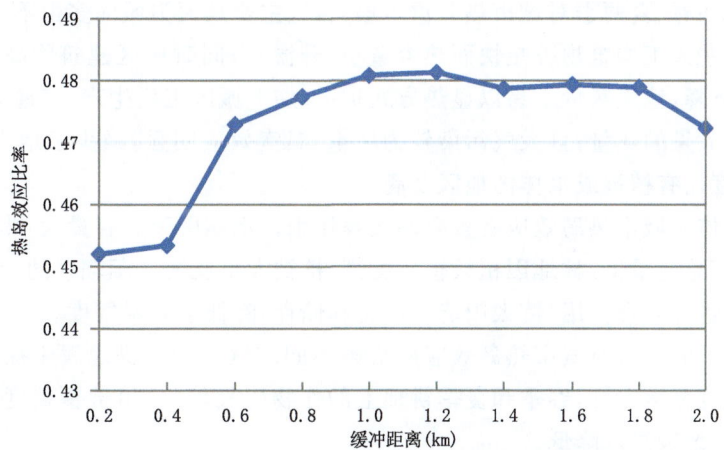

图 2.59 襄阳城市热岛效应比率与较大水库缓冲区距离关系

通过对比:①在相同的气象条件下,不同缓冲区内,植被、水体的降温效应不同。②在相同的气象条件下,同一缓冲区内,水体的降温效应总体大于植被的降温效应(图2.60)。

表 2.24　襄阳城市不同缓冲区植被、水体热岛比率均值及降温效应(%)

| 等级 | 城镇用地 | 水体 | 林地 | 水体—城镇用地 | 林地—城镇用地 |
| --- | --- | --- | --- | --- | --- |
| 2 km | 0.52 | 0.40 | — | −0.12 | — |
| 4 km | 0.75 | 0.51 | 0.66 | −0.24 | −0.09 |
| 6 km | 0.79 | 0.35 | 0.40 | −0.44 | −0.39 |
| 8 km | 0.62 | 0.37 | 0.37 | −0.25 | −0.25 |
| 10 km | 0.64 | 0.48 | 0.49 | −0.16 | −0.15 |
| 12 km | 0.71 | 0.44 | 0.44 | −0.27 | −0.27 |
| 14 km | 0.54 | 0.41 | 0.45 | −0.13 | −0.09 |

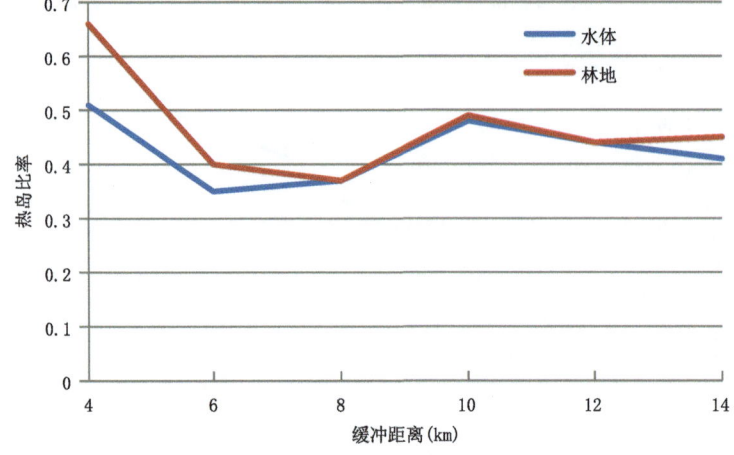

图 2.60　植被、水体的热岛比率变化

(3)小结

1)城镇用地在春、夏两季对城市热岛贡献最大,这主要是因为城区多由不透水表面(水泥、沥青等)组成,这些人工构筑物吸热快而热容量小,升温快;同时城区建筑物高大密集,不利于空气流通,风速下降,地表热量不易以显热方式扩散;加上城区工厂生产、交通运输以及居民生活每天都在排放大量的热量;且大气污染较为严重,温室效应明显,减少了地表的长波辐射损失,导致周围温度比有植被或水体的地区要高。

2)林地和水体对城市热岛效应有重要的缓解作用。水体由于热容量大,热传导率小,温度上升较缓慢,温度总是最低;林地因植被覆盖度高,植被大量反射太阳辐射的近红外部分,并利用可见光的能量进行光合作用,使太阳能被转化和储存,降低了升温幅度。

3)耕地在不同的季节对城市热岛效应的贡献不同。秋、冬季,耕地属于裸露状态,热辐射的吸收使地表温度显著上升,春季和夏季耕地上的作物生长较好,植被覆盖度高,因此降低了地表裸露面积,使地表温度降低。

4)襄阳城市建筑密度的高值区分布在汉江两岸,樊城区、襄城区东北部、张湾镇南部、米庄镇南部、团山镇南部;低值区主要分布在东津镇中北部。城镇用地的地表温度与建筑密度存在正相关关系,即在地表属性同为城镇用地的情况下,随着建筑密度的增大,地表温度会上升。

5)城镇用地的地表温度与植被覆盖度存在负的线性关系,即在地表属性同为城镇用地的情况下,随着植被覆盖度的增大,地表温度会降低。

6)不同等级水体缓解城市热岛效应的能力也存在差异。汉江流域 1.2 km 范围内的水体缓解城市热岛效应的能力最强;唐河、白河、唐白河等水系 1.0 km 范围内的水体缓解城市热岛效应的能力最强;清河、滚河 0.8 km 范围内的水体缓解城市热岛效应的能力最强;永丰水库、白龙堰水库等较大水库 0.6 km 范围内水体缓解城市热岛效应的能力最强。在相同的气象条件下,同一范围内,水体的降温效应总体大于植被的降温效应。

## 2.3.6 小结

(1)襄阳城市热岛强度和热岛范围呈现出明显的季节特点。襄阳城区白天的热岛主要出现在春、夏两季,夏季城市热岛现象更为明显;秋、冬季城区温度比郊区低,为稳定的冷岛,其中冬季的冷岛现象更明显。城市热岛在空间分布上以樊城区强度最大,最小的是东津镇。襄阳主城区热岛强度小的区域主要出现在江边(月亮湾)、大型山体(岘山、虎头山、尖山等)、湖泊(东湖、连山水库、张湾水库等)等地附近。

(2)襄阳城市热岛的空间分布与主城区的轮廓线较为一致,城市热岛主要集中在人口密集、工商业发达的区域,热岛的强度由高到低依次为:工业区、城市中心区(商业区)、居民区、郊区。

(3)襄阳城市化进程迅速,热岛区面积不断扩大,热岛区与城区的空间变化规律高度相关,下垫面土地覆盖类型改变了地表热特征,城市建设的空间格局在很大程度上决定了热岛的空间分布。

(4)襄阳城市气温、风速与热岛强度呈正相关,蒸发与热岛呈负相关。气象要素对城市热岛效应的影响超过 50%,而其他的影响可能还与局地地形、人为热排放、城市规模和探测环境等其他因子有关。

(5)城镇用地在春、夏两季对城市热岛贡献最大,林地和水体对城市热岛效应有重要的缓解作用。耕地在不同的季节对城市热岛效应的贡献不同。城镇用地的地表温度与建筑密度存在正相关关系。

(6)襄阳城市建筑密度的高值区分布在汉江两岸,樊城区、襄城区东北部、张湾镇南部、米庄镇南部、团山镇南部;低值区主要分布在东津镇中北部。城镇用地的地表温度与建筑密度存在正相关,即在地表属性同为城镇用地的情况下,随着建筑密度的增大,地表温度会上升。

(7)城镇用地的地表温度与植被覆盖度存在负的线性关系,即在地表属性同为城镇用地的情况下,随着植被覆盖度的增大,地表温度会降低。

(8)汉江流域 1.2 km 范围内的水体缓解城市热岛效应的能力最强;唐河、白河、唐白河等水系 1.0 km 范围内的水体缓解城市热岛效应的能力最强;清河、滚河 0.8 km 范围内的水体缓解城市热岛效应的能力最强;永丰水库、白龙堰水库等较大水库 0.6 km 范围内水体缓解城市热岛效应的能力最强。在相同的气象条件下,同一范围内,水体的降温效应总体大于植被的降温效应。

## 2.4 襄阳城市人居环境

人体在不同的外界环境条件下,皮肤、眼、神经等器官因受环境刺激而产生不同的感觉,经过大脑神经系统整合后形成的总体感觉的适宜或不适程度,就是人体舒适度。

舒适与否是一种感觉和状态,具有主观和客观双重特性和标准。从生理学角度分析,舒适度是人体机能在一定环境条件下保持正常运转时的一种状态,伴随着一系列的生物物理和化学过程。舒适或不适所伴随的生物过程是客观存在的,并以一定的生物指标或生物过程特征为判别标准,因此舒适度具有客观性。

在自然环境中,气象(气候)条件是旅游活动的基本条件之一,它影响着旅游活动的进行。气象因素是影响人体舒适度的主要因子,气温、湿度、风、太阳辐射、气压等气象要素及其变化过程会影响人体的生理适应程度和感觉。环境对人体的影响有一个舒适或适宜的范围或区域,超出该范围则感觉不舒适,偏离舒适范围越远则舒适感越差。

### 2.4.1 人体舒适度指数定义

人们在自然环境中是否感觉舒适及其达到怎样一种程度的具体描述,就是以指数的形式对"舒适"进行数字化定义,即人体舒适度指数。人体舒适度指数是以气温、风、湿度、日辐射等气象要素为基础,较好地反映大多数人群的身体感受,是一种衡量人体对气象环境的综合感应指标。

### 2.4.2 人体舒适度分析及影响评估

对于旅游气候适宜性定量评价,代表性的有 Terjung(1966)提出的舒适指数(CI)和风效指数(WEI)、Oliver(1973)提出的温湿指数(THI)和风寒指数(WCI)、Tang(2013)提出的度假气候指数(HCI)等。国内学者在引用上述方法进行定量评价的基础上,尝试建立适用于我国的旅游气候舒适度评价方法(吴兑 等,2001),并对一些旅游地进行分析评价(马乃孚 等,1997;范业正 等,1998;刘清春 等,2007;马丽君 等,2007;阎广慧 等,2008;胡桂萍 等,2015;刘峰贵 等,2015;张莹 等,2013;蒋晓伟 等,2003)。本节综合国内外大量研究成果,选取温湿指数(THI)、风寒指数(WCI)、人体舒适度指数(BCMI)和度假气候指数(HCI)4个指数。以上指标在表征区域的旅游舒适度时,主要根据主客观感觉结合环境气象因素制定,但有所差异。THI 主要反映人体与周围环境的热量交换;WCI 反映人体对低温和风的一种感觉程度;BCMI 是一个包括气温、相对湿度和风速的综合性指标,表征人体与大气环境的热交换;HCI 是目前较全面、客观的旅游适宜评价方法。

#### 2.4.2.1 人体舒适度计算方法及评价标准

(1)计算方法

1)温湿指数(THI)

$$I_{TH}=(1.8T+32)-0.55(1-R_H)\times(1.8T-26) \tag{2.25}$$

式中,$T$ 为气温(℃),$R_H$ 为相对湿度(小数表示)。

2) 风寒指数(WCI)

$$I_{WC} = (33-T) \times (10\sqrt{V} + 10.45 - V) \quad (2.26)$$

式中,$T$ 为气温(℃),$V$ 为风速(m/s)。

3) 人体舒适度指数(BCMI)

$$I_{BCM} = (1.8T+32) - 0.55(1-R_H) \times (1.8T-26) - 3.2\sqrt{V} \quad (2.27)$$

式中,$T$ 为气温(℃),$R_H$ 为相对湿度(小数表示),$V$ 为风速(m/s)。

4) 度假气候指数(HCI)

$$I_{HC} = 4T_C + 2A + P \quad (2.28)$$

HCI 由 3 个因子按照不同比例构成,它们分别是:热舒适因子 $T_C$,表示人体对温度高低的感觉,通过有效温度($T_E$)来表征,占 40%;审美因子 $A$,通过云量的多寡来表征,占 20%;物理因子 $P$,通过降水量($R$)和风速($V$)来表征,占 40%。

分别统计计算 $T_C$、$A$、$P$ 3 个因子所需的表征因素,根据 HCI 评分标准统计表(表 2.28)确定相应的评分后,代入式(2.28)计算即可得到度假气候指数(HCI)。

$$T_E = T_{MAX} - 0.55(1-R_H) \times (T_{MAX} - 14.4) \quad (2.29)$$

式中,$T_E$ 为人体有效温度(℃),即环境温度经过湿度订正后的人体实感温度;$T_{MAX}$ 为日最高气温(℃);$R_H$ 为相对湿度(小数表示)。

$$P = 3R + V \quad (2.30)$$

式中,$P$ 为物理因子,$R$ 为降水量,为 $V$ 风速。

(2) 评价标准

1) THI 分级标准(表 2.25)

表 2.25 THI 分级标准

| 指数数值范围 | 等级 | 人体感觉程度 | 舒适时段 |
| --- | --- | --- | --- |
| 0~40 | 1 | 极冷,极不舒适 | |
| 40~45 | 2 | 寒冷,不舒适 | |
| 45~55 | 3 | 偏冷,较不舒适 | |
| 55~60 | 4 | 清凉,舒适 | 舒适期:4~6 级 |
| 60~65 | 5 | 凉,非常舒适 | (5 级为最佳舒适期) |
| 65~70 | 6 | 暖,舒适 | 不适期:1~2 级、8~9 级 |
| 70~75 | 7 | 偏热,较舒适 | |
| 75~80 | 8 | 闷热,不舒适 | |
| >80 | 9 | 极其闷热,极不舒适 | |

2) WCI 分级标准(表 2.26)

表 2.26　WCI 分级标准

| 指数数值范围 | 等级 | 人体感觉程度 | 舒适时段 |
|---|---|---|---|
| 0~400 | 1 | 舒适 | 舒适期:1 级<br>不适期:3~7 级 |
| 400~650 | 2 | 凉 | |
| 650~800 | 3 | 很凉 | |
| 800~1000 | 4 | 冷 | |
| 1000~1200 | 5 | 很冷 | |
| 1200~1400 | 6 | 极度寒冷 | |
| 1400~2000 | 7 | 有冻伤危险 | |

3)BCMI 分级标准(表 2.27)

表 2.27　BCMI 分级标准

| 指数数值范围 | 等级 | 舒适程度 | 舒适时段 |
|---|---|---|---|
| >89 | 1 | 酷热,很不舒适 | 舒适期:5~7 级<br>(6 级为最佳舒适期)<br>不适期:1~3 级、9~10 级 |
| 86~88 | 2 | 暑热,不舒适 | |
| 80~85 | 3 | 炎热,大部分人不舒适 | |
| 75~79 | 4 | 闷热,部分人不舒适 | |
| 71~74 | 5 | 偏暖,大部分人舒适 | |
| 59~70 | 6 | 最为舒适 | |
| 51~58 | 7 | 偏凉,大部分人舒适 | |
| 39~50 | 8 | 清凉,少部分人不舒适 | |
| 26~38 | 9 | 较冷,大部分人不舒适 | |
| 0~25 | 10 | 寒冷,不舒适 | |

4) HCI 分级标准(表 2.28,表 2.29)

表 2.28　HCI 评分标准

| 分值 | 人体有效温度(℃) | 日降水量(mm) | 云覆盖率(%) | 风速(km/h) |
|---|---|---|---|---|
| 10 | 23~25 | 0 | 11~20 | 1~9 |
| 9 | 20~22<br>26 | <3 | 01~10<br>21~30 | 10~19 |
| 8 | 27~28 | 3~05 | 0<br>31~40 | 0<br>20~29 |
| 7 | 18~19<br>29~30 | | 41~50 | |
| 6 | 15~17<br>31~32 | | 51~60 | 30~39 |
| 5 | 11~14<br>33~34 | 6~08 | 61~70 | |

续表

| 分值 | 人体有效温度(℃) | 日降水量(mm) | 云覆盖率(%) | 风速(km/h) |
|---|---|---|---|---|
| 4 | 7~10<br>35~36 |  | 71~80 |  |
| 3 | 0~6 |  | 81~90 | 40~49 |
| 2 | −5~−1<br>37~39 | 9~12 | >90 |  |
| 1 | <−5 |  |  |  |
| 0 | >39 | >12 |  | 50~70 |
| −1 |  | >25 |  |  |
| −10 |  |  |  | >70 |

表 2.29　HCI 分级标准

| 指数数值范围 | 等级 | 舒适程度 | 舒适时段 |
|---|---|---|---|
| 90~100 | 1 | 理想状况 | 舒适期:1~3 级<br>(1~2 级为最佳舒适期)<br>不适期:7~9 级 |
| 80~89 | 2 | 特别适宜 |  |
| 70~79 | 3 | 很适宜 |  |
| 60~69 | 4 | 适宜 |  |
| 50~59 | 5 | 可以接受 |  |
| 40~49 | 6 | 一般 |  |
| 30~39 | 7 | 不适宜 |  |
| 20~29 | 8 | 很不适宜 |  |
| 10~19 | 9 | 特别不适宜 |  |

#### 2.4.2.2　襄阳城市人体舒适度年、月际变化

从逐月各指数变化来看(图 2.61),襄阳城市 THI、BCMI 和 HCI 呈现夏高、春秋次之、冬低的单峰型变化特征;WCI 变化相反。从逐月各指数等级变化来看(图 2.62),整体上襄阳城市在 5—10 月为舒适期:全年 THI 在 3~6 级,舒适期为 4—11 月,最佳舒适期为 5 月、9 月和 10 月;全年 BCMI 在 6~8 级,舒适期为 4—10 月,最佳舒适期为 5—9 月;WCI 在 1~3 级,舒适期为 5—10 月;HCI 在 2~4 级,舒适期为 4—11 月,最佳舒适期为 6—8 月。

从逐年各指数变化来看(图 2.63),整体上襄阳城市自 20 世纪 90 年代以来气候更为舒适:THI 在 58~60,年代际变化特征不明显,自 20 世纪 80 年代至今呈小幅波动变化;BCMI 在 53~57,整体呈小幅波动变化,自 20 世纪 80 年代中后期至 2011—2018 年呈上升趋势;WCI 在 301~443,年代际变化明显,20 世纪 60 年代末至 90 年代初偏高,20 世纪 90 年代中期至 21 世纪 10 年代初偏低;HCI 在 69~76,年代际变化明显,整体呈显著上升趋势,自 20 世纪 80 年代末以来上升趋势尤为明显。

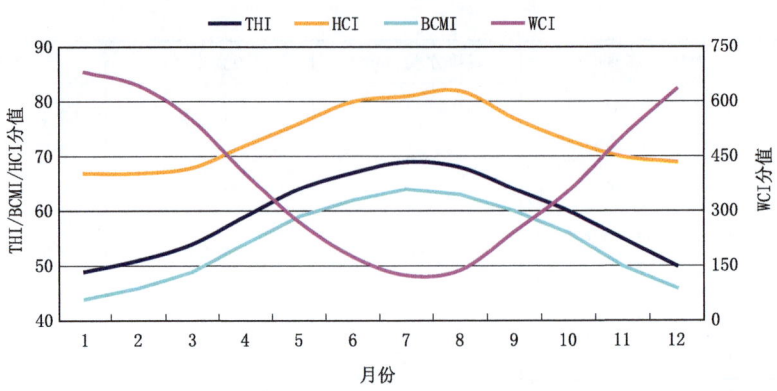

图 2.61　襄阳城市各指数逐月变化

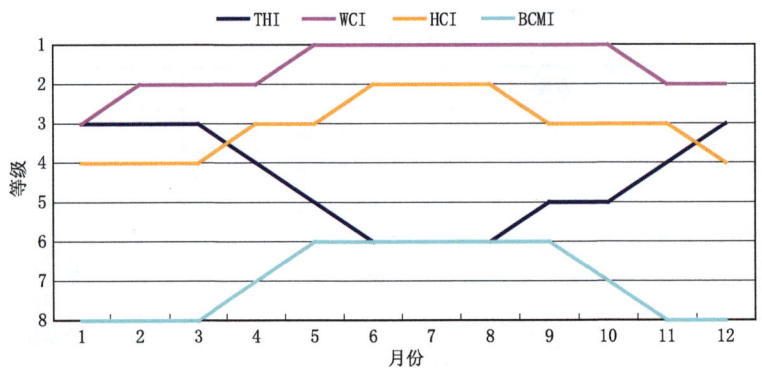

图 2.62　襄阳城市各指数等级逐月变化

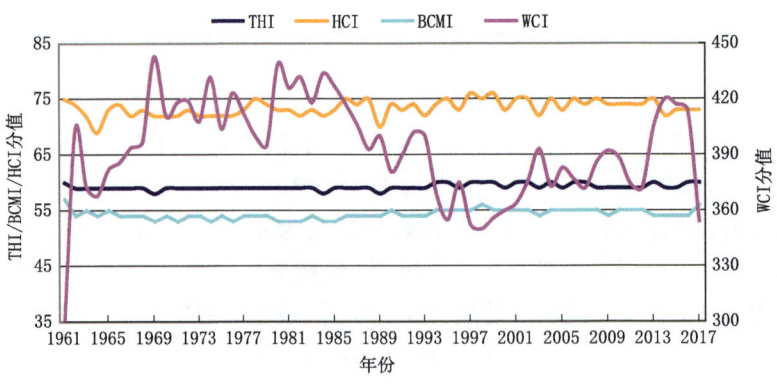

图 2.63　襄阳城市各指数逐年变化

### 2.4.2.3　襄阳城市舒适期综合评价

图 2.64 为襄阳城市历年各指数舒适期、不适期和最佳舒适期的逐年变化。近 60 年襄阳城市各指数舒适期长度均呈增长趋势,其中 THI 和 HCI 达到 0.001 显著性水平,BCMI 达到 0.01 显著性水平,WCI 达到 0.1 显著性水平。各指数增长率分别是:WCI 为 2.1 d/10a、BCMI 为 2.6 d/10a、THI 为 3.6 d/10a、HCI 为 3.9 d/10a。各指数舒适期多年平均长度分别

为 WCI 为 196 d、THI 为 225 d、HCI 为 227 d、BCMI 为 230 d;最长分别为 WCI 为222 d、THI 为 254 d、BCMI 为 256 d、HCI 为 260 d;最短为 WCI 为 168 d、THI 为 185 d、HCI 为 174 d、BCMI 为 207 d。而 2006—2017 年襄阳城市各指数舒适期长度均呈缩短趋势,其中 HCI 达到 0.01 水平的显著;各指数缩减率分别是:THI 为 0.4 d/a、WCI 为 0.7 d/a、BCMI 为 1.1 d/a、HCI 为 1.7 d/a。

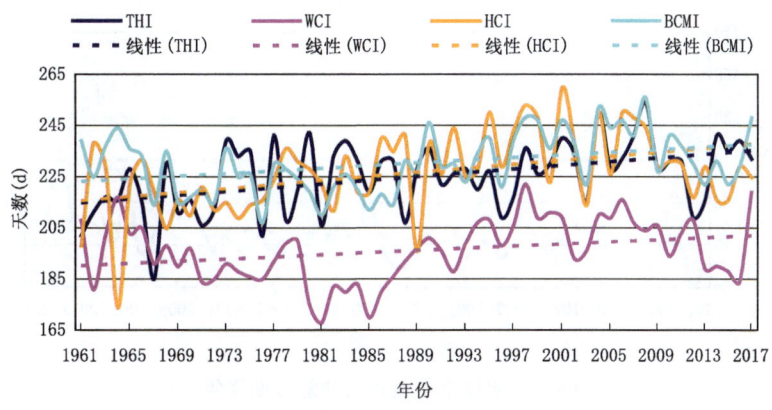

图 2.64　襄阳城市各指数舒适期逐年变化

图 2.65 显示,近 60 年襄阳城市各指数不适期长度均呈缩短趋势,其中 THI 和 BCMI 达到 0.01 显著性水平,WCI 达到 0.001 显著性水平,缩减率分别是:HCI 为 0.4 d/10a、BCMI 为 0.5 d/10a、THI 为 0.8 d/10a、WCI 为 2.2 d/10a。各指数不适期多年平均长度分别为 BCMI 为 1 d、THI 为 3 d、HCI 为 12 d、WCI 为 12 d;最长分别为 BCMI 为 16 d、THI 为 19 d、HCI 为 21 d、WCI 为 42 d;最短除 HCI 为 2 d 外,其他均为 0。而 2006—2017 年襄阳城市各指数不适期长度除 HCI 呈增长趋势外,其余均呈缩短趋势,其中 HCI 达到 0.1 显著性水平;HCI 增长率为 1.2 d/a,其余指标缩减率分别是:BCMI 为 0.03 d/a、WCI 为 0.1 d/a、THI 为 0.5 d/a。

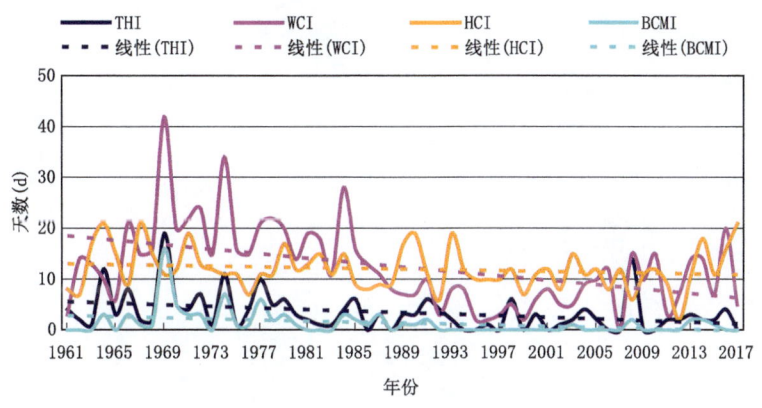

图 2.65　襄阳城市各指数不适期逐年变化

图 2.66 显示,近 60 年襄阳城市各指数最佳舒适期长度均呈增长趋势,其中 HCI 和 THI 达到 0.01 显著性水平、BCMI 达到 0.1 显著性水平,增长率分别是:BCMI 为 2.0 d/10a、THI 为 2.6 d/10a、HCI 为 3.6 d/10a。各指数最佳舒适期多年平均长度分别为 THI 为 74 d、BCMI

为 124 d、HCI 为 130 d;最长分别为 THI 为 102 d、BCMI 为 150 d、HCI 为 162 d;最短为 THI 为 50 d、HCI 为 89 d、BCMI 为 97 d。而 2006—2017 年襄阳城市各指数最佳舒适期长度除 THI 呈增长趋势外,其余均呈缩短趋势,其中 HCI 达到 0.1 显著性水平;THI 增长率为 0.5 d/a,其余指标缩减率分别是:BCMI 为 1.2 d/a、HCI 为 2.1 d/a。

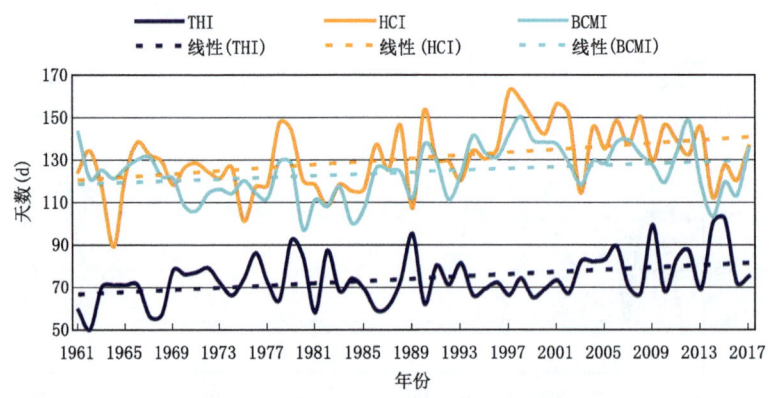

图 2.66　襄阳城市各指数最佳舒适期逐年变化

### 2.4.3　小结

(1)从舒适度指标逐月变化来看,襄阳城市气候宜人、适于旅游。舒适期长度平均在 196～230 d,最佳舒适期长度在 74～130 d;主要集中在 4—11 月,其中 5—9 月为最佳。

(2)从舒适度指标逐年变化来看,整体上襄阳城市自 20 世纪 90 年代以来气候更为舒适。

(3)襄阳城市近 60 年舒适期整体呈明显增长趋势,而 2006—2017 年整体呈缩短趋势,且变化更加显著;最佳舒适期与舒适期变化趋势大体一致;不适期变化趋势与舒适期截然相反,近 60 年整体呈明显缩短趋势,而 2006—2017 年整体仍保持这一趋势。

# 第3章　襄阳城市气候生态环境专题影响评估

城市是一类以人类活动为中心的社会—经济—自然复合生态系统，在全球变暖与快速城市化的双重影响下，生态气象灾害造成的损失呈逐渐加重趋势。一方面，气候变暖导致雷电、暴雨等气象灾害和极端天气的强度与频率不断增大，空气污染和城市热岛加剧，从而使生态气象灾害的危害程度加重。另一方面，城市化发展带来巨大人口聚集的同时，也改变了土地利用结构，对区域近地表空气质量、气象要素分布的演变产生深远影响，威胁着城市生态系统质量，致使城市生态环境恶化，促使生态灾害趋重发生，造成的损失也越来越严重。针对城市生态环境，科学地认知在自然变化和人类活动双重影响下的城市生态气候环境特征，选择合理的指标，开展城市生态气候环境评价、评估，对城市生态系统的有效管理，维持相对适宜的城市生态环境具十分重要的意义。

本章基于气象资料、气象模式资料、地理信息资料、卫星遥感资料等多源数据，考虑襄阳城市历史气象灾害统计特征和城市气候特点，从襄阳城市气象灾害风险评估（城市内涝风险、雷电风险等）、城市生态环境质量评价、城市通风廊道设计入手，开展2008—2017年襄阳城市内涝现状、风险源分析，并在对实际内涝案例分析的基础上，利用暴雨洪涝淹没模型进行城市内涝灾害风险评估；利用闪电定位系统观测资料综合分析襄阳雷击大地密度、雷击平均强度、较强闪电出现次数等因素，绘制闪电致灾因子危险性分布图。根据中国气象局《生态质量气象评价规范》，从气象对生态质量的影响角度选定指标体系和质量标准，利用植被覆盖指数、湿润指数、水体密度指数、土地退化指数、灾害指数5个指标，综合评价了襄阳市生态质量情况；利用3个相同季相的 Landsat 8 OLI 影像，分别反演提取绿度、湿度、热度和干度4个生态因子指标，通过主成分分析方法计算遥感生态指数（RSEI），定量、客观地评估近年来发展较快的襄阳城市生态环境质量及其动态变化。在对襄阳城市气象灾害风险评估和生态环境质量评价的基础上，考虑风环境对城市的影响，在城市规划设计过程中为城市留出必要的风道及风道口，促进城市空气循环，是提升城市空气流通能力、缓解城市热岛、改善人体舒适度、降低建筑物能耗的有效措施，对局地气候环境的改善有重要的作用。根据中国气象局2015年12月发布的《城市通风廊道规划技术指南》（第1版），通过对背景风环境研究、地表通风潜力估算、城市热岛强度计算、绿源识别等，综合城市尺度和重点区域尺度下的观测、模拟和评估结果，开展城市通风廊道规划分析。

## 3.1 襄阳城市气象灾害风险评估

### 3.1.1 资料与方法

#### 3.1.1.1 风险评估数据资料

(1)气象站降水资料

襄阳国家基本气象站 1981—2017 年逐年 15 个历时(5 min、10 min、15 min、20 min、30 min、45 min、60 min、90 min、120 min、180 min、240 min、360 min、540 min、720 min 和 1440 min)的年最大降水量。

襄阳城市范围内区域气象观测站 2006—2017 年的逐时、逐日的降水量。

(2)地理信息数据

地理信息数据包括 DEM、乡政边界等数据,主要用于卫星影像数据的裁剪、襄阳城市边界图层制作、高程信息显示;本章节研究选择的区域主要包括襄阳城市现有建成区,包含 3 个市辖区下辖街道办事处和米庄镇、张湾镇、团山镇、尹集乡、东津镇 5 个乡镇的部分连片开发区。

对襄阳市自然资源和规划局提供的襄阳城市建筑物、道路、泵站信息数据进行格式转换,用于暴雨洪涝灾害分析评估。

(3)气象站天气现象观测资料

襄阳国家基本气象站 1961—2012 年雷暴观测记录。

(4)闪电定位数据

湖北省防雷中心提供的 2006—2016 年湖北省闪电定位仪监测数据。

#### 3.1.1.2 内涝风险评估方法

(1)重现期计算方法

气候要素的极端值本身是一种复杂的(难以预测的)随机变量。目前的动力气候模式对气候系统平均态的模拟较好,对包含极端事件在内的小概率事件模拟能力较弱。以往对于模拟结果的评估也仅限于平均气候状态的分析,对极端事件的分布规律不能很好地体现。广义帕累托分布(简称 GPD)(王芳 等,2013;欧阳资生 等,2005)和广义极值分布(简称 GEV)是两种较新被引入国内气象界的两种极值分布模型,广泛应用于水文和气象领域的极值研究。其中广义帕累托分布直接以给定的门限值从原始气象观测序列中提取超过门限值的极值,这种抽样方式也叫超门限峰值抽样,简称 POT 抽样。而广义极值分布采用年极值(AM)抽样方式。理论研究证明,广义极值分布可以认为是广义帕累托分布的特例。广义帕累托分布在模拟极端降水事件,推算一定重现期的极端降水量上具有更高精度的实用性和稳定性,该方法基本不受原始序列样本量的影响,具有全部取值域的高精度稳定拟合(王芳 等 2013;欧阳资生 等 2005;江志红 等,2009;程炳岩 等,2008)。考虑参数估计的精确性和简便性,采用基于概率加权矩(PWM)的 L 矩估计方法计算其分布参数。利用柯尔莫哥洛夫检验对 GPD 模型参数估计效果进行了检验。

GEV 极限值理论被认为由三种极值分布组成,它的理论分布函数为:

$$F(x)=\begin{cases}\exp\{-[1-\kappa(x-\xi)/a]^{1/\kappa}\} & \kappa<0, x>\xi+a/\kappa \\ \exp\{-\exp[-(x-\xi)]\} & \kappa=0 \\ \exp\{-[1-\kappa(x-\xi)/a]^{1/\kappa}\} & \kappa>0, x<\xi+a/\kappa\end{cases} \quad (3.1)$$

式中,$\kappa$、$a$、$\xi$ 分别为形状参数、尺度参数和位置参数。形状参数决定密度分布曲线的基本形状及变量分布的尾部特征,位置参数、尺度参数分布相当于变量为正态分布时的均值和标准差。形状参数 $\kappa$ 决定极端分布的类型:$\kappa=0$ 时,GEV 简化为极值 I 型,即 Gumbel 分布;当 $\kappa>0$ 时,为极值 III 型分布(Weibull 分布);当 $\kappa<0$ 时,为极值 II 型(Frechet 分布)。

对于 GEV 分布参数的估计方法主要有最大似然法和 L 矩估计法,通过比较发现 L 矩估计法参数方法易于计算,并且对于小样本的计算更加稳定。因此,本章采用 L 矩参数估计方法计算并简单介绍该方法如下:

$$\lambda_1 = EX = \int_0^1 x(F)dF \quad (3.2)$$

$$\lambda_2 = \frac{1}{2}E(X_{2:2}-X_{1:2}) = \int_0^1 x(F)(2F-1)dF \quad (3.3)$$

$$\lambda_3 = \frac{1}{3}E(X_{3:3}-2X_{2:3}+X_{1:2}) = \int_0^1 x(F)(6F^2-6F+1)dF \quad (3.4)$$

式中,$\lambda_1$、$\lambda_2$、$\lambda_3$ 通过将统计量按顺序排列获得。$\lambda_1$ 是位置参数,$\lambda_2$ 是尺度参数(代表两个随机变量之间的距离)。$\lambda_3$ 代表左右两边到中心的距离,即为形状参数。

L 参数估计

$$\lambda_1 = \xi+(a/\kappa)[1-\Gamma(1+\kappa)] \quad (3.5)$$

$$\lambda_2 = (a/\kappa)\Gamma(1+\kappa)(1-2^{-\kappa}) \quad (3.6)$$

$$\lambda_3 = (a/\kappa)\Gamma(1+\kappa)(-1+3\times 2^{-\kappa}-2\times 3^{-\kappa}) \quad (3.7)$$

GEV 分布参数估计的公式为:

$$\kappa = 7.8590+2.9554z^2 \quad (3.8)$$

$$z = 2/(3+\lambda_3/\lambda_2)-\ln2/\ln3 \quad (3.9)$$

$$a = \lambda_2\kappa/[(1-2^{-\kappa})\Gamma(1+\kappa)] \quad (3.10)$$

$$\xi = \lambda_1+a[\Gamma(1+\kappa)-1]/\kappa \quad (3.11)$$

GEV 重现期的公式是:

$$X_T = \begin{cases}\hat{\xi}+\hat{a}(1-[-\ln(1-1/T)])^{\hat{\kappa}}/\hat{\kappa} & \hat{\kappa}\neq 0 \\ \hat{\xi}-\hat{a}[-\ln(1-1/T)] & \hat{\kappa}=0\end{cases} \quad (3.12)$$

式中,$X_T$ 为重现期值,$T$ 为重现期。

(2)暴雨洪涝淹没模型原理、方法

利用 GIS 栅格分析技术,以有源淹没为思路,在 DEM 的基础上,运用水动力学原理,建立洪水演进模型。下面将从水动力学原理、D8 原理等方面来详细介绍本模型的建模原理(Paul et al.,2010;Zheng et al.,2008)。

1)建模思路

水动力学洪水演进模型的总体思路是:根据时间步长 $T$ 来决定总的洪水淹没所要模拟的时间长度,根据输入的栅格数据表示的水量(或者是由文件和栅格共同计算的结果),按照每个最小的时间间隔($\Delta t$),利用曼宁公式(贾界峰 等,2010)以栅格为单位进行水量体积、方向以及水深的计算,每当 $\Delta t$ 的总和达到时间步长 $T$ 后,生成一幅结果影像。

2)水动力学原理

①水动力学基础

为了建立模型,首先需要介绍几个常用的定义,如图3.1流体力学中常用物理量所示。水深($y$)为水面到水底的垂直距离;面积($A$)为水流方向上的断面面积;水底周长($P$)为水底表面长度;水力半径($R$)为面积和水底周长的比值($A/P$);水面宽度($B$)为水表面宽度;断面水流量($Q$)为单位时间水流体积;水力平均深度($D$)为面积和水面宽度的比值($A/B$);水深($h$)为水平面到河床面的垂直距离。

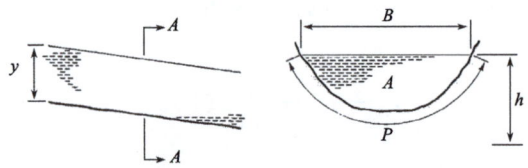

图3.1　流体力学中常用物理量示意图

基于上面的定义,可得几种常见规则明渠的几何属性(章国材,2012),如图3.2和表3.1所示:

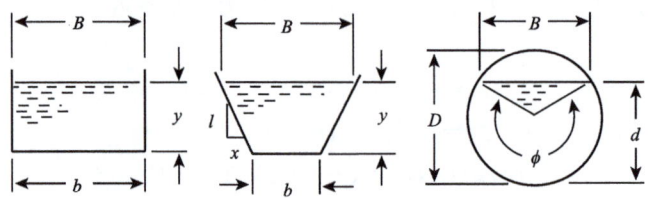

图3.2　矩形、梯形、圆形常见规则明渠几何属性示意图

表3.1　矩形、梯形、圆形常见规则明渠几何属性

| | 矩形 | 梯形 | 圆形 |
| --- | --- | --- | --- |
| 面积($A$) | $by$ | $(b+xy)y$ | $\frac{1}{8}(\Phi-\sin\Phi)D^2$ |
| 水底周长($P$) | $b+2y$ | $b+2y\sqrt{1+x^2}$ | $\frac{1}{2}\Phi D$ |
| 水力平均深度($D$) | $y$ | $\frac{(b+xy)y}{b+2xy}$ | $\frac{1}{8}\left(\frac{\Phi-\sin\Phi}{\sin(1/2\Phi)}\right)D$ |

②水动力学运动方程

水动力学运动方程(章国材,2012)如图3.3水力学运动受力示意图所示。

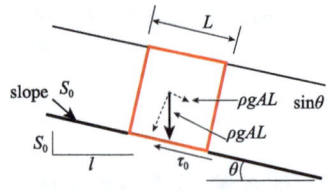

图3.3　水力学运动受力示意图

当水动力学运动受力平衡时：在斜坡方向沿程阻力和重力斜坡分量平衡，即有：

$$F=G \tag{3.13}$$

$$\tau_0 S_0 = \rho g h S \tag{3.14}$$

式中，$\tau_0$ 为应切力。

$$\tau_0 PL = \rho g AL\sin\theta \tag{3.15}$$

$$\tau_0 = \rho g A\sin\theta/P \tag{3.16}$$

$$\tau_0 = \rho g R\sin\theta \tag{3.17}$$

$$\tau_0 = \rho g R S_0 \tag{3.18}$$

当 $\theta$ 非常小时：

$$\sin\theta \approx \tan\theta = S_0 \tag{3.19}$$

沿程阻力系数的定义为：

$$f = \frac{\tau_0}{\rho V^2/8} \tag{3.20}$$

则：

$$(f/8)\rho V^2 = \tau_0 = \rho g R S_0 \tag{3.21}$$

$$V = \sqrt{\frac{8g}{f}}\sqrt{RS_0} \tag{3.22}$$

式（3.22）即为 Darcy-Weisbach 公式。或者：

$$V = C\sqrt{RS_0} \tag{3.23}$$

式（3.23）即为 Chezy 公式。

计算谢才系数 $C$ 的经验公式，当 $C = \frac{1}{n}R^{1/6}$ 时可推导出平均速度（$V$）和断面水流量（$Q$）的计算公式，即为 Manning-Strickler 公式（曼宁公式），公式如下：

$$V = \frac{1}{n}R^{2/3}S_0^{1/2} \tag{3.24}$$

$$Q = A\frac{1}{n}R^{2/3}S_0^{1/2} \tag{3.25}$$

式中，$n$ 为 Manning 系数，或称粗糙系数（糙率），利用 Manning 系数表可查到不同地表的粗糙系数 $n$。可见利用曼宁公式，可以计算水流速度和水流流量，其中 $n$ 为曼宁粗糙系数，$R$ 为水力半径，$S_0$ 为水流方向上的坡度，$A$ 为水流方向上的断面面积。

3）D8 算法原理

模型运用的 D8 算法原理是对传统水文模型 D8 算法的改进，运用 D8 的目的是计算确定水流方向。传统的 D8 算法只考虑地形高程值对水量的分配，而本模型运用的 D8 算法除地形高程值外，还需考虑相应的水量值。下面将以 3×3 的栅格为例，介绍 D8 算法的原理。

①坡降计算

坡降就是中心栅格与周围八个栅格的高程差与距离比值。坡降 slope 的计算可以按照中心栅格的 $z$ 值和周围栅格的 $z$ 值进行差值计算产生 $\Delta z_i$，用 $\Delta z_i$ 除以两个栅格之间的距离（$d$）。

$$\text{slope} = \Delta z/d \tag{3.26}$$

两个栅格之间的距离（$d$）的计算是不同的，分别对应于 $X$ 轴方向的距离，$Y$ 轴方向的距离和对角线方向的距离，逐个计算。

②水流方向计算

水流方向为单流向模型,即一个栅格的水量最多流向一个栅格。水流的方向就是上述计算的坡降取最大值。公式如下:

$$\text{direction} = \max(\text{slope}) \tag{3.27}$$

如果 max(slope)<0,则赋以-1 以表明此网格水流不向任何一个栅格流;

如果 max(slope)≥0,且最大值只有一个,则将对应此方向值作为中心网格处的方向值;

如果 max(slope)=0,且有一个以上的 0 值,则以这些 0 值所对应的方向值相加。在极端情况下,如果 8 个邻域高程值都与中心网格高程值相同,则中心格网方向值赋以-1,也就是说不让水流;

如果 max(slope)>0,且有一个以上的最大值,则按照顺时针编码去定水流方向。

具体流向编码如图 3.4 所示(章国材,2012):

| 0 | 1 | 2 |
|---|---|---|
| 7 | $K$ | 3 |
| 6 | 5 | 4 |

图 3.4 水流编码

需要注意一点:如果当前栅格的水量值为 0,那么水流方向则不存在。因为水流方向是根据在有水量的情况下才能确定的。

下面将通过图 3.5 对水流方向的各种情况进行举例说明(章国材,2012)。其中,图左侧是 DEM 矩阵,右侧是相对应的水量矩阵,令 cellsize=10 m;

经过运算,按照 cellsize 的预定值 10 m,逐个计算水流方向和最大坡度。下面对运算的结果进行分析:

第一行:经过 DEM 和对应水量的累加,位于左下方的栅格落差最大,即高程 83,水深为 0 的栅格,slope=1.27,aspect=6;

第二行:周围八个栅格的累积和都大于中心栅格的累加,所以,该栅格不存在水流,也就是说,slope=-1,aspect=-1;

第三行:DEM 和水量的累加和位于左下角和右下角的差值相等,最大的落差 $\Delta z = 15$,slope=1.06,水流方向计算根据顺时针的特性,aspect=4;

第四行,经过计算,周围 8 个栅格的累加和中心栅格的累加和相同,所以,slope=0;aspect=-1;

第五行:该运算结果的最大落差位于左上栅格,slope=1.27,aspect=2;该行的 DEM 表示,即使中心的 DEM 高程较低,但是仍然存在流水的可能。

第六行:等中心栅格的水量为 0,可不必计算 slope 和 aspect;

4)曼宁公式因子计算

水流速度为栅格水流截面的洪水单位时间所流距离的标量。运用曼宁公式计算该标量。即:

$$V = k_{st} \times r_{hy}^{2/3} \times \sqrt{I} \tag{3.28}$$

# 第 3 章  襄阳城市气候生态环境专题影响评估

| 79 | 90 | 90 |
|---|---|---|
| 92 | 100 | 85 |
| 83 | 76 | 83 |

| 10 | 2 | 3 |
|---|---|---|
| 3 | 1 | 5 |
| 0 | 20 | 6 |

| 79 | 90 | 90 |
|---|---|---|
| 92 | 100 | 85 |
| 83 | 76 | 83 |

| 30 | 20 | 15 |
|---|---|---|
| 10 | 1 | 19 |
| 25 | 30 | 20 |

| 79 | 90 | 90 |
|---|---|---|
| 92 | 100 | 85 |
| 83 | 76 | 83 |

| 30 | 20 | 15 |
|---|---|---|
| 10 | 1 | 16 |
| 3 | 30 | 3 |

| 79 | 90 | 90 |
|---|---|---|
| 92 | 100 | 85 |
| 83 | 76 | 83 |

| 22 | 11 | 11 |
|---|---|---|
| 9 | 1 | 16 |
| 18 | 25 | 18 |

| 90 | 90 | 90 |
|---|---|---|
| 92 | 80 | 85 |
| 83 | 76 | 83 |

| 22 | 8 | 2 |
|---|---|---|
| 9 | 30 | 16 |
| 18 | 25 | 18 |

| 90 | 90 | 90 |
|---|---|---|
| 92 | 80 | 85 |
| 83 | 76 | 83 |

| 4 | 8 | 2 |
|---|---|---|
| 9 | 0 | 6 |
| 8 | 3 | 6 |

图 3.5  DEM 和水流量矩阵

式中，$k_{st}$ 为曼宁系数，可用曼宁系数表查到不同地表的粗糙系数。$r_{hy}$ 为水力半径，$I$ 为坡降，对于栅格地形而言，水力半径（$r_{hy}$）即为网格单元水深，坡度 $I$ 即为上述计算的网格单元水位最大坡降。

利用式（3.28）计算水流速度（$V$），是基于水动力学运动受力平衡时得到的，同时还满足能量守恒定律。因此，它仅对于一般泄流有效，即摩擦力损失的能量等于内能增加，而对于其他情况，计算得到的速度可能很大，为了避免出现这种情况，速度值被速度阈值限制。速度阈值如下：

$$V=\sqrt{g \cdot h} \tag{3.29}$$

在计算出来截面水流速度后,可根据单位时间($\Delta t$)和水流截面面积及速度($V$)的乘积,计算出流向下一个栅格的水量,而当前栅格的水量也要相应的减掉这一部分。

5)暴雨洪涝淹没模型工作流程

当前采用的暴雨洪涝淹没模型主要有溃口式、河网漫顶式及强降水洪水淹没式三种。此处采用强降水洪水淹没模型,对该模型的计算流程与基本原理介绍如下。

降雨式洪水淹没模型针对的是某个区域的洪涝演进过程。首先,要获取该区域面雨量数据,依此得到栅格增加水量;其次,运用曼宁公式计算流向其他栅格的水量;再次,依次迭代,计算时间 $t$ 后地面形成的积水信息,并通过阈值的设定分析最终的淹没范围。具体计算流程见图 3.6。

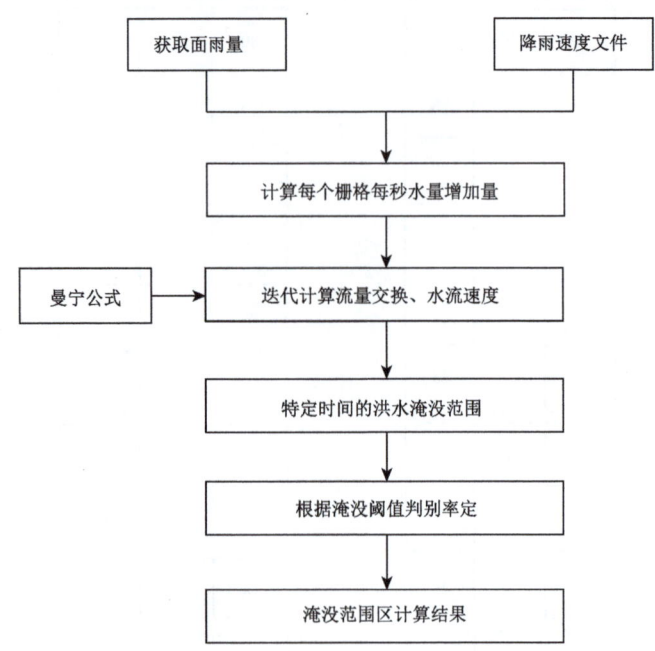

图 3.6　降水式洪水演进计算过程(章国材,2012)

上述淹没模型是基于 GIS 栅格数据的二维水动力学暴雨洪涝过程模型,它利用圣维南方程组的扩散波近似值来表示洪水过程。坡面和河道的洪水过程在模型中表达有所不同。当河道里的水深超过河道本身的深度时,运用一维通道流模型计算河道表面水流的高程,而用二维模型模拟坡面流。洪水过程可用圣维南方程组近似模拟,在控制方程中,Zheng 等(2008)采用近似扩散波计算坡地和河道的水流通量,具体公式如下:

$$\frac{\partial U}{\partial t}+\frac{\partial F}{\partial x}=G \tag{3.30}$$

式(3.30)中,

$$U=\begin{pmatrix}h\\0\end{pmatrix}, F=\begin{pmatrix}uh\\h\end{pmatrix}, G=\begin{pmatrix}r-f\\S_0-S_f\end{pmatrix} \tag{3.31}$$

式中,$h$ 为水深,$u$ 为平均流速,$x$ 为距离,$t$ 为时间,$r$ 为降雨速度,$f$ 为下渗速度,$S_0$ 为地面比降,$S_f$ 为摩擦比降。

为了解决连续性方程中有关单元网格水流的流入和流出以及网格单元的体积变化,根据曼宁公式计算各个方向的动量,其方程为:

$$\frac{\mathrm{d}h^{i,j}}{\mathrm{d}t} = \frac{Q_{\mathrm{up}} + Q_{\mathrm{down}} + Q_{\mathrm{left}} + Q_{\mathrm{right}} + R_e}{\Delta x \Delta y} \tag{3.32}$$

$$Q_x^{i,j} = \pm \frac{h_{\mathrm{flow}}^{5/3}}{n} \left| \frac{h^{i-1,j} - h^{i,j}}{\Delta x} \right|^{1/2} \Delta y \tag{3.33}$$

式中,$h^{i,j}$ 为网格单元 $(i,j)$ 的无水面高度,$t$ 为时间,$\Delta x$ 和 $\Delta y$ 为网格单元大小,$n$ 为曼宁摩擦系数,根据湖北省实际土地利用情况及中小河流参数率定结果,将土地利用类型分为八大类,即水域、水田、草地、旱地、林地、居民地、城市工业用地、未用地,其 $n$ 值分别取为 33、25、20、20、10、6、5、25(叶丽梅 等,2013;苏布达 等,2006),$Q_x$ 和 $Q_y$ 为网格单元在 $x$ 和 $y$ 方向上的容积流量,其符号取决于流动方向;$Q_{\mathrm{up}}$、$Q_{\mathrm{down}}$、$Q_{\mathrm{left}}$ 和 $Q_{\mathrm{right}}$ 分别表示相邻网格单元上、下、左、右的流量(包括正面和负面),$h_{\mathrm{hflow}}$ 代表在两个网格单元之间流动的水的深度。

(3)城市内涝灾害风险区划流程和步骤

步骤一:收集需要的资料。气象数据:城市国家气象站、加密雨量站 1 h、3 h、6 h、12 h、24 h 的降水资料。城市地理信息数据:城市高分辨率的 DEM 数据,尽量收集 1:2000 的数据,研究区域边界数据、水体数据、道路数据等矢量数据。

步骤二:确定致灾临界(面)雨量。如城市管网设计抽排能力的 GIS 数据齐全,以城市的排水能力作为致涝临界值。如收集不到城市管网设计抽排能力的数据,以城市排水管网设计防洪标准作为致涝临界雨量,一般排水管网能应对 1 年一遇的暴雨,将 1 年一遇的暴雨量确定为致涝临界雨量。

步骤三:不同重现期、不同历时暴雨量推算。采用暴雨强度公式或统计方法确定不同重现期、不同历时暴雨量。本章采用广义极值分布理论推算不同重现期、不同历时暴雨量。

步骤四:建立致洪面雨量序列。将不同重现期雨量减去对应历时的致涝临界雨量,形成致涝雨量。

步骤五:不同重现期洪水淹没分析。以致洪雨量及 DEM 数据输入暴雨洪涝淹没模型中,计算得到的不同重现期降水的淹没水深和范围。

步骤六:城市内涝特殊区域分布图。利用 ArcGIS 软件,根据城市渍涝及交通要道、商业、居民区、地下车库风险等级标准,制定暴雨洪涝灾害风险等级划分标准。

### 3.1.1.3 雷电风险评估方法

气象部门目前有气象观测站的长时期雷暴人工观测记录和闪电定位仪监测数据两种雷电数据。

长时期雷暴人工观测记录用于统计年内不同时段雷电活动频率和年代变化。

闪电定位仪监测数据可以用于统计雷击大地密度。它表示平均每年单位面积上的地闪次数,单位为次/(km$^2$·a),是最为理想的雷电活动参量,可以精确地反映雷电活动的频度和强度,国际上的防雷设计均以此参数为基础。

为了统计襄阳闪电密度空间分布状况,将襄阳市区以(31.87°N,111.99°E)为起始点,生成经纬度间隔为 0.01°的网格,统计每个网格出现的雷击大地密度次数。

### 3.1.2 城市内涝

城市是政治、经济和文化中心,人口密集、工商业发达、财富集中,一旦遭受洪灾,将造成政治影响和经济损失。因此,探讨城市内涝淹没风险显得十分必要。近年来,随着计算机技术的发展,发达国家开发了如 SWMM、STORM、MOUSE、MIKE 和 Wallingford Model 等城市暴雨径流模型,在国外暴雨径流方面的研究中得到了广泛的应用(Freni et al.,2003;Jang et al.,2007;Lee et al.,2010)。国内的学者基于国外的模型本地化运用(贺法法 等,2015;陈明辉 等,2014),虽也自主构建了一些城市内涝模型(李娜 等,2002;解以扬 等,2004),但多数还主要是对城市内涝灾害风险分析。2011—2012 年在中国气象局现代气候业务试点项目支持下,武汉区域气候中心、中国地质大学联合开发了"暴雨洪涝淹没模型"(章国材,2012),该淹没模型在 2011—2017 年汛期得到多次实例检验,可运用于灾害评估(叶丽梅 等,2013,2016a,2016b;史瑞琴 等,2013;李兰 等,2013),并取得了较好的效果。本节在对城市内涝现状、风险源分析以及实际内涝案例分析的基础上,利用暴雨洪涝淹没模型,进行了襄阳城市内涝灾害的风险评估,绘制了城市易涝风险区划图,并对东津新区城市内涝灾害风险进行了预估。

#### 3.1.2.1 2008—2017 年襄阳城市内涝调查

(1)2008 年 7 月 1 日襄阳城市内涝

2008 年 7 月 1 日襄阳市区出现了 24 h 降水量达 74 mm 的暴雨天气过程,强降水集中在 16—17 时,襄阳市区 2 h 降水量高达 50.8 mm。由于短时间内集中降水,强度大,致使襄阳市区排水不及,许多地区路面积水成河,水深 50~60 cm,市民出行受到严重影响(图 3.7)。

图 3.7　2008 年 7 月 1 日襄城四季青涵洞机动车道受淹

(2)2008 年 7 月 22—23 日襄阳城市内涝

7 月 22 日 02 时到 23 日 08 时,襄阳市出现强降水天气,强降水中心位于襄阳市区和襄州区。全市过程雨量大于 100 mm 的有 62 站,其中有 3 站特大暴雨(襄阳市区 293.9 mm、襄阳城关 300.7 mm 和杨垱 255 mm),这是襄阳国家基本气象站自建站以来最强的一次降水过程。

## 第 3 章 襄阳城市气候生态环境专题影响评估

此次大暴雨过程降雨时间集中、来势猛、强度大,导致受灾面积广,成灾面积大,灾情重,灾害程度深。全市所辖三县、三市、三个城区、两个开发区无一幸免,其中襄阳市区最重。高强度的降雨致使市内城区大范围严重积水,房屋进水,大量农田被淹,农作物被毁,部分地区交通、通讯、电力中断,各类基础设施严重损毁。全市 318 座水库的水位超汛限或超正常水位。在此次暴雨过程中,襄州区街道的人们不得不乘船出行(图 3.8)。

图 3.8 襄州区街道人们乘船出行

(3)2010 年 7 月 22—25 日襄阳城市内涝

2010 年 7 月 22—25 日,樊城区因连续遭受大到暴雨袭击,造成严重内涝,大量居民房屋进水,沿江作物全部被淹。持续强降雨加之汉江上游安康、汉中来水,丹江口水库加大泄洪,7 月 25 日,泄洪流量达 6200 $m^3/s$,加之唐白河泄洪流量达 3000 $m^3/s$,南河来水量 800 $m^3/s$,而崔家营放水量仅 6300 $m^3/s$,导致汉江一直在高水位运行,受内外夹击,汉江两岸农作物全部被淹,河堤外住户转移堤内安置。7 月 25 日,樊城区 8 个小区进水,水深 0.5~1 m,全市紧急转移安置达 28007 人。

(4)2011 年 7 月 24 日襄阳城市内涝

7 月 24 日 15 时,市区最大小时雨量达 30~40 mm,由于短时间降雨量大,解放路市第一医院路段、人民西路造纸厂、长虹大桥襄城桥头等街道出现积水,行人通行困难,其中东门涵洞积水最为严重,积水最深约 1 m,交通一度中断(图 3.9)。

(5)2011 年 8 月 16 日襄阳城市内涝

2011 年 8 月 16 日傍晚,市区最大小时雨量达到 20~40 mm,市区东门、丹江路和清河路三处涵洞出现短时积水。樊城清河路铁路涵洞积水 1 m 多深,淹没了涵洞近百米路段。

(6)2013 年 6 月 20 日襄阳城市内涝

2013 年 6 月 20 日凌晨,襄阳市区普降大到暴雨,其中襄城区欧庙降雨量达 113.2 mm,造成襄城区、樊城区部分街道社区被淹。丹江路铁路涵洞下积水深度达 2 m,该路段交通被迫中断。襄州区交通路铁路涵洞由于积水过深,一辆面包车完全淹没在积水中。

### 3.1.2.2 襄阳暴雨洪涝与城市内涝风险源分析

洪涝灾害的形成主要取决于天气因素和下垫面状况,本节从致灾因子(降水、地形、河网)

图 3.9 襄阳市区东门涵洞积水

方面,对襄阳市区城市内涝的风险源进行分析。综合强降水的时间特征(瞬时强降水、持续强降水)、区域特征(局地性、区域性、流域性)以及致灾方式的不同(强降水致灾、溃坝、漫顶或者三种致灾方式叠加),分析襄阳城市暴雨洪涝与城市内涝的风险源。

从地形、河网因子来看(图 3.10),襄阳市区所处的地势较低,又是上游多条水系的交汇处,因此襄阳市区的暴雨洪涝与城市内涝不仅受当地强降水的影响,同时受上游河网来水的影响。襄阳市区主要受到的外围水系汉江上游安康、汉中来水,唐白河、南河来水等的影响,加之崔家营放水,以及上游三堇、连山、谢洼水库泄洪等因素,使汉江水位一直在高水位运行,受内外夹击,导致汉江两岸容易受淹。

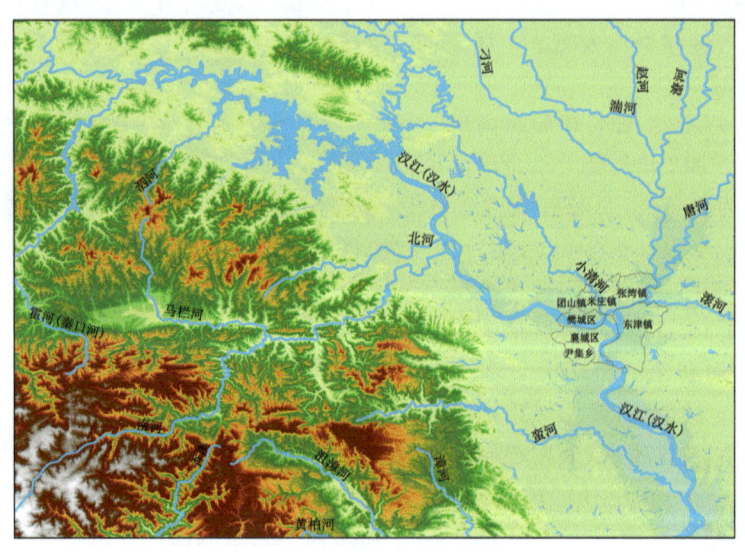

图 3.10 襄阳城市外围水系分布

# 第3章 襄阳城市气候生态环境专题影响评估

由强降水造成的城市渍涝，分为瞬时局地强降水、瞬时区域性强降水以及持续性区域暴雨。

(1) 瞬时局地强降水

由短时局地强降水造成的城市内涝。这种类型降水造成的内涝区域与降水的区域密不可分，具有局地性，降水区域的低洼地段产生一定的积水，局地成灾。

1) 实际个例：2009年6月28日

2009年6月28日16—17时襄阳市区出现了短时强降水，市区部分低凹路段涵洞出现短时间积水，对交通造成了一定的影响（表3.2）。

利用暴雨洪涝淹没模型对此次降水过程进行淹没模拟，可以看出襄阳市区大部积水深度基本在5 cm以下，地势低洼地区出现1 m以上的积水（图3.11）。

**表3.2 襄阳城市2009年6月28日16—17时降水量(mm)**

| 站名 | 16时 | 17时 |
| --- | --- | --- |
| 牛首 | 16.5 | 2.7 |
| 隆中 | 4.4 | 3.1 |
| 欧庙 | 0.0 | 0.0 |
| 农科院 | 0.0 | 0.1 |
| 隆中襄阳学院 | 7.1 | 3.1 |
| 湖北化纤厂 | 7.9 | 0.3 |
| 襄荆高速襄阳南站 | 2.3 | 0.3 |
| 东津 | 25.9 | 27.8 |
| 朱集 | 1.2 | 3.4 |
| 市原种场 | 1.0 | 6.4 |
| 峪山 | 0.0 | 38.0 |
| 龙王 | 23.5 | 1.5 |
| 石桥 | 4.7 | 1.1 |
| 程河 | 0.2 | 4.1 |
| 伙牌 | 19.8 | 6.7 |
| 古驿 | 1.4 | 7.2 |
| 张家集 | 0.0 | 2.1 |
| 城关 | 30.8 | 25.7 |
| 黄集 | 6.1 | 3.9 |
| 双沟 | 0.0 | 0.0 |
| 襄阳机场 | 15.5 | 17.2 |

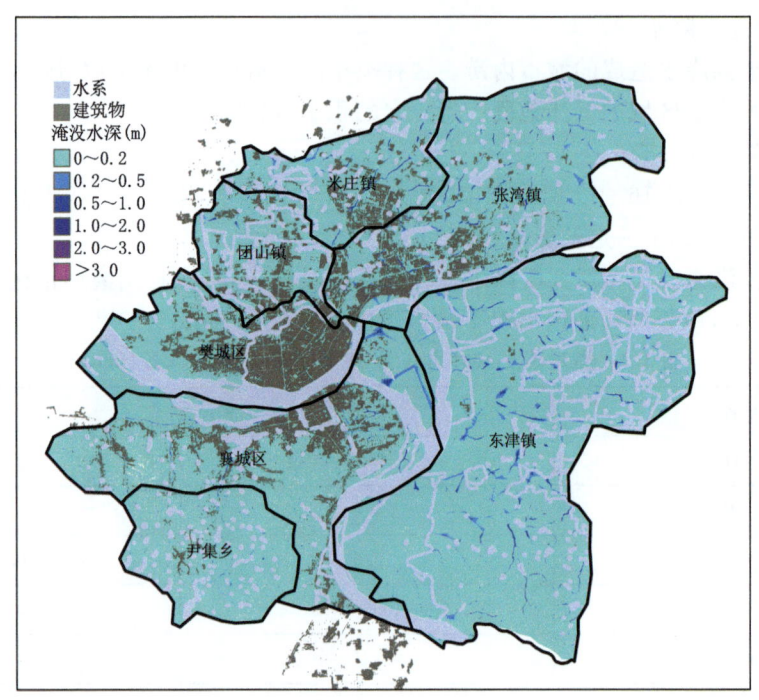

图3.11 襄阳城市2009年6月28日强降水过程淹没水深模拟分布

2)实际个例：2011年7月24日

7月24日下午，市区最大小时雨量达到30~40 mm(表3.3)，由于短时间降雨量大，解放路市第一医院路段、人民西路造纸厂、长虹大桥襄城桥头等街道出现积水，行人通行困难，其中东门涵洞积水最为严重，积水最深约1 m，交通一度中断，一辆轿车熄火停在水中。

利用暴雨洪涝淹没模型对此次降水过程进行淹没模拟，可以看出襄阳市区大部积水深度基本在5 cm以下，地势低洼地区出现1 m的积水(图3.12)。

表3.3 襄阳城市2011年7月24日16—18时降水量(mm)

| 站名 | 16时 | 17时 | 18时 |
| --- | --- | --- | --- |
| 牛首 | 40.3 | 8.7 | 0.2 |
| 隆中 | 0.3 | 41.8 | 11.8 |
| 欧庙 | 0.0 | 37.3 | 7.1 |
| 农科院 | 4.6 | 15.7 | 2.1 |
| 隆中襄阳学院 | 0.1 | 38.9 | 10.2 |
| 湖北化纤厂 | 33.0 | 6.7 | 0.1 |
| 襄荆高速襄阳南站 | 0.0 | 30.6 | 12.1 |
| 东津 | 0.0 | 43.4 | 7.2 |
| 朱集 | 0.0 | 0.0 | 0.4 |
| 峪山 | 0.0 | 26.5 | 9.8 |

续表

| 站名 | 16时 | 17时 | 18时 |
|---|---|---|---|
| 龙王 | 0.0 | 9.9 | 28.3 |
| 石桥 | 0.4 | 0.9 | 0.0 |
| 程河 | 2.1 | 4.0 | 1.2 |
| 伙牌 | 10.8 | 6.0 | 0.2 |
| 古驿 | 6.1 | 1.4 | 0.1 |
| 张家集 | 0 | 0.6 | 0.3 |
| 城关 | 0.3 | 20.6 | 1.5 |
| 黄集 | 2.0 | 0.4 | 0.0 |
| 双沟 | 15.8 | 19.0 | 2.3 |
| 襄阳机场 | 18.1 | 22.7 | 0.5 |

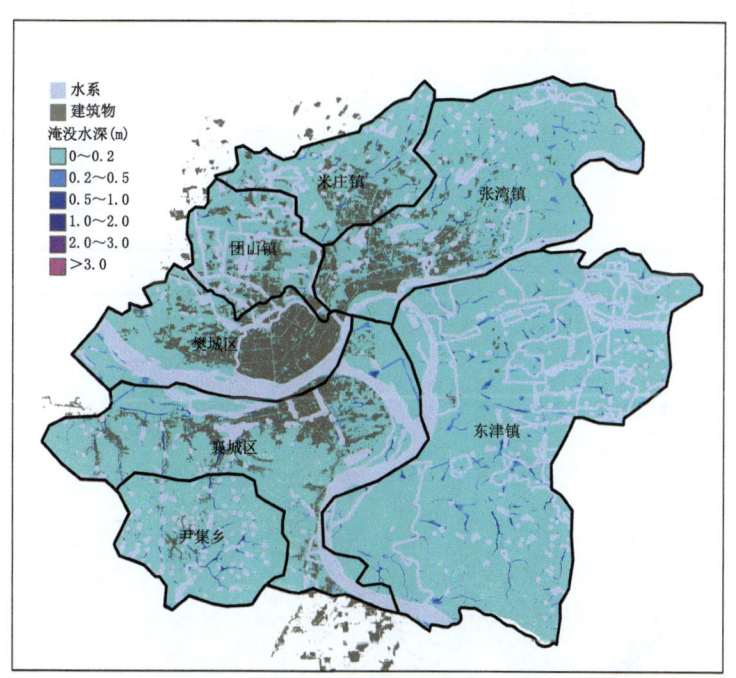

图3.12 襄阳城市2011年7月24日强降水过程淹没水深模拟分布

3）实际个例：2011年8月16日

2011年8月16日傍晚，市区最大小时雨量达20～40 mm(表3.4)，市区东门、丹江路和清河路三处涵洞出现短时积水。樊城清河路铁路涵洞积水1 m多深，淹没涵洞近百米路段。

利用暴雨洪涝淹没模型对此次降水过程进行淹没模拟，可以看出襄阳市区大部积水深度基本在5 cm以下，地势低洼地区出现1 m以上的积水（图3.13）。

表 3.4 襄阳城市 2011 年 8 月 16 日 19—20 时降水量(mm)

| 站名 | 19时 | 20时 |
| --- | --- | --- |
| 牛首 | 13.0 | 0.3 |
| 隆中 | 1.3 | 2.3 |
| 欧庙 | 1.2 | 26.0 |
| 农科院 | 38.6 | 3.6 |
| 隆中襄阳学院 | 1.1 | 2.1 |
| 湖北化纤厂 | 23.8 | 0.2 |
| 襄荆高速襄阳南站 | 2.2 | 3.8 |
| 东津 | 22.5 | 3.1 |
| 朱集 | 8.1 | 0.2 |
| 市原种场 | 19.1 | 0.1 |
| 峪山 | 0.0 | 4.0 |
| 黄龙 | 5.8 | 11.9 |
| 石桥 | 4.9 | 0.0 |
| 程河 | 14.7 | 0.7 |
| 伙牌 | 18.5 | 0.8 |
| 张家集 | 0.3 | 0.0 |
| 城关 | 32.9 | 4.4 |
| 黄集 | 20.9 | 0.0 |
| 双沟 | 26.8 | 1.9 |

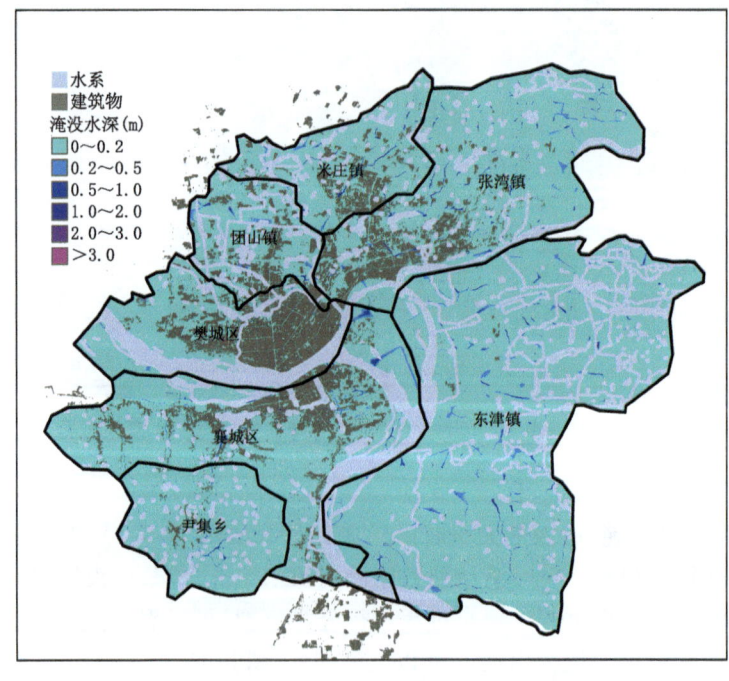

图 3.13 襄阳城市 2011 年 8 月 16 日强降水过程淹没水深模拟分布

4)实际个例:2016 年 5 月 6 日

5月6日,襄阳市区出现局地强降雨,多个路段严重积水,涵洞最深处积水达1.5 m。其中樊城丹江路涵洞、银泰路口往拉美步行街方向实行了交通管制;松鹤路3542路段、内环路绿地门前、一桥樊城桥头涵洞、桥北西路、大庆西路涵洞积水较深。襄城闸口片区、新城湾一带、襄阳公园路段至一桥上桥处、襄阳四中周边,滨江大道部分路段、积水严重影响交通出行。强降水期间正值上学时间,诸多学生上课受阻。大雨还导致部分车主在涉水行驶过程中因水流冲刷将车辆牌照遗落在积水中。

利用暴雨洪涝淹没模型对此次降水过程进行淹没模拟,可以看出襄阳市区大部积水深度基本在 5 cm 以下,地势低洼地区出现 1 m 以上的积水(图 3.14)。

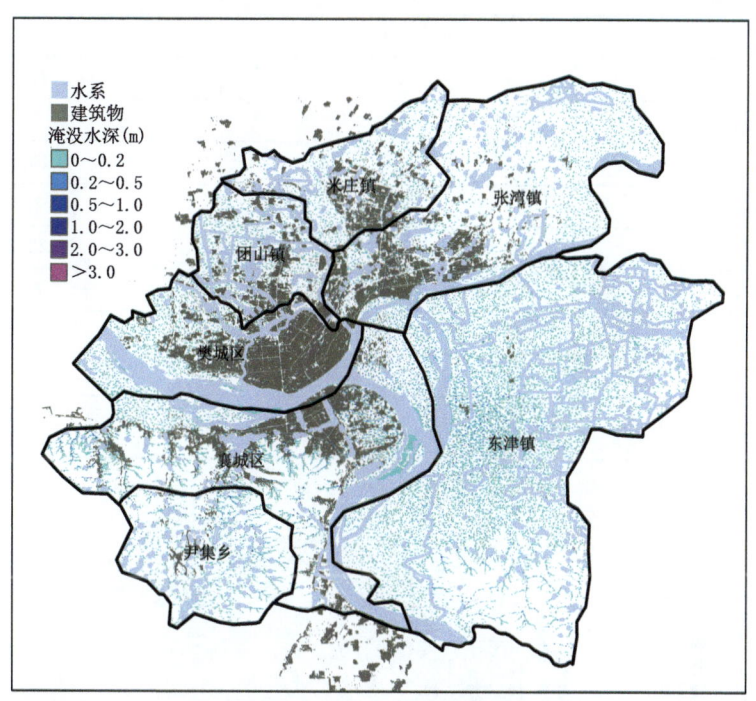

图 3.14 襄阳城市 2016 年 5 月 6 日强降水过程淹没水深模拟分布

(2)瞬时区域性强降水

由短时区域性强降水造成的城市内涝。这种类型降水造成的内涝区域与降水的区域密不可分,具有区域性,内涝的区域范围较大,积水深度也较深。

1)实际个例:2008 年 7 月 1 日

强降水时段出现在16—17时,襄阳市区最大小时雨量达20~60 mm(表3.5)。由于短时间内集中降水,强度大,致使襄阳市区排水不及,许多地区路面积水成河,水深50~60 cm,致使市民出行受到严重影响。

利用暴雨洪涝淹没模型对此次降水过程进行淹没模拟,可以看出襄阳市区大部积水深度基本在 5 cm 以下,地势低洼地区出现 1 m 以上的积水(图 3.15)。

表 3.5 襄阳城市 2008 年 7 月 1 日 16—17 时降水量(mm)

| 站名 | 16 时 | 17 时 |
| --- | --- | --- |
| 牛首 | 1.7 | 6.0 |
| 隆中 | 53.2 | 6.2 |
| 欧庙 | 26.5 | 6.3 |
| 农科院 | 46.0 | 20.1 |
| 隆中襄阳学院 | 58.3 | 6.8 |
| 湖北化纤厂 | 6.3 | 3.2 |
| 朱集 | 0.0 | 0.3 |
| 市原种场 | 43.6 | 29.1 |
| 峪山 | 0.0 | 14.0 |
| 黄龙 | 9.9 | 16.5 |
| 石桥 | 2.1 | 2.8 |
| 程河 | 38.7 | 23.9 |
| 伙牌 | 0.0 | 3.8 |
| 张家集 | 0.0 | 22.2 |
| 城关 | 61.7 | 8.5 |
| 黄集 | 3.2 | 4.8 |
| 双沟 | 12.2 | 12.6 |

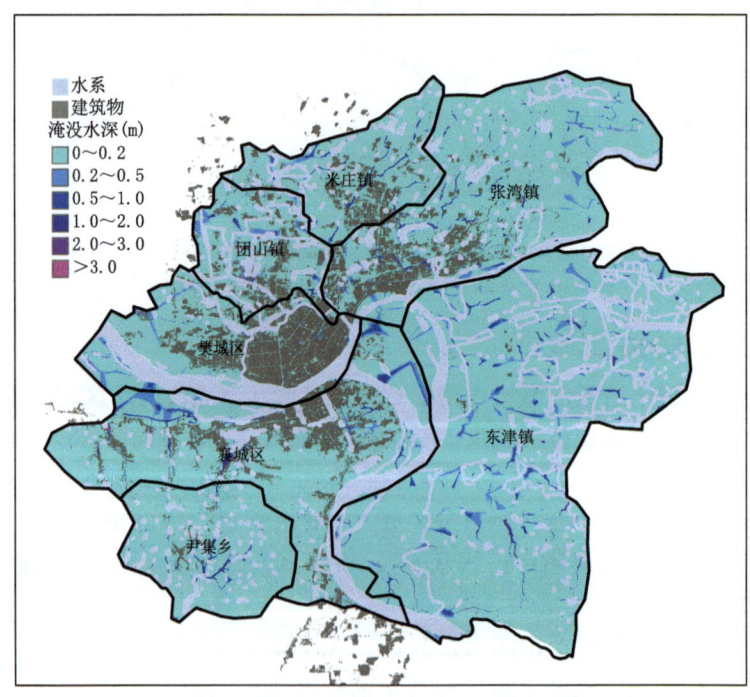

图 3.15 襄阳城市 2008 年 7 月 1 日强降水过程淹没水深模拟分布

## 第 3 章　襄阳城市气候生态环境专题影响评估

2) 实际个例:2013 年 6 月 20 日

2013 年 6 月 20 日凌晨襄阳市区普降大到暴雨,其中襄城区欧庙降雨量达 113.2 mm,造成襄城区、樊城区部分街道社区被淹(表 3.6)。丹江路铁路涵洞下积水深度达 2 m,该路段交通被迫中断。襄州区交通路铁路涵洞由于积水过深,一辆面包车被完全淹没在积水中。

表 3.6　襄阳城市 2013 年 6 月 20 日 00—04 时降水量(mm)

| 站名 | 00 时 | 01 时 | 02 时 | 03 时 | 04 时 |
| --- | --- | --- | --- | --- | --- |
| 牛首 | 0.0 | 0.0 | 1.2 | 1.7 | 0.3 |
| 隆中 | 0.0 | 0.0 | 4.0 | 3.8 | 0.5 |
| 欧庙 | 5.3 | 70.6 | 31.6 | 5.6 | 0.1 |
| 农科院 | 0.0 | 0.0 | 75.2 | 3.8 | 5.5 |
| 隆中襄阳学院 | 0.0 | 0.4 | 5.5 | 4.6 | 0.6 |
| 湖北化纤厂 | 0.0 | 0.0 | 0.0 | 0.0 | 0.0 |
| 襄荆高速襄阳南站 | 0.0 | 3.1 | 15.8 | 3.2 | 2.4 |
| 襄阳老站 | 0.2 | 12.5 | 0.0 | 0.0 | 0.0 |
| 何岗村 | 2.7 | 0.9 | 0.1 | 0.0 | 0.0 |
| 尹集白云社区 | 0.0 | 13.2 | 16.5 | 14.5 | 4.2 |
| 东津 | 0.0 | 7.7 | 19.1 | 21.1 | 6.4 |
| 朱集 | 0.0 | 0.0 | 0.3 | 0.4 | 0.0 |
| 市原种场 | 0.0 | 0.0 | 0.1 | 16.9 | 1.9 |
| 峪山 | 7.3 | 13.4 | 0.3 | 0.3 | 0.0 |
| 龙王 | 0.1 | 0.0 | 0.0 | 0.1 | 0.1 |
| 黄龙 | 0.1 | 0.0 | 0.0 | 0.6 | 0.0 |
| 石桥 | 0.0 | 0.0 | 0.0 | 0.0 | 0.0 |
| 程河 | 0.0 | 8.4 | 0.0 | 0.0 | 0.1 |
| 伙牌 | 0.0 | 0.0 | 0.0 | 0.1 | 0.0 |
| 古驿 | 0.0 | 0.0 | 0.0 | 0.0 | 0.0 |
| 张家集 | 22.5 | 0.0 | 0.0 | 0.0 | 0.0 |
| 城关 | 0.0 | 0.3 | 33.2 | 17.4 | 34.0 |
| 黄集 | 0.0 | 0.0 | 0.6 | 16.6 | 0.2 |
| 双沟 | 18.5 | 1.7 | 0.1 | 0.0 | 0.0 |
| 襄阳机场 | 0.0 | 0.0 | 0.0 | 0.0 | 0.0 |

在不考虑排水情况下,利用暴雨洪涝淹没模型对 2013 年 6 月 20 日强降水过程进行实况淹没模拟,得到 2013 年 6 月 20 日强降水过程的淹没水深分布(图 3.16)。将 GPS 采集的灾情点丹江路铁路涵洞叠入淹没水深中,得到丹江路铁路涵洞的淹没水深值为 0.3 m。

考虑襄阳中心城区泵站的排水能力,利用暴雨洪涝淹没模型对 2013 年 6 月 20 日强降水过程进行实况淹没模拟,得到 2013 年 6 月 20 日强降水过程的淹没水深分布(图 3.17)。将 GPS 采集的灾情点丹江路铁路涵洞叠入淹没水深中,得到丹江路铁路涵洞的淹没水深值为 0.1 m。通过地形分辨率、体积水量的换算,加入泵站排水能力后得到的淹没水深与实际灾情相符。

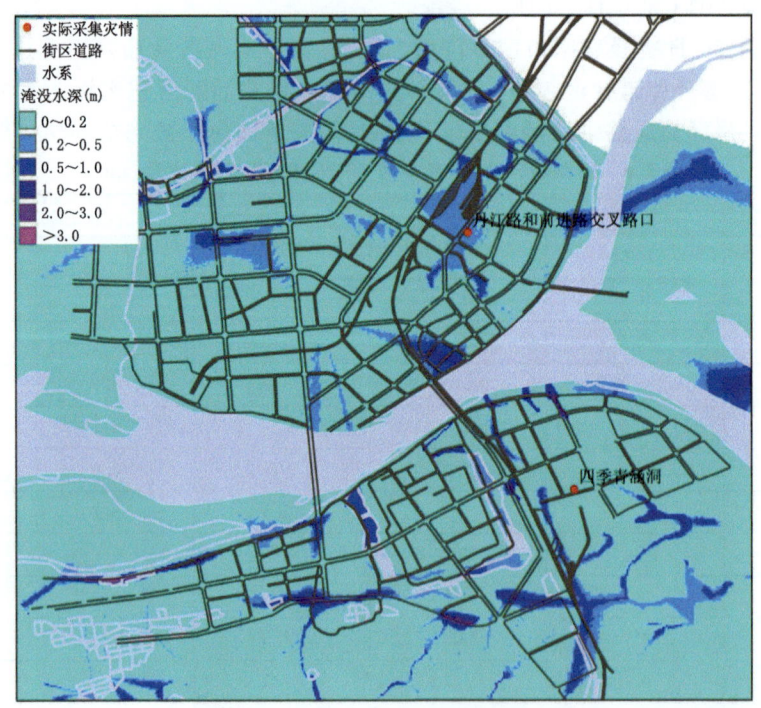

图 3.16　襄阳中心城区 2013 年 6 月 20 日强降水过程淹没水深模拟分布(不考虑排水)

图 3.17　襄阳中心城区 2013 年 6 月 20 日强降水过程淹没水深模拟分布(考虑排水)

### 3.1.2.3 暴雨洪涝与城市内涝风险评估

(1)襄阳城市分区各历时最大降水量及其不同重现期阈值

1)长序列资料计算的气象站不同重现期阈值

基于现有的襄阳国家基本气象站1981—2017年逐年15个历时的年最大降水量,利用广义极值分布模型,对不同重现期降水量的极值进行了拟合和估算(图3.18)。

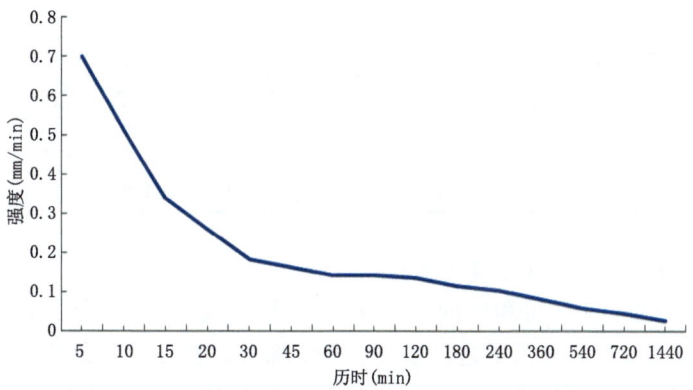

图3.18 不同历时一年一遇降水强度变化

对于不同历时1年一遇的降水来说,15 min以内的降水强度变化最为剧烈,从0.7 mm/min迅速下降到0.34 mm/min。15~30 min的降水强度变化也较为剧烈,从0.34 mm/min迅速下降到0.18 mm/min,表明极端降水的集中期超过30 min的概率较小。

基于城市排水、内涝和暴雨洪涝的角度,分别挑选5 min、60 min(1 h)、1440 min(24 h)的拟合结果做进一步分析,结果表明(表3.7):

1年一遇的5 min降水量略低于5 mm,2年一遇的5 min降水量已经超过10 mm,在30年一遇时超过15 mm。

1年一遇的60 min降水量仅8.5 mm,2年一遇的60 min降水量迅猛增加到49.7 mm,其后增加缓慢,在5年一遇附近超过50 mm,100年一遇时为98.1 mm。因此,襄阳小时降水的极端性强,强降水出现的概率较大。

1年一遇的1440 min降水量为37.9 mm,在5年一遇附近超过100 mm,200 mm以上降水的重现期超过40年一遇,100年一遇时为285.3 mm。对襄阳日降水而言,较强降水的频次较多,但彼此之间的差异较小。

表3.7 襄阳国家基本气象站不同历时(min)降水量重现期阈值(mm)

| 历时 | 1年 | 2年 | 3年 | 5年 | 10年 | 20年 | 30年 | 40年 | 50年 | 100年 |
|---|---|---|---|---|---|---|---|---|---|---|
| 5 | 3.5 | 12.0 | 13.4 | 14.9 | 15.6 | 16.1 | 16.7 | 17.1 | 17.4 | 18.1 |
| 10 | 5.1 | 19.7 | 22.1 | 24.6 | 25.8 | 26.6 | 27.5 | 28.1 | 28.6 | 29.8 |
| 15 | 5.1 | 25.8 | 29.0 | 32.2 | 33.8 | 34.8 | 36.0 | 36.8 | 37.3 | 38.8 |
| 20 | 5.2 | 30.9 | 34.8 | 38.8 | 40.6 | 41.8 | 43.3 | 44.2 | 44.9 | 46.6 |
| 30 | 5.5 | 38.4 | 44.2 | 50.4 | 53.5 | 55.5 | 58.1 | 59.8 | 61.1 | 64.5 |
| 45 | 7.3 | 45.0 | 52.7 | 61.6 | 66.2 | 69.4 | 73.6 | 76.4 | 78.5 | 84.7 |

续表

| 历时 | 1年 | 2年 | 3年 | 5年 | 10年 | 20年 | 30年 | 40年 | 50年 | 100年 |
| --- | --- | --- | --- | --- | --- | --- | --- | --- | --- | --- |
| 60 | 8.5 | 49.7 | 58.6 | 69.1 | 74.8 | 78.6 | 83.8 | 87.4 | 90.1 | 98.1 |
| 90 | 12.8 | 54.4 | 64.7 | 77.7 | 85.1 | 90.2 | 97.4 | 102.5 | 106.5 | 118.7 |
| 120 | 16.2 | 56.5 | 67.5 | 81.9 | 90.3 | 96.4 | 105.1 | 111.4 | 116.3 | 132.1 |
| 180 | 20.6 | 60.0 | 72.0 | 88.6 | 98.9 | 106.4 | 117.5 | 125.7 | 132.3 | 154.1 |
| 240 | 25.0 | 61.9 | 74.6 | 93.2 | 105.3 | 114.5 | 128.4 | 139.0 | 147.7 | 177.8 |
| 360 | 28.7 | 64.7 | 78.1 | 98.5 | 112.2 | 122.7 | 139.1 | 151.9 | 162.5 | 200.2 |
| 540 | 31.3 | 71.5 | 86.7 | 110.2 | 126.1 | 138.4 | 157.6 | 172.6 | 185.2 | 230.1 |
| 720 | 32.2 | 75.4 | 92.1 | 118.1 | 135.8 | 149.6 | 171.2 | 188.2 | 202.4 | 253.5 |
| 1440 | 37.9 | 85.0 | 103.5 | 132.4 | 152.1 | 167.6 | 191.9 | 211.1 | 227.2 | 285.3 |

2)短序列加密自动气象站1 h降水重现期分析

降水的局地性较强,在空间和时间上有明显的差异,襄阳城市范围内区域自动气象站2006年以来的观测资料明显显示了这种差异。基于现有加密自动气象站降水观测数据,建立了小时降水极值序列。由于资料年限较短,采用基于阈值的广义帕累托分布进行了小时最大降水的重现期模拟。结果表明(表3.8),百年一遇小时降水量欧庙站最大,达152.8 mm,而龙王站仅30.5 mm。伙牌、程河、双沟等站不同重现期的降水量在台站降水排位中变化较小,说明这些台站在某些量级的降水的分布上具有自己的概率特征。

表3.8 襄阳城市小时最大降水量重现期阈值

| 站名 | 3年 | 5年 | 10年 | 20年 | 30年 | 40年 | 50年 | 100年 |
| --- | --- | --- | --- | --- | --- | --- | --- | --- |
| 牛首 | 34.3 | 39.8 | 47.9 | 56.8 | 62.5 | 66.8 | 70.2 | 81.5 |
| 朝阳社区 | 47.2 | 55.7 | 68.6 | 83.2 | 92.6 | 99.8 | 105.6 | 125.1 |
| 欧庙 | 51.2 | 61.3 | 77.2 | 95.9 | 108.2 | 117.8 | 125.6 | 152.8 |
| 农科院 | 34.0 | 42.5 | 58.1 | 80.1 | 96.9 | 111.0 | 123.4 | 171.8 |
| 隆中 | 53.7 | 59.9 | 67.9 | 75.5 | 79.7 | 82.6 | 84.8 | 91.4 |
| 湖北化纤厂 | 40.0 | 44.2 | 49.1 | 53.3 | 55.5 | 56.9 | 57.9 | 60.7 |
| 襄荆高速襄阳南站 | 42.2 | 46.5 | 51.2 | 54.9 | 56.6 | 57.6 | 58.4 | 60.3 |
| 襄阳老站 | 36.6 | 43.9 | 56.1 | 71.5 | 82.4 | 91.1 | 98.5 | 125.2 |
| 何岗村 | 32.8 | 36.9 | 42.7 | 48.8 | 52.4 | 55.1 | 57.2 | 63.8 |
| 白云社区 | 39.2 | 44.2 | 50.8 | 57.2 | 60.9 | 63.4 | 65.4 | 71.3 |
| 檀溪社区 | 35.1 | 37.3 | 39.6 | 41.4 | 42.2 | 42.8 | 43.2 | 44.2 |
| 东津 | 36.0 | 39.4 | 43.9 | 48.2 | 50.6 | 52.3 | 53.6 | 57.4 |
| 峪山 | 32.1 | 36.8 | 43.9 | 51.9 | 57.1 | 61.0 | 64.2 | 74.8 |
| 龙王 | 21.6 | 23.2 | 25.2 | 27.0 | 27.9 | 28.6 | 29.1 | 30.5 |
| 黄龙 | 33.5 | 37.7 | 43.9 | 50.4 | 54.4 | 57.3 | 59.7 | 67.3 |
| 程河 | 33.9 | 37.8 | 42.7 | 47.5 | 50.2 | 52.1 | 53.5 | 57.8 |
| 伙牌 | 26.9 | 30.2 | 34.7 | 38.9 | 41.4 | 43.1 | 44.3 | 48.3 |
| 古驿 | 35.7 | 42.9 | 54.2 | 67.6 | 76.5 | 83.4 | 89.1 | 109.0 |
| 张家集 | 31.4 | 36.4 | 44.1 | 52.8 | 58.6 | 62.9 | 66.5 | 78.5 |

续表

| 站名 | 3年 | 5年 | 10年 | 20年 | 30年 | 40年 | 50年 | 100年 |
|---|---|---|---|---|---|---|---|---|
| 城关 | 33.5 | 36.9 | 40.9 | 44.4 | 46.2 | 47.4 | 48.3 | 50.8 |
| 黄集 | 42.7 | 49.8 | 59.9 | 70.3 | 76.6 | 81.2 | 84.8 | 96.3 |
| 双沟 | 33.6 | 39.0 | 47.3 | 56.7 | 62.9 | 67.6 | 71.4 | 84.3 |
| 襄阳机场 | 30.5 | 33.7 | 37.9 | 41.9 | 44.2 | 45.9 | 47.1 | 50.8 |

(2)襄阳城市暴雨内涝致灾临界值及不同情景下的淹没区域分析

淹没区域分析情境主要包括以下两类，一是不考虑人工排水的状况，二是考虑人工排水状况。通过两者不同重现期的暴雨洪涝淹没区域的差异，给出城市规划建议。

1)致灾临界雨量的求取

整理襄阳城市的灾情资料，结合对应的降水量和灾情地点，制定了襄阳城市各行政区域的致灾临界雨量，见表3.9。

表3.9 襄阳城市各行政区小时致灾临界雨量(mm)

| 行政区域 | 米庄镇 | 团山镇 | 樊城区 | 襄城区 | 尹集乡 |
|---|---|---|---|---|---|
| 致灾临界雨量 | 40 | 38.6 | 30 | 35.5 | 30.6 |

2)不考虑人工排水的状况下的暴雨洪涝淹没

在不考虑排水的状况下，利用暴雨洪涝淹没模型计算襄阳1年一遇、2年一遇、3年一遇、5年一遇、10年一遇、20年一遇、30年一遇、50年一遇及100年一遇日降水量的暴雨洪涝淹没情况，如图3.19~图3.27所示。随着降水量的增大，淹没水深和淹没范围也在不断地加深、加大，

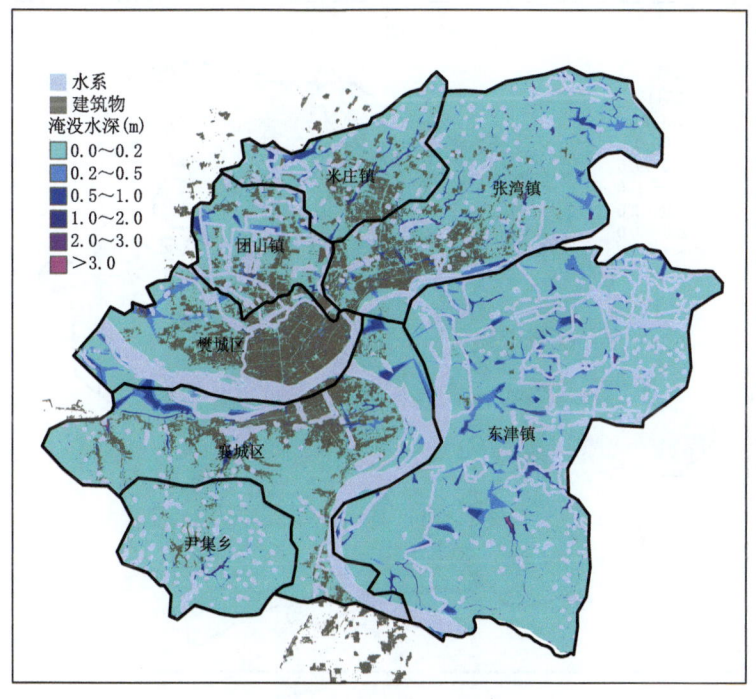

图3.19 襄阳城市1年一遇日降水量淹没水深分布(不考虑排水)

在100年一遇日降水量下的淹没水深达到最深,淹没范围达到最大。淹没水深大部分在0.5 m以下,0.5 m以上的淹没地区主要分布在樊城区、东津镇、襄城区北部及境内河流两岸低洼地区。

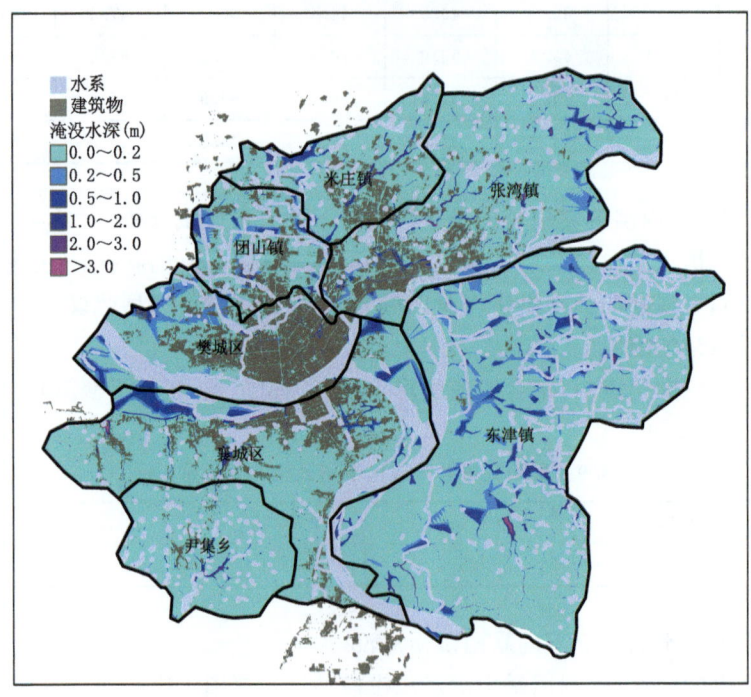

图 3.20　襄阳城市 2 年一遇日降水量淹没水深分布(不考虑排水)

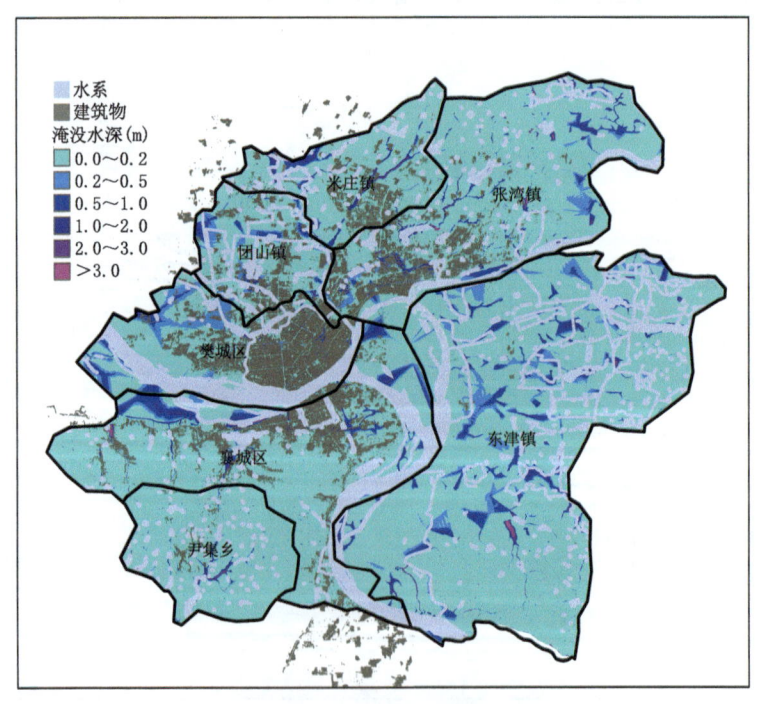

图 3.21　襄阳城市 3 年一遇日降水量淹没水深分布(不考虑排水)

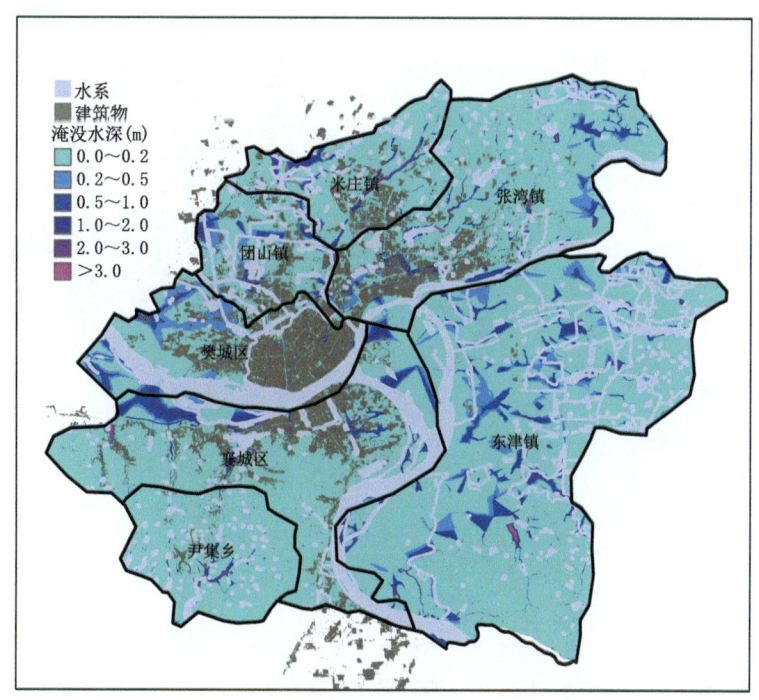

图 3.22　襄阳城市 5 年一遇日降水量淹没水深分布（不考虑排水）

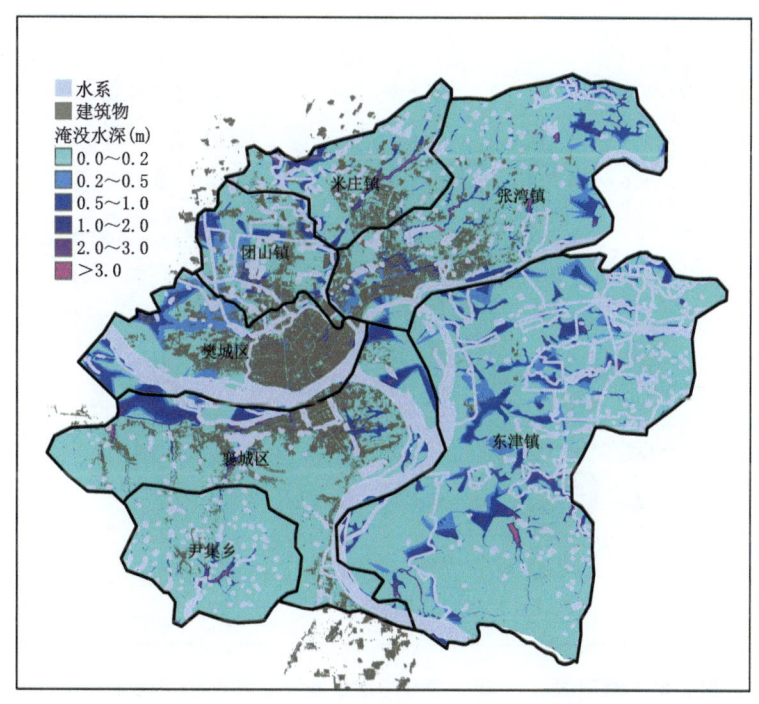

图 3.23　襄阳城市 10 年一遇日降水量淹没水深分布（不考虑排水）

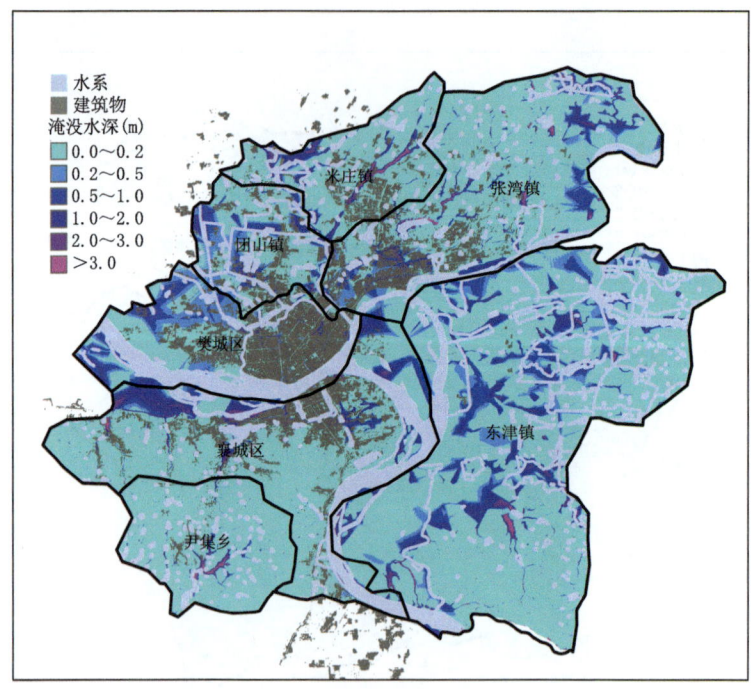

图 3.24 襄阳城市 20 年一遇日降水量淹没水深分布（不考虑排水）

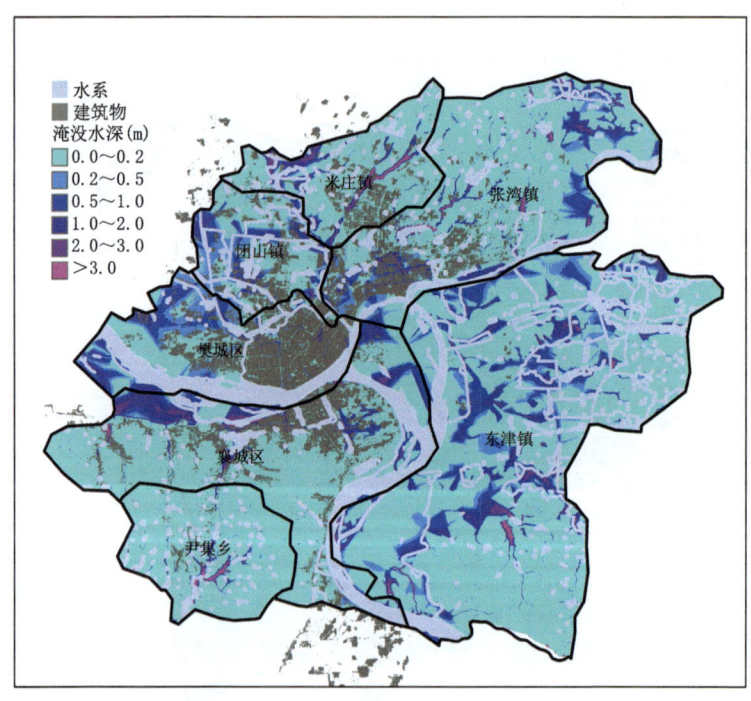

图 3.25 襄阳城市 30 年一遇日降水量淹没水深分布（不考虑排水）

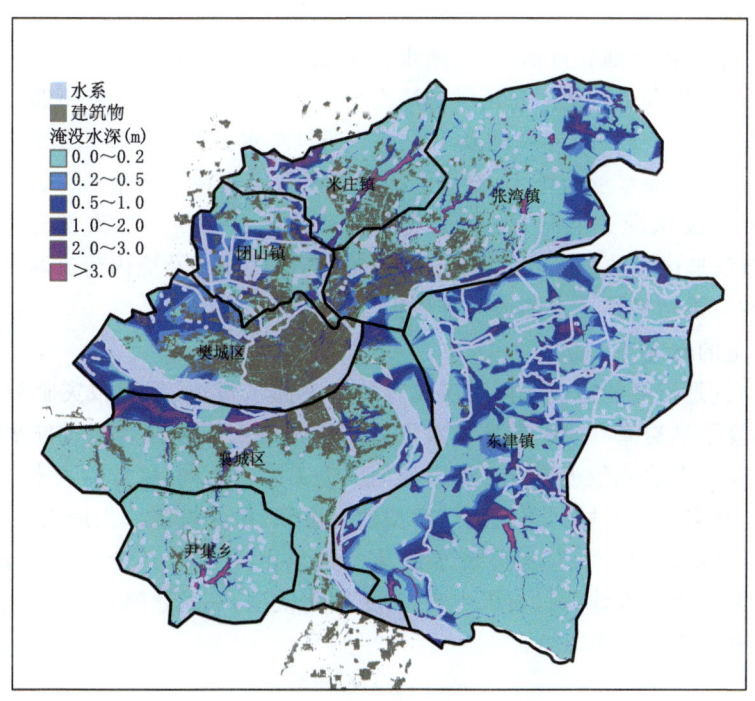

图 3.26　襄阳城市 50 年一遇日降水量淹没水深分布(不考虑排水)

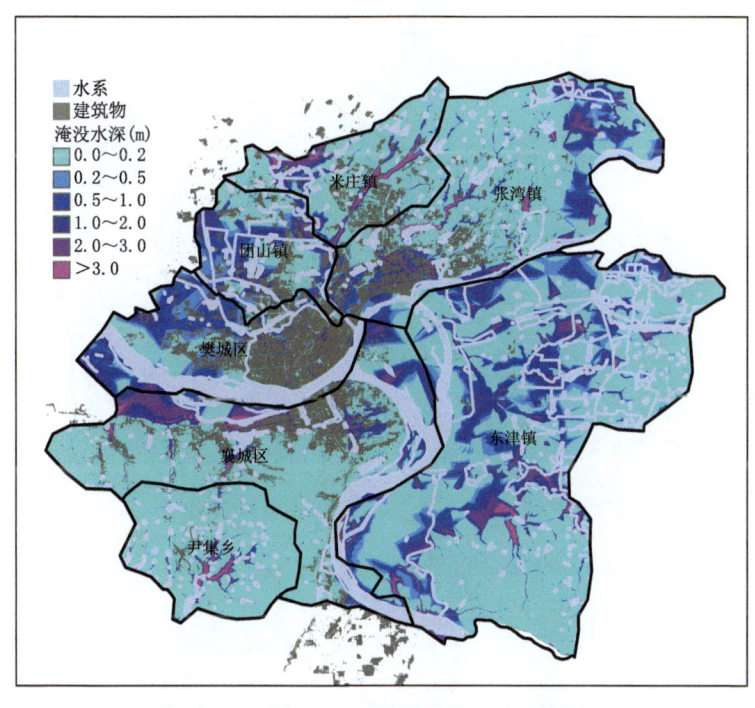

图 3.27　襄阳城市 100 年一遇日降水量淹没水深分布(不考虑排水)

3)考虑人工排水状况下的暴雨洪涝淹没

①以1年一遇降雨重现期为排涝标准

根据襄阳城市总体规划的排涝标准,雨水管渠设计降雨重现期为1年。在考虑排水的状况下(减去1年一遇降水量),利用暴雨洪涝淹没模型计算2年一遇、3年一遇、5年一遇、10年一遇、20年一遇、30年一遇、50年一遇及100年一遇日降水量的暴雨洪涝淹没情况,见图3.28~图3.35所示。随着降水量的增大,淹没水深和淹没范围也在不断地加深、加大,在100年一遇日降水量下的淹没水深达到最深,淹没范围达到最大。淹没水深大部分在0.5 m以下,0.5 m以上的淹没地区主要分布在樊城区、东津镇、襄城区北部及境内河流两岸的低洼地区。

②以襄阳城市泵站平均排水能力为排涝标准

A. 致灾雨量的确定

致灾临界雨量是指可能造成暴雨洪涝灾害的致灾因子量值,超过致灾临界雨量的雨量即为致灾雨量,是暴雨洪涝淹没模型重要参数之一。在城市中当降雨量超过排水量与下渗量之和时,地表产生径流而造成积水淹没。城市用地根据类型的不同,可分为透水、不透水两类,两者下渗量不同。从襄阳中心城区土地利用类型数据可知,中心城区以人造表面用地为主,占总面积的93.5%,而耕地、林地、草地等透水用地一共只占4.5%,其余部分为湿地和水体(图3.36)。由于襄阳城市透水地面只占极少数,为了简化模型,在此忽略下渗项,给出致灾雨量的计算公式如下(叶丽梅 等,2016b):

$$R_{致灾雨量} = C - X \tag{3.34}$$

式中,$R_{致灾雨量}$为实际用于计算襄阳中心城区淹没面积的致灾雨量,$C$为降雨量,$X$为可抽排雨量。

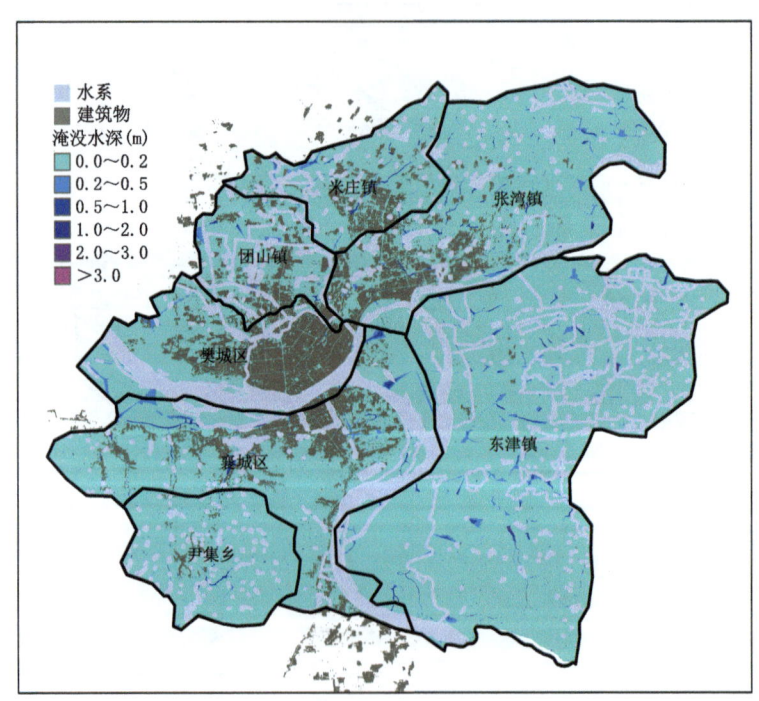

图3.28 襄阳城市2年一遇日降水量淹没水深分布(考虑设计排水)

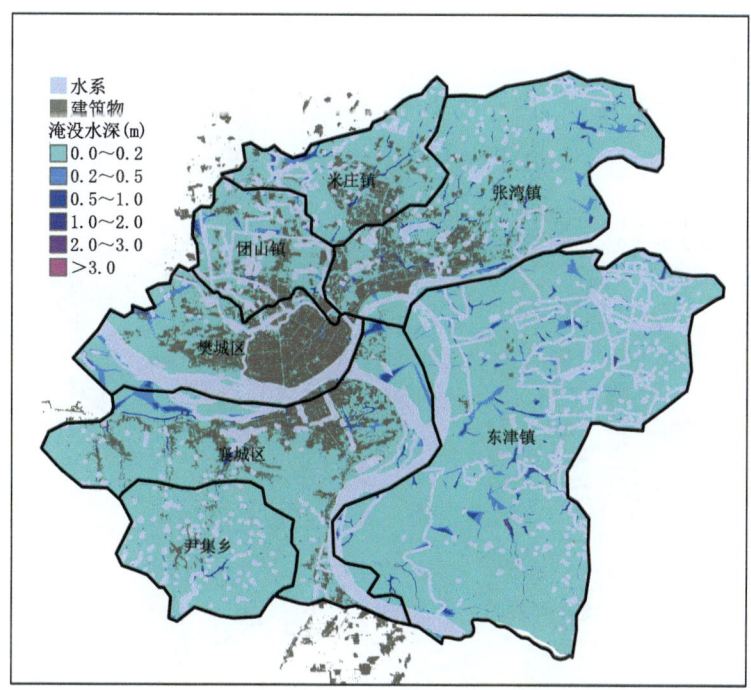

图 3.29 襄阳城市 3 年一遇日降水量淹没水深分布（考虑设计排水）

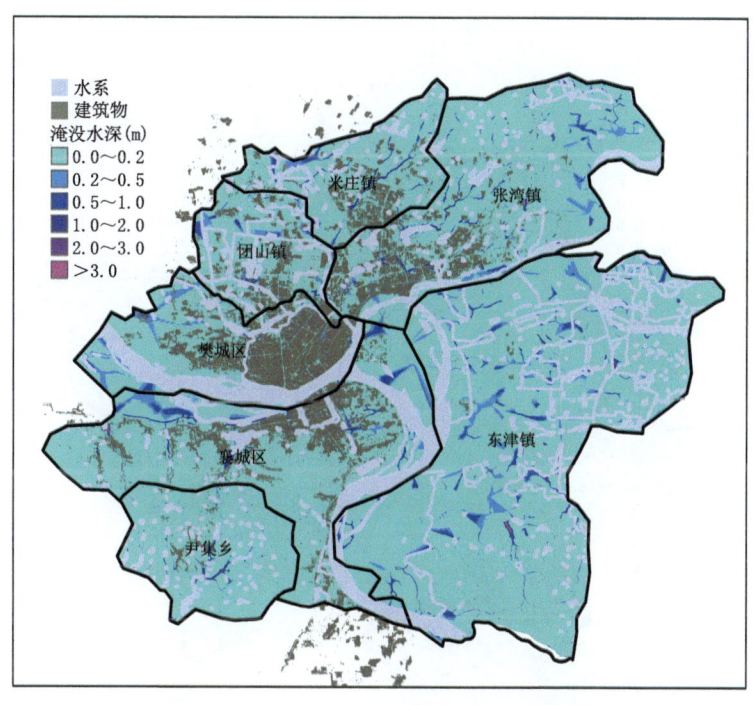

图 3.30 襄阳城市 5 年一遇日降水量淹没水深分布（考虑设计排水）

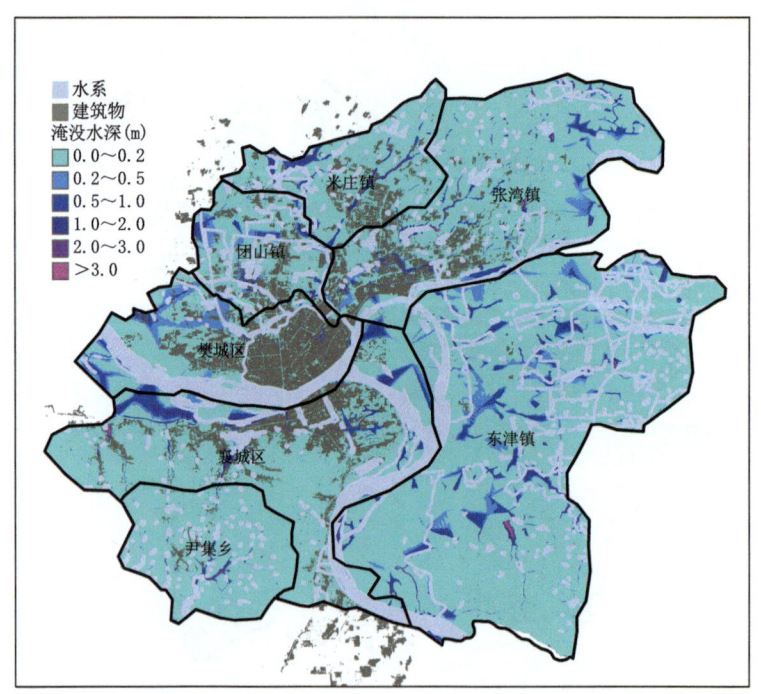

图 3.31 襄阳城市 10 年一遇日降水量淹没水深分布（考虑设计排水）

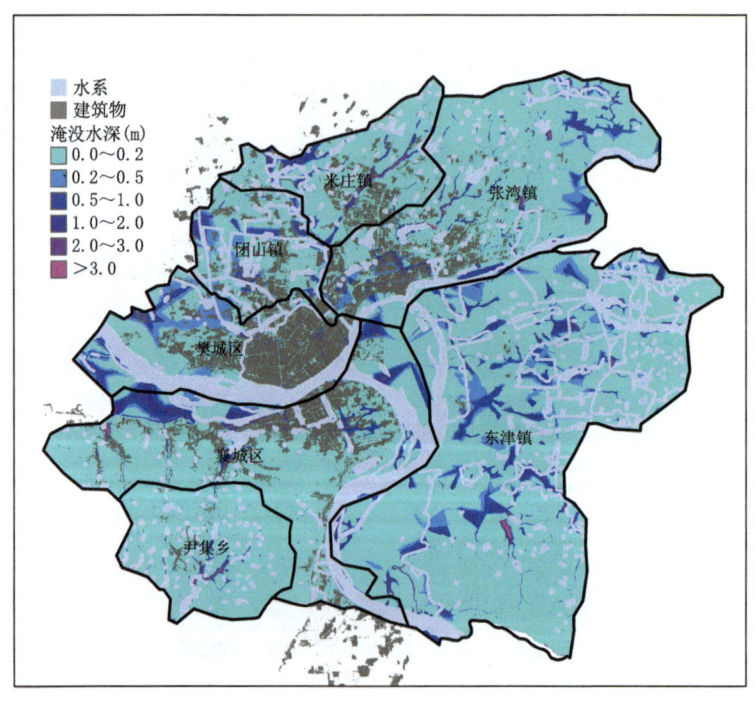

图 3.32 襄阳城市 20 年一遇日降水量淹没水深分布（考虑设计排水）

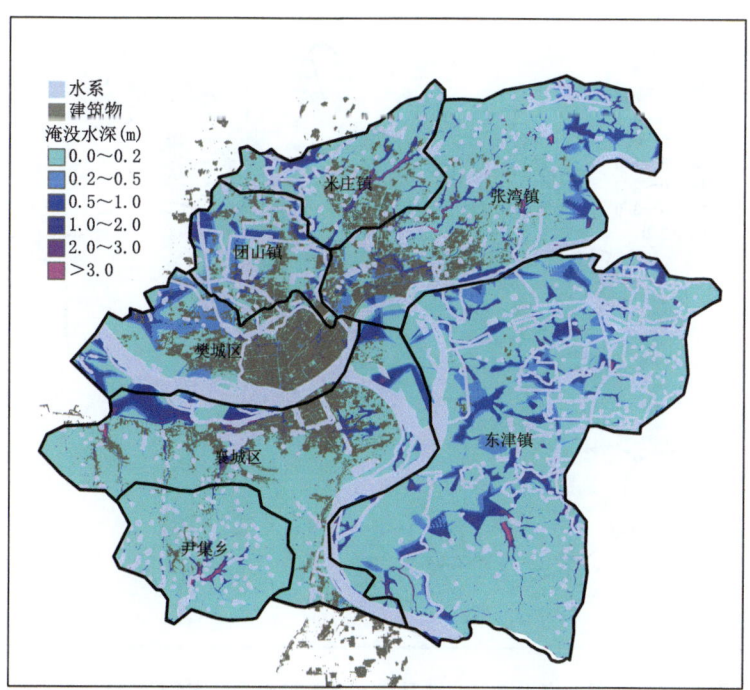

图 3.33　襄阳城市 30 年一遇日降水量淹没水深分布（考虑设计排水）

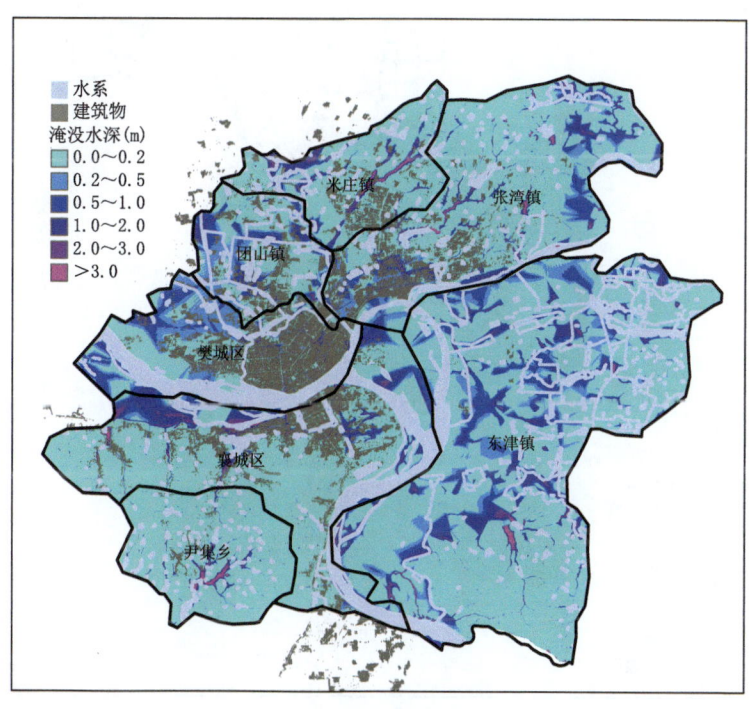

图 3.34　襄阳城市 50 年一遇日降水量淹没水深分布（考虑设计排水）

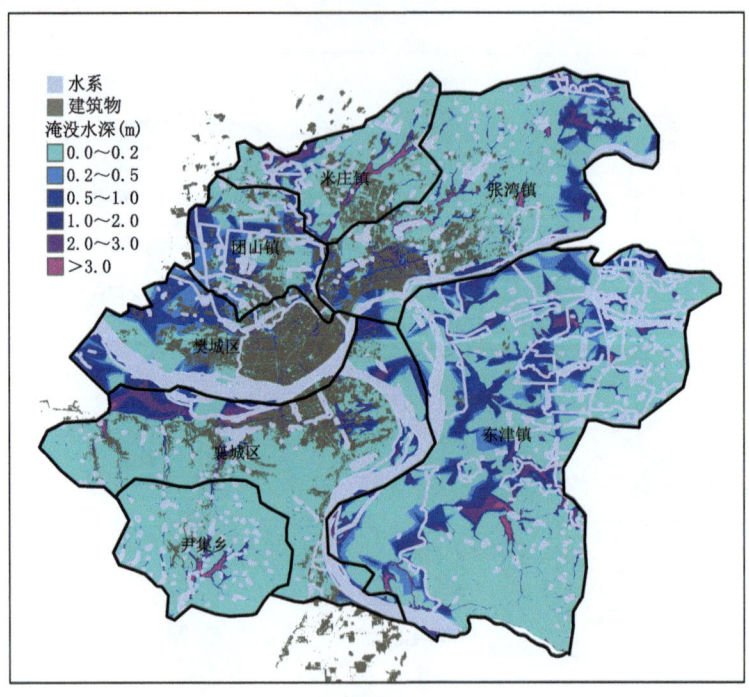

图 3.35　襄阳城市 100 年一遇日降水量淹没水深分布（考虑设计排水）

图 3.36　襄阳中心城区土地利用类型分布（叶丽梅 等，2016b）

B. 城区排雨量计算

当强降水或连续性降水超过城市排水能力时,城市内出现积水产生内涝。城市排水能力是影响城市内涝的另一个重要因素。依据城市排水管网流向数据,划分各泵站的汇水范围,并利用下面公式,由襄阳市政排水处提供的襄阳城区各泵站现状抽排量和汇水面积数据,计算出各汇水面的小时排雨量(图 3.37)(叶丽梅 等,2016b)。

$$X = V/S \times 0.001 \times 3600 \tag{3.35}$$

式中,$X$ 为小时排雨量(mm/h),$V$ 为抽排量(m³/s),$S$ 为汇水面积(km²)。

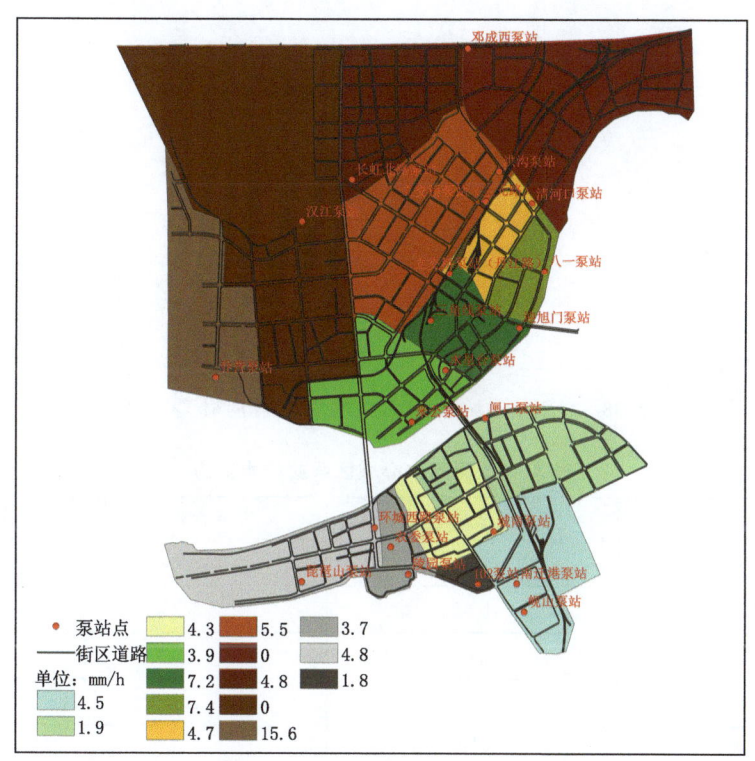

图 3.37 襄阳中心城区小时排雨量分布(叶丽梅,2016b)

C. 结果分析

根据樊城区、襄城区泵站的平均排水能力(图 3.38,表 3.10),在考虑排水的状况下(减去泵站的排水量),利用暴雨洪涝淹没模型计算 10 年一遇、20 年一遇、30 年一遇、50 年一遇、100 年一遇日降水量的暴雨洪涝淹没情况(图 3.39~图 3.43)。随着降水量的增大,淹没水深和淹没范围也在不断地加深、加大,在 100 年一遇日降水量下的淹没水深达到最深,淹没范围达到最大。淹没水深大部分在 0.5 m 以下,0.5 m 以上的淹没地区主要分布在樊城区、东津镇、襄城区北部及境内河流两岸的低洼地区。

图 3.38 襄阳中心城区街区、泵站分布(叶丽梅 等,2016b)

表 3.10 襄阳中心城区泵站排水能力

| 泵站 | 现状抽排量(m³/s) | 汇水面积(km²) | 小时排雨量(mm) |
| --- | --- | --- | --- |
| 米公泵站 | 3.85 | 3.20 | 4.34 |
| 迎旭门泵站 | 4.05 | 3.75 | 3.89 |
| 八一泵站 | 2.00 | 1.00 | 7.20 |
| 清河口泵站 | 2.92 | 1.42 | 7.40 |
| 洪沟泵站 | 8.55 | 6.53 | 4.72 |
| 邓城西泵站 | 12.31 | 8.00 | 5.54 |
| 汉江北路泵站 | 13.60 | 10.30 | 4.75 |
| 长虹北路泵站 | 0.00 | 3.33 | 0.00 |
| 乔营泵站 | 0.00 | 6.20 | 0.00 |
| 闸口泵站 | 5.96 | 3.40 | 6.31 |
| 琵琶山泵站 | 8.70 | 8.50 | 3.68 |
| 陵园泵站 | 4.32 | 1.00 | 15.55 |
| 102 泵站 | 1.00 | 0.75 | 4.80 |
| 岘山泵站 | 1.55 | 3.15 | 1.77 |
| 城南泵站 | 3.17 | 2.00 | 5.71 |

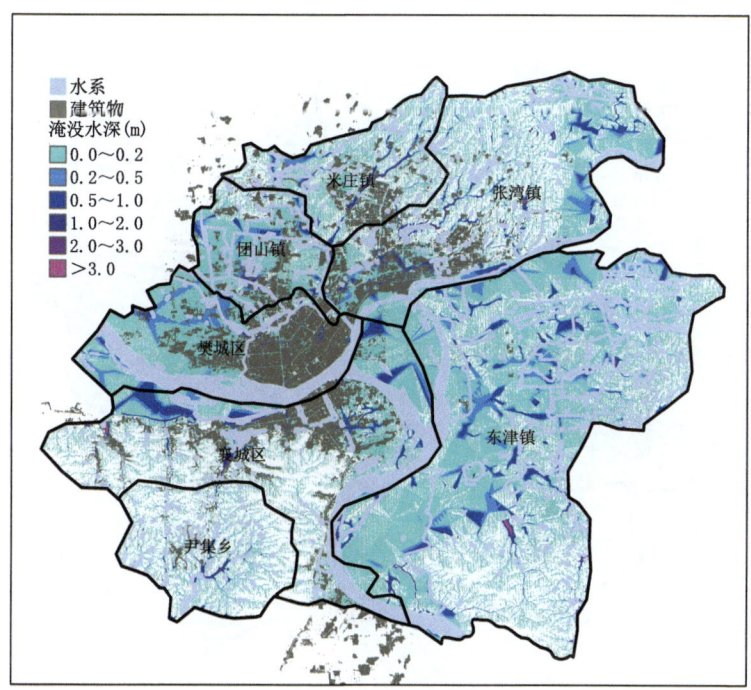

图 3.39 襄阳城市 10 年一遇日降水量淹没水深分布（泵站排水）

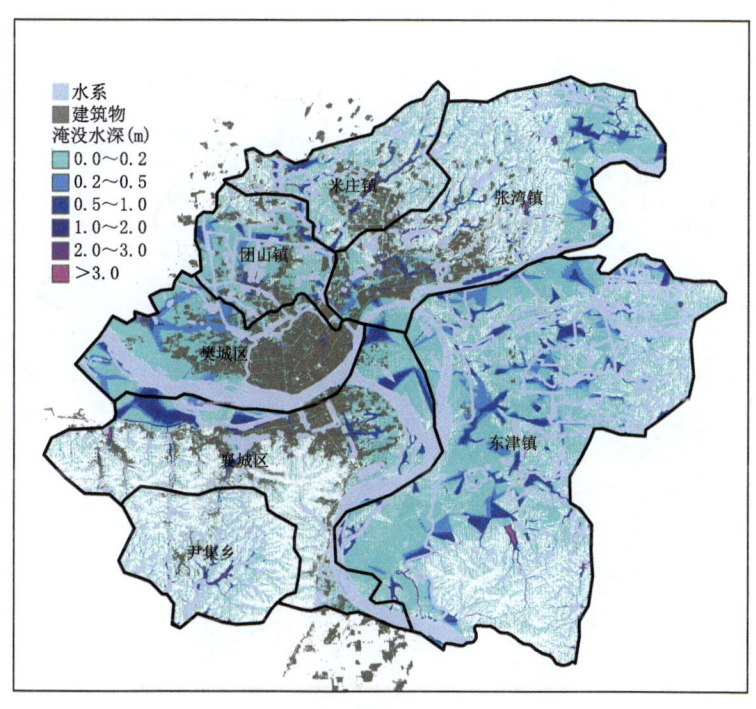

图 3.40 襄阳城市 20 年一遇日降水量淹没水深分布（泵站排水）

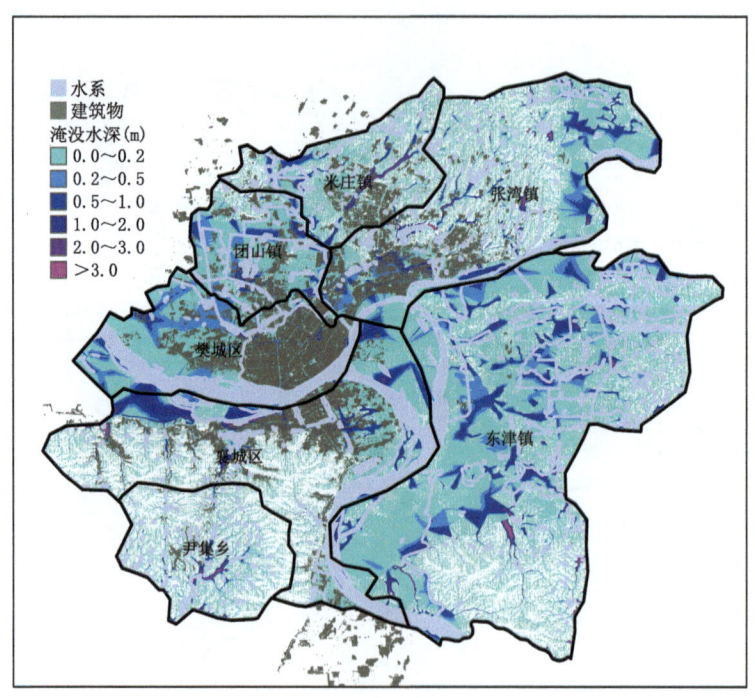

图 3.41 襄阳城市 30 年一遇日降水量淹没水深分布(泵站排水)

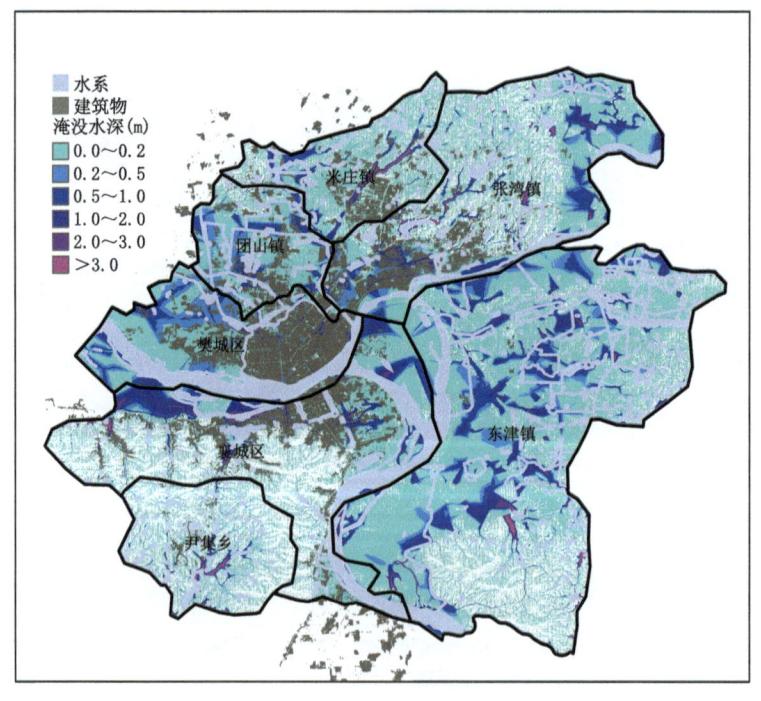

图 3.42 襄阳城市 50 年一遇日降水量淹没水深分布(泵站排水)

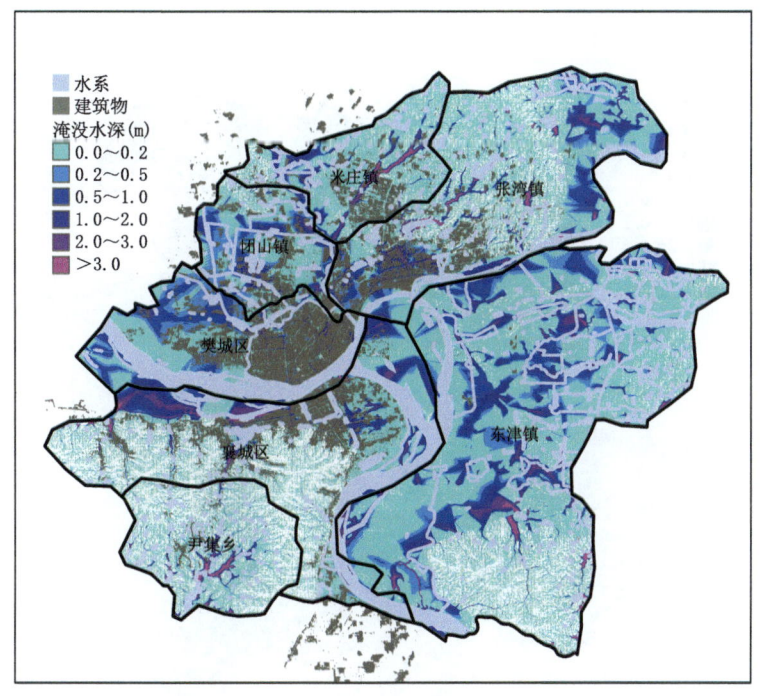

图3.43 襄阳城市100年一遇日降水量淹没水深分布(泵站排水)

(3)不考虑排水与考虑排水暴雨洪涝淹没差异程度分析

为了给政府提供合理的城市规划建议,分析城市管网在有排水系统下的淹没与没有排水系统下的淹没程度差异。

1)不考虑排水的淹没状况与1年一遇日降水量为排水量的淹没状况的差异分析

利用GIS工具的栅格运算功能,通过对不排水时的积水深度减去排水(1年一遇日降水量)时的积水深度运算,对襄阳城市在设计了排水系统的状态下与没有设计排水系统的重现期淹没状况的差异进行分析(图3.44~图3.49)。结果表明,对于10年以上的重现期日降水量造成的内涝,樊城区、东津镇、团山镇大部没有排水系统的淹没水深比有排水系统时的淹没水深多了0.1~0.5 m,襄城区北部水深多了0.2~1.0 m。上述地区也是积水深度比较深的区域,可以看出排水对这些地区的重要性,而对于积水深度不大的区域,排水系统的作用不是很明显,故在城市规划时,对于积水深度较深的区域应设计合理的排水系统。

2)不考虑排水的淹没状况与泵站平均排水量的淹没状况的差异分析

利用GIS工具的栅格运算功能,通过对不排水时的积水深度减去排水(泵站平均排水量)时的积水深度运算,对襄阳城市在设计了排水系统的状态下与没有设计排水系统的重现期淹没状况的差异进行分析(图3.50~图3.52)。结果表明,对于10年以上的重现期日降水量造成的内涝,樊城区、东津镇、团山镇大部地区没有排水系统的淹没水深比有排水系统时的淹没水深多了0.2~0.5 m,襄城区北部水深多了0.5~1 m。上述地区也是积水深度比较深的区域。由此可见,排水对这些地区的重要性,而对于积水深度不大的区域,排水系统的作用不是很明显,故在城市规划时,对于积水深度较深的区域应设计合理的排水系统。

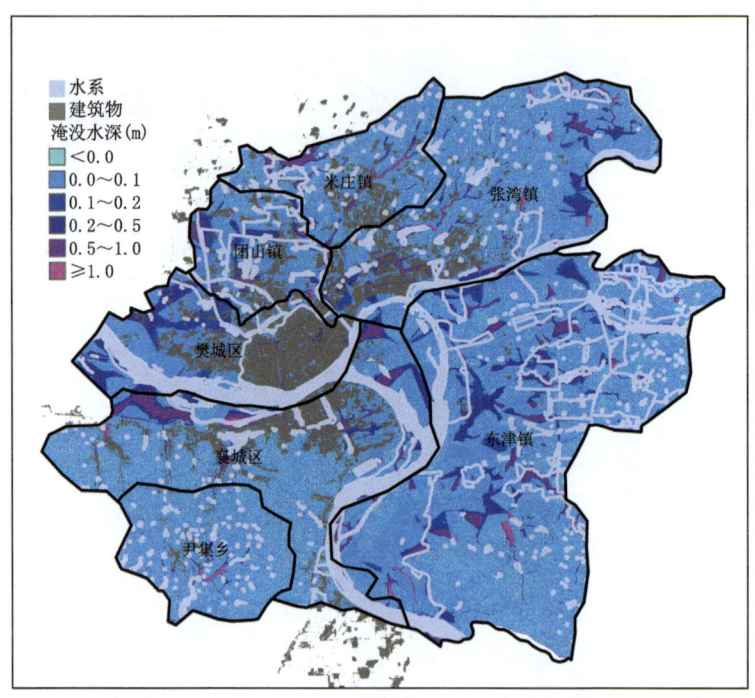

图 3.44 襄阳城市 2 年一遇淹没水深差值分布(不排水积水深度减去 1 年一遇排水积水深度)

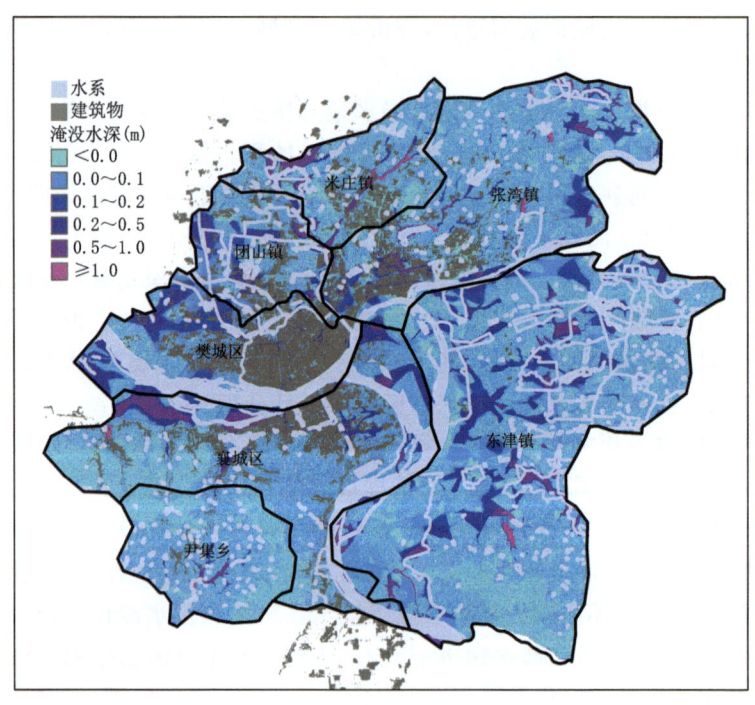

图 3.45 襄阳城市 5 年一遇淹没水深差值分布(不排水积水深度减去 1 年一遇排水积水深度)

第 3 章　襄阳城市气候生态环境专题影响评估

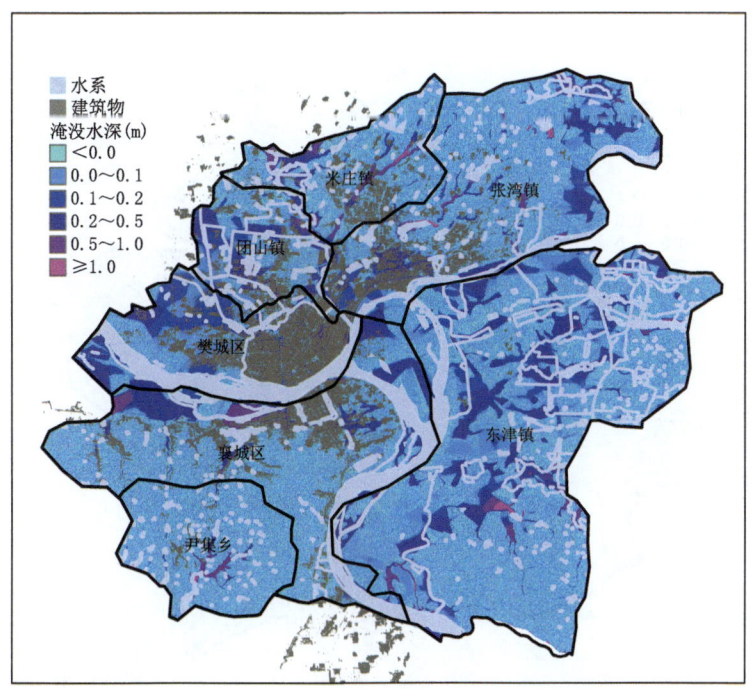

图 3.46　襄阳城市 10 年一遇淹没水深差值分布（不排水积水深度减去 1 年一遇排水积水深度）

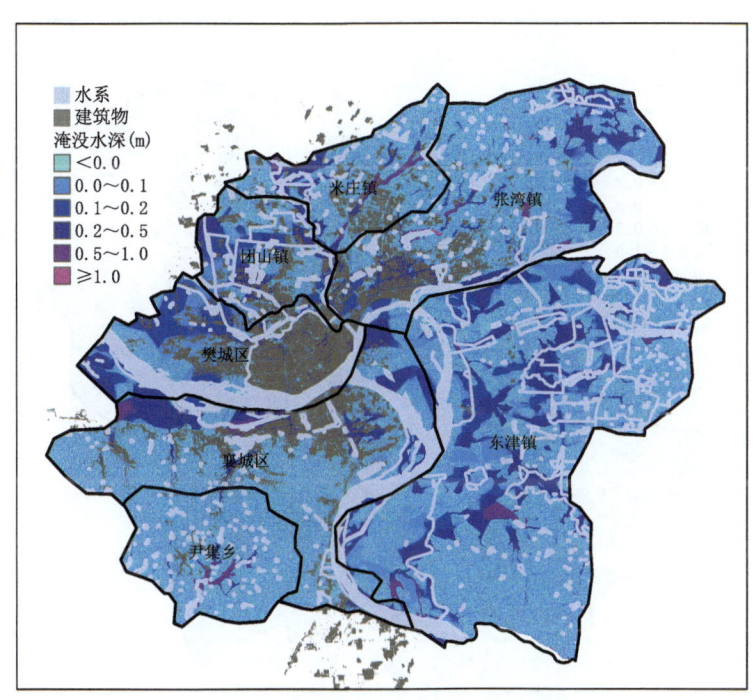

图 3.47　襄阳城市 20 年一遇淹没水深差值分布（不排水积水深度减去 1 年一遇排水积水深度）

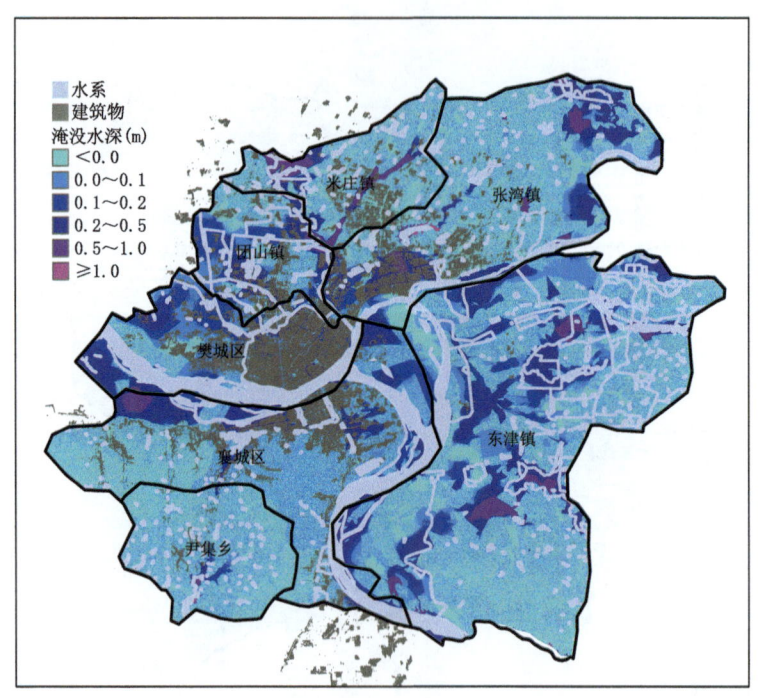

图 3.48　襄阳城市 50 年一遇淹没水深差值分布（不排水积水深度减去 1 年一遇排水积水深度）

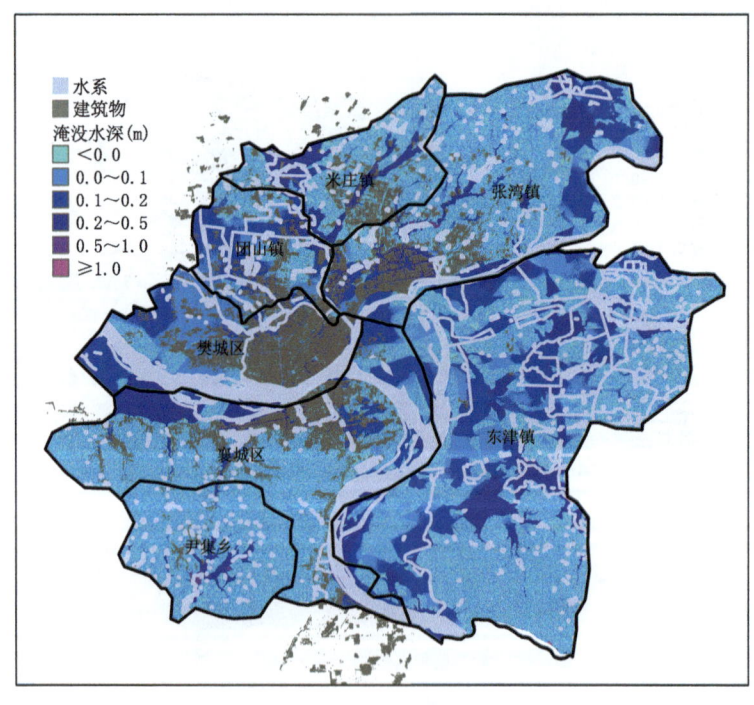

图 3.49　襄阳城市 100 年一遇淹没水深差值分布（不排水积水深度减去 1 年一遇排水积水深度）

第3章 襄阳城市气候生态环境专题影响评估

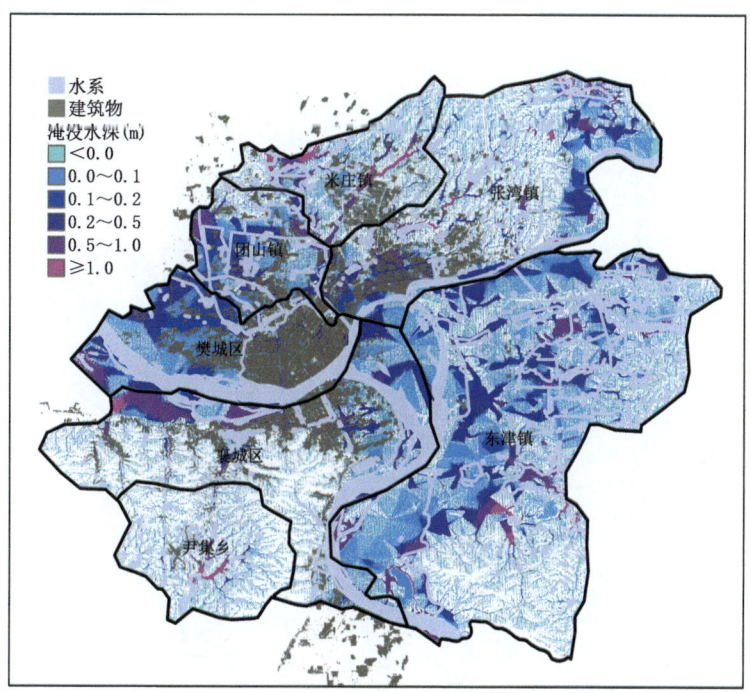

图3.50 襄阳城市10年一遇淹没水深差值分布（不排水积水深度减去泵站排水积水深度）

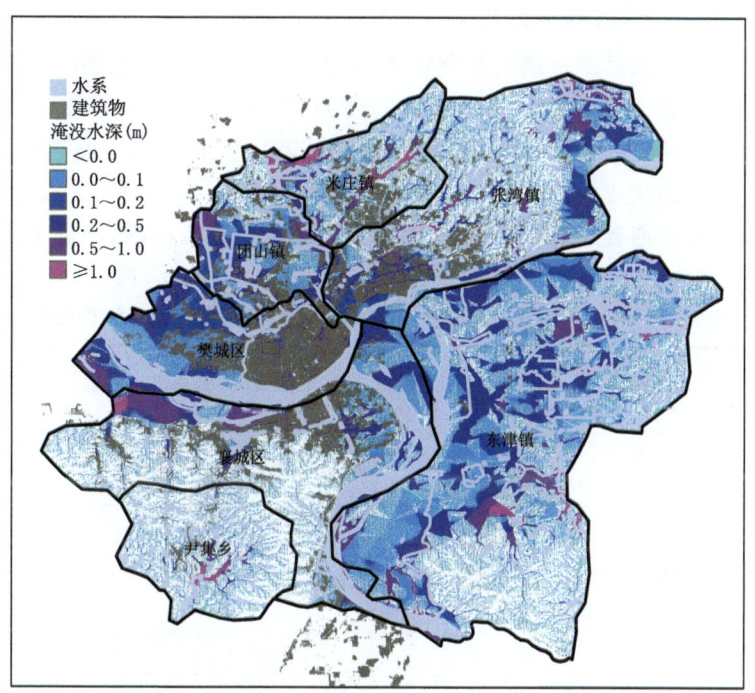

图3.51 襄阳城市20年一遇淹没水深差值分布（不排水积水深度减去泵站排水积水深度）

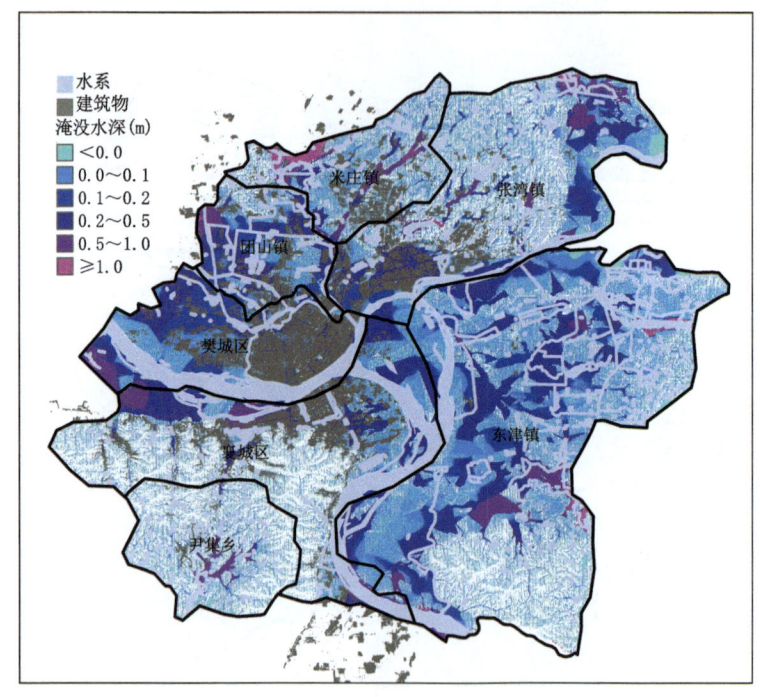

图 3.52 襄阳城市 50 年一遇淹没水深差值分布（不排水积水深度减去泵站排水积水深度）

#### 3.1.2.4 襄阳暴雨洪涝灾害风险区划

暴雨洪涝灾害是襄阳最严重的气象灾害之一，发生频次高、影响范围广，既具季节规律性，又具地域突发性。开展暴雨洪涝灾害风险区划研究，是防灾减灾的一项基础工作，在防灾减灾、国土规划利用、重大工程建设、生态环境保护与建设、灾害管理等方面都有重要作用，也是科学决策、管理、规划的重要内容（谢五三 等，2017；张杰 等，2017；康俊 等，2017）。

根据城市渍涝及交通要道、商业、居民区、地下车库风险等级标准，制定了暴雨洪涝灾害风险等级划分标准（表3.11）。

表 3.11 城市渍涝及交通要道、商业、居民区、地下车库风险等级标准

| 城市内涝等级 | | 低风险 | 中风险 | 高风险 |
|---|---|---|---|---|
| 交通要道 | 积水深度 | 5～20 cm | 20～60 cm | >60 cm |
| | 灾害影响 | 机动车尚可行驶，但行车缓慢，影响道路交通畅通 | 交通部分阻断，小车无法通行 | 交通完全阻断 |
| 商业、居民社区 | 积水深度 | 5～20 cm | 20～60 cm | >60 cm |
| | 灾害影响 | 影响居民生活，可能造成财产损失 | 影响居民生活，造成部分财产损失 | 严重影响居民生活，造成较严重财产损失 |
| 地上/地下车库 | 积水深度 | 5～25 cm | 25～60 cm | >60 cm |
| | 灾害影响 | 对部分排气管较低车型可能影响 | 超过排气管高度，对发动机可能有影响，车内可能进水 | 水浸高度超过进气口，发动机进水，车厢被浸泡 |

根据暴雨洪涝灾害风险等级划分标准,利用 GIS 工具叠加重现期日降水量造成的淹没水深分布数据,制作襄阳城市的暴雨洪涝灾害风险区划图(叶丽梅 等,2016b)。从图 3.53 可以看出,襄阳城市的高风险区主要分布在樊城区、襄城区北部及东部、团山镇、东津镇大部、米庄镇西部及张湾镇东部及南部。

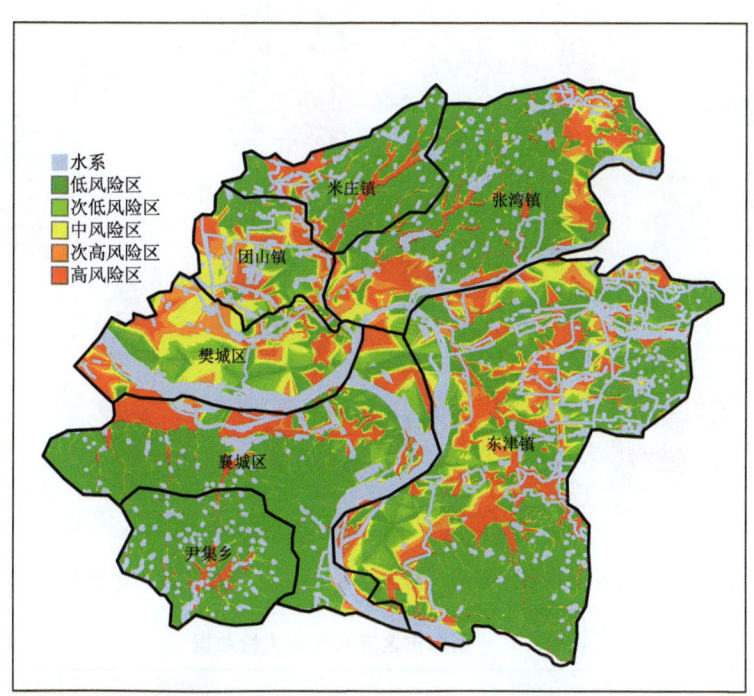

图 3.53　襄阳城市暴雨洪涝灾害风险区划(叶丽梅 等,2016b)

利用 GIS 工具将襄阳城市的暴雨洪涝灾害风险区划与城区街区道路叠加在一起,给出了针对道路的渍涝高风险街区(图 3.54)。从图 3.54 可以看出,樊城区的丹江路、前进路、水星台区域、八亩地区域、红光路、长汉路、汉江路、长虹路、长虹南路等及襄城区滨江路、环城路、环山路、虎头山路、卉木林巷、民主路、江华路等街道属于易涝区域。

根据市政排水部门提供的数据,樊城区的易积水路段如下:邓城大道、前进路、新华路、风华路、建华路、长虹路、职工街、水星台区域、解放路、长汉路及多处铁路立交桥涵洞。襄城区的积水路段:新城湾、环山路、盛丰路、铁路立交涵洞、汉江长虹大桥南桥头、卉木林巷、马王庙街、民主路、陈侯巷。

将暴雨洪涝灾害风险区划得到的城区易涝区与实际的易涝区对比分析(表 3.12),风险区划的易涝区大部分地区与实际易涝区吻合。

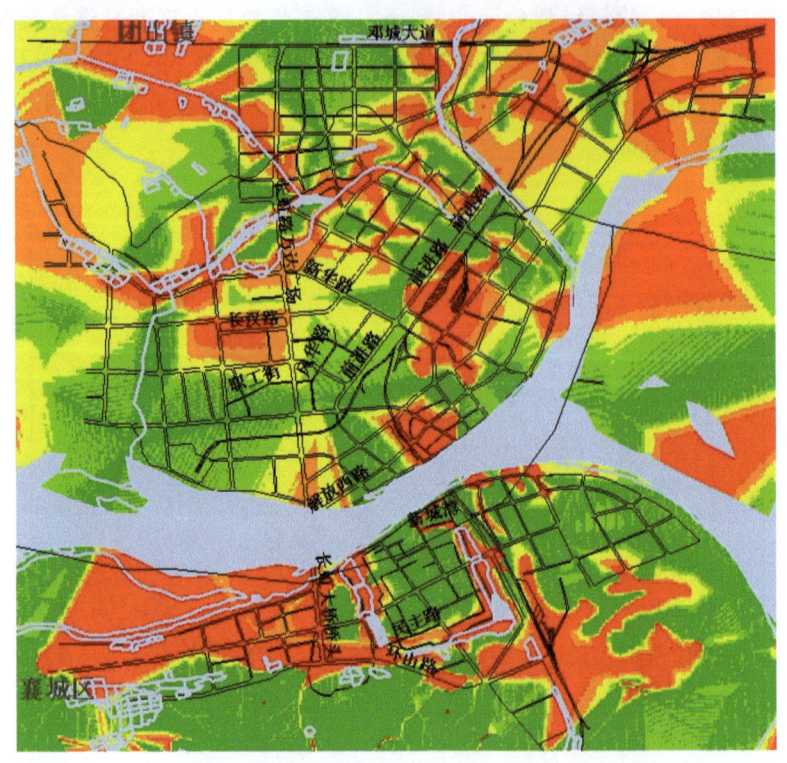

图3.54　襄阳中心城区暴雨洪涝灾害风险区划（叠加了城市道路信息）

表3.12　襄阳市区近几年的灾情数据

| 灾害发生时间 | 受灾地点 | 灾情描述 |
| --- | --- | --- |
| 2008-07-01 | 襄城四季青涵洞 | 机动车道完全被淹没，人行道积水约0.6 m |
| 2011-07-24 | 解放路市第一医院路段 | 街道出现积水 |
| 2011-07-24 | 长虹大桥襄城桥头 | 街道出现积水 |
| 2011-07-24 | 人民西路造纸厂 | 街道出现积水 |
| 2011-07-24 | 东门涵洞 | 积水最深约1 m |
| 2011-08-08 | 樊城清河路铁路涵洞 | 积水1 m多深，已淹没了涵洞近百米路段 |
| 2011-08-08 | 东门涵洞 | 短时积水 |
| 2011-08-08 | 丹江路涵洞 | 短时积水 |
| 2013-06-20 | 丹江路铁路涵洞 | 涵洞下积水一度高达2 m |
| 2013-06-20 | 交通路铁路涵洞 | 一辆面包车陷在涵洞积水中，司机被困 |
| 2013-06-20 | 襄城区、樊城区 | 部分街道社区被淹 |

3.1.2.5　主城区风险评价

（1）城市洪涝的成因和特性

1）地理环境复杂，上游多条水系汇集

樊城区、襄城区的北部地势低洼，汉江穿过城市中心，上游有唐河、南河、北河等多条水系来水汇集到汉江,加之市区强降雨,造成多路洪水同步发生,互相叠加、碰头,由此造成洪峰量大的洪水,水流湍急,河水猛涨,致使城市内涝灾害的发生。

2)城市发展速度快,排涝设施建设不同步

随着城市发展和市政道路工程建设速度加快,渗水地面减少而径流速度加快,对城市防洪排涝的影响加剧。一是大规模的城市建设建造了大量的建筑物和道路等硬质地面,雨涝汇流速度加快,超越城市雨水管网的排水能力。二是现代城市防洪排涝设施配套不足,部分城区河道长期未及时清淤疏通,河床淤积严重,排水不畅。

(2)易涝区分析

提取樊城区、襄城区不排水与排水的差值积水深度段的面积(表3.13~表3.15),从各重现期雨量下的差值积水深度面积来看,差值段在0~0.1 m的面积最大,说明在没有排水设施情景下比有排水设施的积水深度普遍深0~0.1 m;其次是0.1~1.0 m,局部地区大于1 m。结合樊城区、襄城区的差值积水深度空间分布来看(图3.44~图3.52),积水深度差异较大的地区正是樊城区、襄城区的易涝区。

另外,从襄阳城市的暴雨洪涝灾害风险区划来看(图3.55),襄城区北部临江地区及樊城区东部及北部是高风险区。

表 3.13 樊城区不排水减去 1 年一遇排水各积水深度的面积差异(hm²)

| 差值积水深度段(m) | 2 年一遇 | 5 年一遇 | 10 年一遇 | 20 年一遇 | 50 年一遇 | 100 年一遇 |
|---|---|---|---|---|---|---|
| [0.0,0.1) | 10.91 | 8.65 | 8.31 | 7.84 | 6.81 | 8.39 |
| [0.1,0.2) | 1.77 | 2.22 | 3.31 | 3.98 | 3.97 | 4.91 |
| [0.2,0.5) | 1.97 | 2.26 | 2.35 | 2.05 | 2.53 | 1.08 |
| [0.5,1.0) | 0.31 | 0.14 | 0.03 | 0.02 | 0.05 | 0.00 |
| ≥1.0 | 0.01 | 0.00 | 0.00 | 0.00 | 0.00 | 0.00 |

表 3.14 襄城区不排水减去泵站平均排水各积水深度的面积差(hm²)

| 差值积水深度段(m) | 10 年一遇 | 20 年一遇 | 50 年一遇 |
|---|---|---|---|
| [0.0,0.1) | 6.44 | 6.23 | 5.53 |
| [0.1,0.2) | 2.74 | 3.17 | 4.06 |
| [0.2,0.5) | 2.80 | 3.37 | 3.80 |
| [0.5,1.0) | 0.43 | 0.52 | 0.57 |
| ≥1.0 | 0.00 | 0.00 | 0.01 |

表 3.15 樊城区差值积水深度段(不排水减去排水)的面积(hm²)

| 差值积水深度段(m) | 2 年一遇 | 5 年一遇 | 10 年一遇 | 20 年一遇 | 50 年一遇 | 100 年一遇 |
|---|---|---|---|---|---|---|
| [0.0,0.1) | 19.86 | 15.34 | 15.90 | 14.67 | 10.95 | 12.37 |
| [0.1,0.2) | 0.80 | 0.73 | 0.89 | 1.17 | 1.99 | 4.37 |
| [0.2,0.5) | 1.95 | 3.27 | 5.17 | 5.82 | 5.96 | 4.88 |
| [0.5,1.0) | 2.11 | 1.68 | 0.75 | 0.47 | 0.34 | 0.00 |
| ≥1.0 | 0.23 | 0.08 | 0.01 | 0.00 | 0.00 | 0.00 |

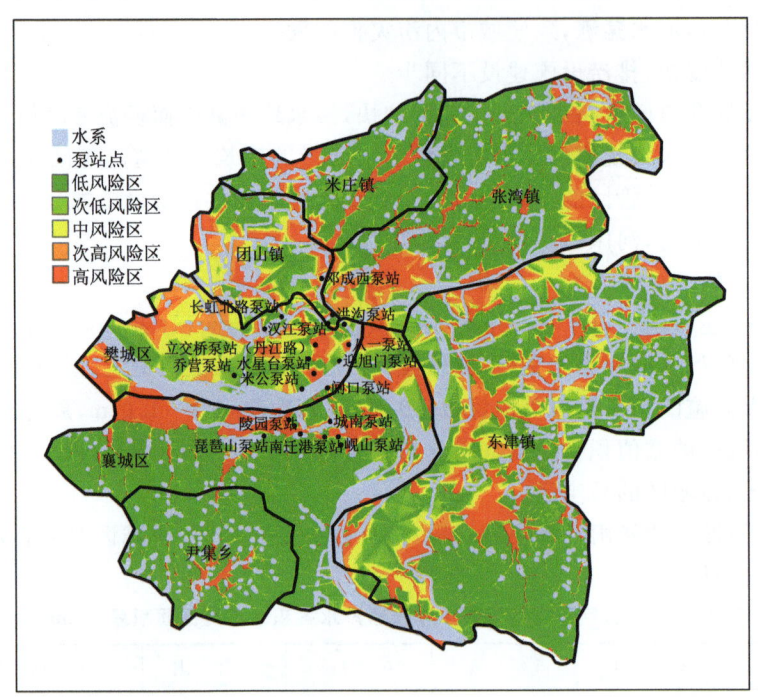

图3.55 襄阳城市暴雨洪涝灾害风险区划(叠加了排水泵站信息)

#### 3.1.2.6 小结

(1)近年内涝现状分析。2008年以来,襄阳市区先后新、改建米公、琵琶山等13座泵站。市区整体抽排能力由原来的15 m³/s提高到71.99 m³/s,5 a间泵站抽排能力提升近3倍。同时加大了城市排水管网的建设力度,新增建设、改扩建管网近80 km。但排水设施现状仍不能满足襄阳建设需要,现状抽排能力仅约半年一遇。市区易涝区域包括:邓城大道、解放西路、大庆东路、前进路区域、长虹路、人民路、襄城五中周边、环城东路、襄城二桥底周边道路、丹江路立交涵洞、三元路立交涵洞、东门口立交涵洞等地。2004年8月3日、2008年7月22日襄城南渠山洪漫堤,外围水系洪水浸入城市,形成洪水与暴雨两面"夹击",加剧暴雨渍涝,造成环山路、檀溪路、政法路、青山路、环城西路等市区地势低洼处严重渍涝,影响时间最长达72 h。

(2)内涝风险源分析。襄阳城市内涝主要受当地的强降水和外围水系来水的影响。影响襄阳城市的主要外围水系有汉江、唐白河、南河等,以及崔家营、三董、连山、谢洼等水库。当外围水系来水、水库泄洪和本地强降水出现叠加影响时,襄阳城市受外洪内涝夹击,汉江两岸及市区排水不畅区域极易受淹。

(3)内涝高风险区分析。襄阳城市内涝的高风险区主要分布在襄城区北部临江地区及樊城区东部及北部、团山镇、东津镇中部与北部、米庄镇西部及张湾镇东部及南部。樊城区的丹江路、前进路、水星台区域、八亩地区域、红光路、长汉路、汉江路、长虹路、长虹南路等及襄城区滨江路、环城路、环山路、虎头山路、卉木林巷、民主路、陈侯巷环城路、江华路等街道属于易涝区域。

(4)不同重现期降水易涝区域差异分析。不论是考虑了排水设施或是没有排水设施的重现期降水量下,襄阳城市的易涝区域分布是一致的,主要的淹没地区分布在樊城区、东津镇、襄城区北部及境内河流两岸低洼地区;但内涝的淹没水深有所不同,对于 10 年以上的重现期日降水量造成的内涝,樊城区、东津镇、团山镇大部没有排水系统的淹没水深比有排水系统时的淹没水深多了 0.1~0.5 m,襄城区北部的大部地区水深增加了 0.2~1 m。

(5)不同排水情景下淹没对比分析。现有市区在没有排水设施下比有排水设施下,内涝的积水深度普遍深了 0~0.1 m,其次是 0.1~1 m,局部地区是大于 1 m;东津新区在没有排水设施下比有排水设施的积水深度普遍深了 0~0.1 m,其次是 0.2~0.5 m,局部地区是大于 1 m。积水深度差异较大的地区和易涝区吻合得较好,故对不同的积水深度段,设置合理的防涝排洪设施极为重要。

### 3.1.3 城市雷电风险

#### 3.1.3.1 雷暴观测记录

襄阳国家基本气象站 1959—2012 年雷暴观测记录显示,雷暴发生最早日期为 2 月 4 日(1961 年),最晚为 11 月 26 日(1967 年)。襄阳城市雷电灾害集中发生期是 4—8 月,其间雷暴日数占全年的 87.7%。7—8 月雷暴日数最多,占全年的 57.6%(表 3.16)。

表 3.16  1959—2012 襄阳城市雷暴日数

| 月份 | 1 | 2 | 3 | 4 | 5 | 6 | 7 | 8 | 9 | 10 | 11 | 12 |
| --- | --- | --- | --- | --- | --- | --- | --- | --- | --- | --- | --- | --- |
| 日数 | 0 | 20 | 48 | 132 | 118 | 125 | 389 | 329 | 58 | 17 | 10 | 0 |
| 频率 | 0 | 1.6 | 3.9 | 10.6 | 9.5 | 10 | 31.2 | 26.4 | 4.7 | 1.4 | 0.8 | 0 |

从图 3.56 可以看出,雷暴日数的年际变化呈明显下降趋势,但进入 20 世纪 80 年代下降趋势变缓。年雷暴日数最多为 44 d(1964 年),最少为 10 d(1980 年和 1993 年)。

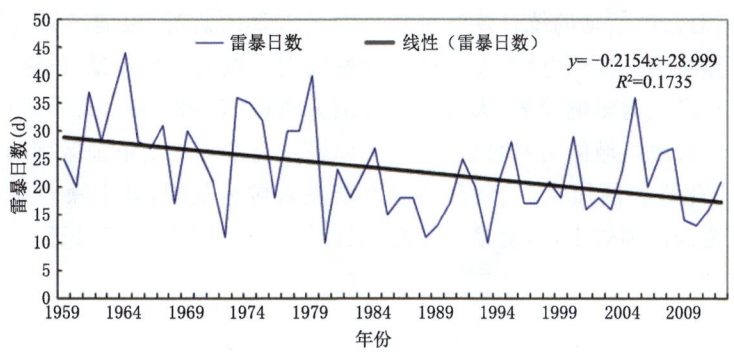

图 3.56  1959—2012 年襄阳城市雷暴日总数变化

#### 3.1.3.2 闪电定位仪监测数据

根据《中国气象局关于县级综合业务改革发展的意见》(气发〔2013〕54 号),2013 年 8 月,中国气象局综合观测司在天津、上海、宁夏、广东等省(区、市)地面气象观测站开展地面气象观测业务调整试点。湖北省气象局向中国气象局综合观测司申请开展地面气象观测业务调整试点并获批准(气测函〔2013〕)。业务调整后各站取消了雷暴、闪电、飑线、龙卷等 13 种天气现象的人工观测。雷暴、闪电数据改用闪电定位数据。利用湖北省 2006—2012 年闪电定位数据,统计分析襄阳城市(31.87°~32.18°N,111.99°~112.30°E)闪电特征。

统计结果表明,襄阳城市云地闪电以负闪为主,正闪仅占 1.8%,低于现有文献中湖北省正闪比例(4%)。4—9 月闪电数占全年的 98.9%,其中 7—8 月闪电数占全年的 74.7%,月平均地闪次数分别在 2000 次和 1500 次以上。从闪电次数的日变化来看,襄阳为双峰型:主峰在 16 时(指 16—17 时),平均每小时超过 600 次;次峰在 23 时,平均每小时在 400 次以上。03 时和 06—11 时最少,平均每小时不足 100 次;14—01 时逐时闪电次数基本均在 200 次以上,为雷电高发时段(图 3.57)。

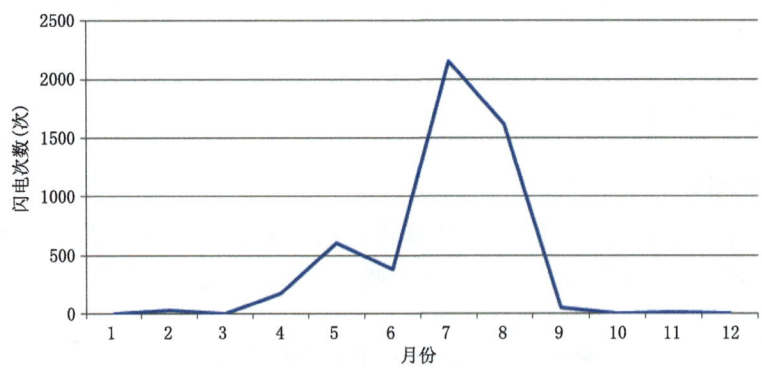

图 3.57  2006—2012 年逐月平均闪电次数变化

#### 3.1.3.3 不同雷电观测数据对比分析

利用湖北省 2006—2012 年闪电定位数据,在取自然日界的条件下,襄阳城市 7 年平均雷暴日数为 36.6 d。和同期人工观测的雷暴日数(19.6 d)相比,数据明显偏大(图 3.58)。从相关文献来看,原因主要有:

(1)气象部门对雷电活动的统计观测主要是通过人耳的监听,根据世界气象组织规定:某天某气象站人耳监听到一次闪电声,即为该气象站代表区域的一个雷暴日,称为站雷暴日。因此人工观测雷暴日受人为影响较大,人的视听范围大概在 15~20 km,某个站年平均雷暴日就不能完全代表整个行政区域的雷暴日数,仅代表以站点为中心一定范围区域的雷暴日数。

(2)随着城市化进程的加速,气象台站也逐渐进入城区范围,城市噪声会干扰人的视听。而闪电定位系统覆盖范围较广,监测精度较高,因此导致人工观测雷暴日远小于闪电定位系统

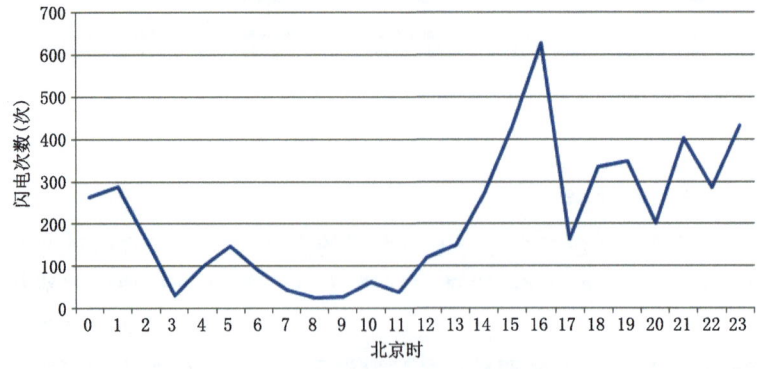

图 3.58  2006—2012 年逐时平均闪电次数变化

监测。

#### 3.1.3.4 襄阳城市雷电风险区划

雷击大地密度为平均每年单位面积上的地闪次数,单位为次/($km^2 \cdot a$),是最为理想的表征雷电活动的参量,可以精确地反映雷电活动的频度和强度,国际上的防雷设计均以此参数为基础。

为了统计襄阳城市闪电密度空间分布状况,将襄阳市区划分成以 31.87°N,111.99°E 为起始点,间隔均为 0.01°的网格,统计每个网格出现的雷击大地密度次数。

从闪电密度分布来看(图 3.59),隆中襄阳学院及以西以南山区、邓城大道和春园东路交汇处附近、襄州区政府以东的航空路附近、襄阳古城、鱼梁洲南部、东津镇南部地区的闪电密度每年在 4 次以上,局部地区每年超过 6 次。

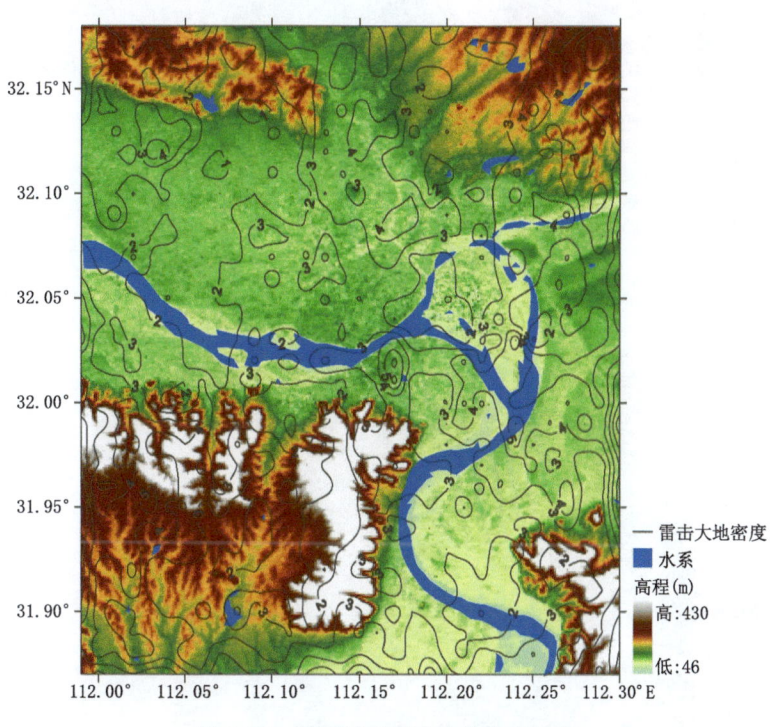

图 3.59 襄阳城市雷击大地密度分布

从雷击平均电流强度来看(图 3.60),襄阳城市及周边地区雷击平均电流强度在 20~70 kA。卧龙大道附近、东风汽车公司、樊城区大部、鱼梁洲中部、襄城区岘山以东地区雷电强度较大,均在 40 kA 以上,局部 60 kA 以上。

综合雷击大地密度、雷击平均强度、较强闪电出现次数等因素,绘制闪电致灾因子危险性分布图(图 3.61)。从图 3.61 可以看出,邓城大道东端、传染病医院附近、长虹路和春园路交汇处附近、襄阳古城附近、岘山以东、鱼梁洲东部和南部、东津镇局部危险性较高。

#### 3.1.3.5 小结

(1)从襄阳国家基本气象站多年雷暴观测记录来看,襄阳城市雷电灾害集中发生期是 4—8 月,其间雷暴日数占全年的 87.7%,7—8 月雷暴日数占全年的 57.6%。

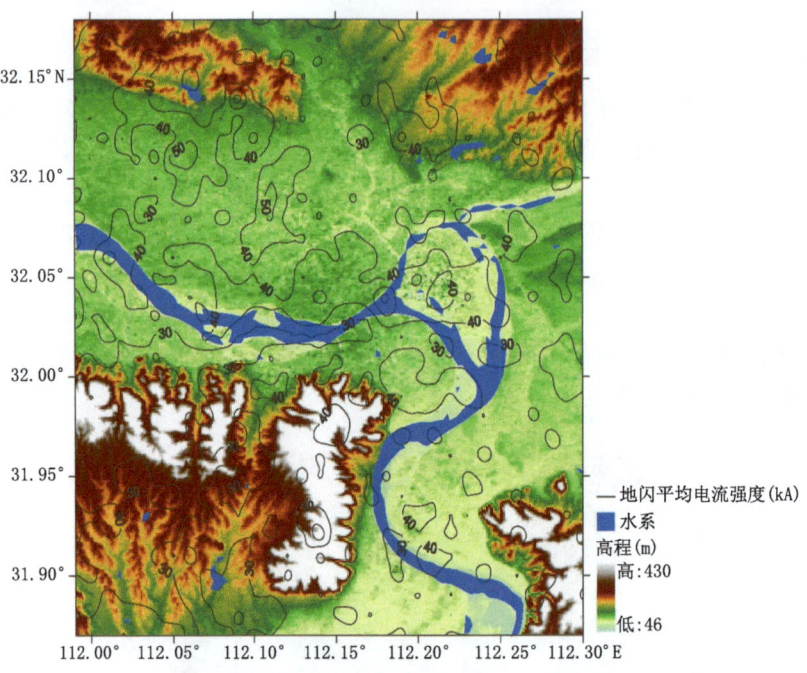

图3.60 襄阳城市地闪平均电流强度分布

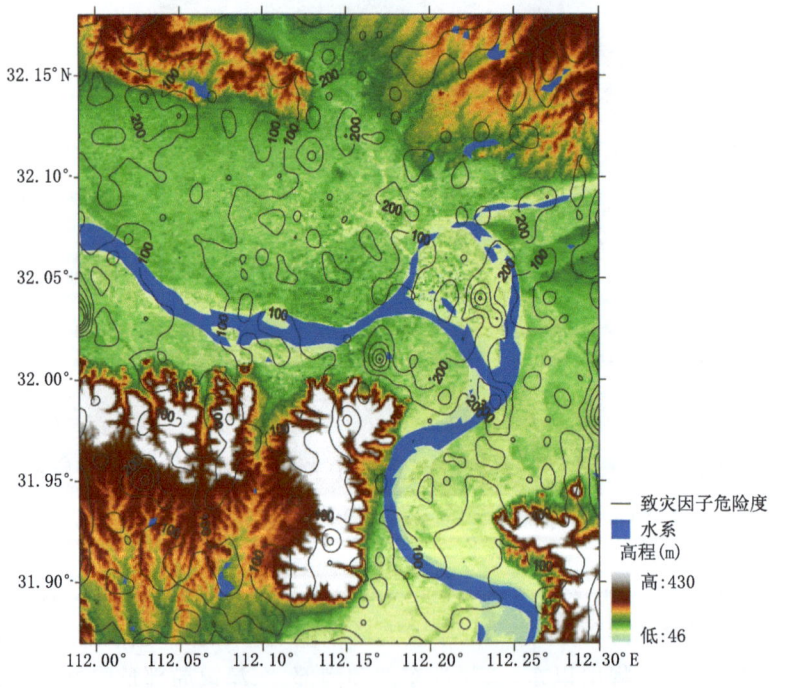

图3.61 襄阳城市雷电灾害致灾因子危险度分布

(2)雷暴日数的年际变化呈明显下降趋势,但进入20世纪80年代后下降趋势变缓。

(3)闪电定位仪监测数据表明,襄阳城市云地闪电以负闪为主;4—9月闪电占全年的

98.9%,其中7—8月闪电日数占全年的74.7%。从闪电次数的日变化来看,襄阳城市为双峰型:主峰在16时(指16—17时),次峰在23时。14时—01时为雷电高发时段。

(4)同期不同雷电观测数据对比分析表明,闪电定位仪监测数据比人工观测雷暴日数明显偏大,精度更高。

(5)综合雷击大地密度、雷击平均强度、较强闪电出现次数等因素,邓城大道东端、传染病医院附近、长虹路和春园路交汇处附近、襄阳古城附近、岘山以东、鱼梁洲东部和南部、东津镇局部雷击危险性较高。

### 3.1.4 小结

(1)近年内涝现状分析。2008—2012年,襄阳市区先后新、改建米公、琵琶山等13座泵站。市区整体抽排能力由原来的15 m³/s提高到71.99 m³/s,5 a间泵站抽排能力提升近3倍。同时加大了城市排水管网的建设力度,新增建设、改扩建管网近80 km。但排水设施现状仍不能满足襄阳的市区建设需要,现状抽排能力仅约半年一遇。市区易涝区域包括:邓城大道、解放西路、大庆东路、前进路区域、长虹路、人民路、襄城五中周边、环城东路、襄城二桥底周边道路、丹江路立交涵洞、三元路立交涵洞、东门口立交涵洞等地。2004年8月3日、2008年7月22日襄城南渠山洪漫堤,外围水系洪水浸入城市,形成洪水与暴雨两面"夹击",加剧暴雨渍涝,造成环山路、檀溪路、政法路、青山路、环城西路等城区地势低洼处严重渍涝,影响时间最长达72 h。

(2)内涝风险源分析。襄阳城市内涝主要受当地的强降水和外围水系来水的影响。影响襄阳城市的主要外围水系有汉江、唐白河、南河等,以及崔家营、三董、连山、谢洼等水库。当外围水系来水、水库泄洪和本地强降水出现叠加影响时,襄阳市区受外洪内涝夹击,汉江两岸及市区排水不畅区域极易受淹。

(3)内涝高风险区分析。襄阳城市内涝的高风险区主要分布在襄城区北部临江地区及樊城区东部及北部、团山镇、东津镇中部与北部、米庄镇西部及张湾镇东部及南部。樊城区的丹江路、前进路、水星台区域、八亩地区域、红光路、长汉路、汉江路、长虹路、长虹南路等及襄城区滨江路、环城路、环山路、虎头山路、卉木林巷、民主路、陈侯巷环城路、江华路等街道属于易涝区域。

(4)不同重现期降水易涝区域差异分析。不论是考虑了排水设施或是没有排水设施的重现期降水量下,襄阳城市的易涝区域是一致的,主要的淹没地区分布在樊城区、东津镇、襄城区北部及境内河流两岸低洼地区;但内涝的淹没水深有所不同,对于10年以上的重现期日降水量造成的内涝,樊城区、东津镇、团山镇大部没有排水系统的淹没水深比有排水系统时的淹没水深多0.1~0.5 m,襄城区北部水深多0.2~1 m。

(5)不同排水情景下淹没区对比分析。现有市区在没有排水设施下比有排水设施下,内涝的积水深度普遍深了0~0.1 m,其次是0.1~1.0 m,局部地区大于1 m;东津新区在没有排水设施情景下比有排水设施的积水深度普遍深了0~0.1 m,其次是0.2~0.5 m,局部地区是大于1 m。积水深度差异较大的地区和易涝区吻合得较好,故对不同的积水深度段,设置合理的防涝排洪设施极为重要。

(6)从襄阳国家基本气象站多年雷暴观测记录来看,襄阳城市雷电灾害集中发生期是4—8月,其间的雷暴日数占全年的87.7%,7—8月雷暴日数占全年的57.6%。

(7)雷暴日数的年际变化呈明显下降趋势,但进入20世纪80年代后下降趋势变缓。

(8)闪电定位仪监测数据表明,襄阳城市云地闪电以负闪为主;4—9月闪电数占全年的98.9%,其中7—8月闪电数占全年的74.7%。从闪电次数的日变化来看,襄阳为双峰型:主峰在16时(指16—17时),次峰在23时。14—01时为雷电高发时段。

(9)同期不同雷电观测数据对比分析表明,闪电定位仪监测数据比人工观测雷暴日数明显偏大,精度更高。

(10)综合雷击大地密度、雷击平均强度、较强闪电出现次数等因素,邓城大道东端、传染病医院附近、长虹路和春园路交汇处附近、襄阳古城附近、岘山以东、鱼梁洲东部和南部、东津镇局部雷击危险性较高。

## 3.2 襄阳城市生态环境质量评价

城市化发展带来人口聚集的同时也改变了土地利用结构,对区域近地表气温、风场、降水、大气边界层的演变产生了深远影响,威胁着城市生态系统质量和服务功能的发挥(匡文慧 等,2015)。城市生态环境质量的好坏又直接影响城市人口的生活质量以及城市发展水平。人类必须科学地认知在全球自然变化和人为活动双重影响下的陆地生态环境变化过程,进而实施对生态系统的有效管理,以维持对人类生存和持续发展适宜的环境(傅伯杰 等,2005)。因此,针对城市生态系统特征,选择合理的指标开展城市生态环境质量评价,定量研究城市化对周边区域生态质量的影响,对解决区域生态环境问题和促进社会经济生态的协调发展具有重要的科学意义。

### 3.2.1 生态环境质量评价理论基础

#### 3.2.1.1 生态环境质量评价概念、分类及方法

生态环境是指影响人类生存与发展的水资源、土地资源、生物资源以及气候资源数量和质量的总称,关系到社会和经济的可持续发展。生态环境质量评价是以一定范围的区域作为研究对象,主要分析区域内生态环境的空间结构与功能状况,判断其质量的好坏(王健睿,2017)。通过评价,了解区域生态环境质量变化发展特征的同时,明确区域内存在的环境问题,从而提出有针对性的经营管理与改善措施。

20世纪60年代起国际上就出现了对生态环境质量评价的研究,在评价指标体系方面,国际上多采用可持续发展的有关指标标准来形成对应评价体系。我国生态环境评价研究在1980年后逐渐出现。生态环境质量评价内涵很丰富,可以从生态安全评价、生态风险评价、生态系统健康评价、生态系统稳定性评价、生态系统服务功能评价、生态环境承载力评价多个角度开展。

生态环境的质量评价也一般可分成定性评价和定量评价两种方法。区域定性评价一般选取对生态环境影响较大的指标,根据该指标的大小或优劣程度评价生态环境的好坏;而定量评价则采取一定的公式或模型对指标系统进行计算,根据计算结果的大小对生态环境进行评价。目前最常用的是综合指数法,应用此方法可以体现生态环境评价的综合性、整体性和层次性。综合评价法中用于赋权建模的方法包括层次分析法(AHP法)(朱晓华 等,2001)、主成分分析法(徐涵秋 等,2013;朱蕾,2013)、模糊评价法(顾成林 等,2012)、灰色关联度法(王军 等,

2005)等。总体来说,生态环境质量评价研究已逐渐摆脱以往对自然环境状态的定性描述,开始转向对自然—社会—经济复合生态系统的定性与定量的度量。但到目前为止,还没能形成一套标准的、公认的指标体系及评价方法,对于指标体系和评价方法的技术路线和关键步骤的探讨仍需要进行大量研究论证。

在不同尺度和区域类型,生态环境质量评价指标的选取有所不同;不同环境要素的影响因素是不同的,因而特定的环境要素在评价指标中可选择的参数也不一样。但一般会基于以下几点来考虑选择指标:①根据评价对象和目的选择;②有无国家规定的标准;③选择的指标能表达研究区环境受到影响的程度;④指标在评价方法上能解决定量化问题,以便赋权建模(戚涛 等,2007)。

目前,国内县级以上区域的生态环境评价大多使用的是 2006 年国家环境保护总局颁布的行业标准《生态环境状况评价技术规范(试行)》中提出的方法,主要是利用生物丰度指数、植被覆盖指数、水网密度指数、土地退化指数和环境质量指数 5 个指标分别以 0.25、0.2、0.2、0.2、0.15 系数加权进行生态质量综合评估。2015 年对该行业标准做过修订,调整了权重系数并增加了污染负荷指数。

#### 3.2.1.2 生态环境要素基本定义及作用

生态环境参数及其量变可以很好地反映区域生态环境的状况和变化,其中能反映多种生态系统环境质量变化的物理环境属性参量主要包括反映植被覆盖状况的植被指数、植被覆盖度、植被净初级生产力和地上生物量、地表反照率、陆面温度、土壤水分及不透水面等。

(1)植被指数

植被指数是遥感领域中用来表征地表植被覆盖、生长状况的一个简单有效的度量参数(郭铌,2003),被广泛应用于农业、生态、气候、水文各个领域(邱庆伦 等,2004;朴世龙 等,2003;袁飞,2006;岳文泽 等,2006)。应用于农作物分布及长势监测、产量估算、农田灾害监测及预警、区域环境评价以及各种生物参数的提取等方面。植被指数是反映地表植被覆盖、生物量等的间接指标。

(2)植被覆盖度

植被覆盖度一般定义为观测区域内植被垂直投影面积占地表面积的百分比,是刻画地表植被覆盖的一个重要参数,也是指示生态环境变化的重要指标之一(程红芳 等,2008)。植被覆盖度是水土流失的控制因子之一(邹军 等,2012),植被覆盖度的高低很大程度上决定着水土流失的强度,被公认是评价土地荒漠化的最为有效的指标(张云霞 等,2003),同时在评估土地退化(Dymond et al.,1992)和盐渍化(潘晓玲,2001;丁建丽,2014)方面也得到了较广的应用。植被覆盖度与植被蒸散关系密切,而植被蒸散是能量平衡与水分平衡的重要组成部分。因此,在许多全球及区域气候数值模型中,植被覆盖度都作为生态环境监测和指示生态系统变化的重要指标(Gutman et al.,1998)。

(3)生物量

生物量既是表征植物群落数量特征的重要参数,又是反映植物群落初级生产力的重要指标,也是生态系统获取能量能力的主要体现,对生态系统结构的形成以及生态系统的功能具有十分重要的影响(宇万太 等,2001)。

(4)净初级生产力

陆地生态系统净初级生产力是衡量绿色植物通过光合作用固定太阳能和生产有机物的效

率指标,是计算生态系统中绿色植物物质循环的基础数据。在全球变化和物质与能量循环的研究中都要涉及这一基础参数(陶波 等,2003;高志强 等,2004)。

(5)地表反照率

地表反照率是地表能量平衡的重要参数、制约地面辐射收支的基本因子,在地面能量平衡分析、天气气候预测和全球变化研究中都有广泛的应用。地表反照率的增大,会导致净辐射的减少,感热通量和潜热通量减少,造成大气辐合上升减弱,云和降水减少,土壤湿度降低,进而使得地表反照率增大,形成一个正反馈过程。因此,大范围地表反照率的计算对研究全球变化起着至关重要的作用。

(6)地表(陆面)温度

陆面温度(即地表温度)作为重要的水文、气象参数,影响着地-气的显热和潜热交换,是研究地-气能量、物质交换、水分与碳循环的关键指标,在气象、水文、植被生态、环境监测等方面有重要的应用价值(覃志豪 等,2001)。

(7)土壤水分

地表土壤水分是陆地和大气能量交换过程中的重要因子,是众多领域衡量土壤干旱程度的重要指标(Seneviratne et al.,2010)。在水文和气候学领域,它连接着地表水与地下水,决定太阳辐射能用于潜热和显热的比例,对植被蒸腾、土壤蒸发、降水产流、干湿分区等过程具有重要影响。在生态研究领域,土壤水分是决定土地沙化、干旱的重要因素之一。在农业生产方面,土壤水分是决定农作物发芽、生长发育的基本条件,它对降水和灌溉后的径流、渗漏、重新分布、排水的储存等也是相当重要的(Zhang et al.,2011)。

(8)不透水面

不透水面是指水不能渗透的表面,屋顶、街道、高速公路、停车场及人行道等都是城市内部典型的不透水面。城市不透水面分布和城市热岛关系密切,城市热环境的空间格局和热量平衡均与城市地表特征紧密相关,热岛效应在不透水面占主导的地区尤为明显,城区不透水面覆盖的持续增加对城市水文过程也产生了显著的影响。因此,不透水面已经被应用于分析城市化对城市气候、地表径流、自然生物栖息地和区域整体生态状况的不利影响以及分析城市发展和人口增长(徐涵秋 等,2009,2011;徐光来 等,2010)。

### 3.2.2 襄阳市生态质量气象评价

#### 3.2.2.1 地区生态质量气象评价方法

中国气象局在2007年下发了针对地区的《生态质量气象评价规范》,从气象对生态质量的影响角度选定指标体系和质量标准,采用卫星遥感和地面监测、统计、社会调查相结合的手段获取所需数据,运用加权综合评价法评价某区域生态质量的优劣及其影响作用关系。评价指标包括湿润指数、植被覆盖指数、水体密度指数、土地退化指数、灾害指数、生态综合评价指数,具体含义及计算方法如下:

(1)湿润指数

湿润指数是指降水量与潜在蒸散量之比,是判断某一地区气候干、湿程度的指标,能较客观地反映某一地区的水热平衡状况。其中潜在蒸散是指矮的绿色植物充分覆盖地面,对水流没有或仅有微小阻力的一个广阔表面,经常有充分水分供应时的蒸散。潜在蒸散是一种蒸散能力,它不受土壤水分的限制,只受可利用能量的限制。计算方法如下:

$$K = \frac{R}{E_T} \tag{3.36}$$

式中，$K$ 为湿润指数，$R$ 为降水量(mm)，$E_T$ 为潜在蒸散量。如果是计算月湿润指数，$R$ 为月降水量(mm)；$E_T$ 为月潜在蒸散量；季、年湿润指数依此类推。

月潜在蒸散量($E_{Ti}$，mm)采用式(3.37)计算：

$$E_{Ti} = \frac{22 d_i (1.6 + U_i^{1/2}) w_{oi} (1 - h_i)}{p_i^{1/2} (273.2 + t_i)^{1/4}} \tag{3.37}$$

式中，$i$ 是月份的编号，$p_i$ 是月平均气压(hPa)，$t_i$ 是月平均气温(℃)，$d_i$ 是月的天数(d)，$U_i$ 是在10~12 m 高度处观测的月平均风速(m/s)，$w_{oi}$ 是在温度为 $t_i$ 时的饱和水汽压(mmHg)，而 $h_i$ 是月平均相对湿度。

饱和水汽压($w_{oi}$)(mmHg)的计算考虑两种情况：

当月平均温度 0 ℃＜$t_i$≤30 ℃时：

$$w_{oi} = 1.3694 \times 10^9 \exp\left(-\frac{5328.9}{273.2 + t_i}\right) \tag{3.38}$$

当月平均温度 -40 ℃≤$t_i$＜0 ℃时：

$$w_{oi} = 2.6366 \times 10^{10} \exp\left(-\frac{6139.8}{273.2 + t_i}\right) \tag{3.39}$$

$K$＜1 时，表示大气降水少于植被生理过程需水量；当 $K$＝1 时，表示该区域大气降水与植被生理需水达到平衡；当 $K$＞1 时，表示大气降水大于植被生理过程需水量，降水条件不成为当地植被生理需水的限制因子，如果 $K$＞1，规定 $K$＝1。

(2)植被覆盖指数

植被覆盖指数是指被评价区域内林地、草地及农田三种类型面积占被评价区域面积的比重。将不同土地利用/覆被类型赋以不同的权重，得出地表覆被状态值，作为生态状况的重要表征之一。

植被覆盖指数＝(0.5×林地面积×生长期＋0.3×草地面积×生长期＋0.2×农田面积×生长期)/区域面积。

生长期为生长天数占一年天数(365 d)的百分比，如果按季度评价，生长期为生长天数占季度天数的百分比；植被覆盖指数各因子权重见表3.17。

表3.17 植被覆盖指数各因子权重

| 植被类型 | 林地面积 | | | 草地面积 | | | 农田面积 | |
|---|---|---|---|---|---|---|---|---|
| 权重 | 0.5 | | | 0.3 | | | 0.2 | |
| 结构类型 | 有林地 | 灌林地 | 疏林地 | 高覆盖 | 中覆盖 | 低覆盖 | 水田 | 旱田 |
| 权 重 | 0.6 | 0.25 | 0.15 | 0.6 | 0.3 | 0.1 | 0.7 | 0.3 |

(3)水体密度指数

水在生态系统中具有重要作用，是生态系统物质流与能量流的重要载体，也是人类社会生活不可缺少的物质，尤其在干旱、半干旱生态系统中，水是生态系统的决定因素。水体密度指数是指被评价区域内水域面积占被评价区域面积的比重，计算方法为：

水体密度指数＝水域面积/区域面积

其中水域面积采用评价时段内平均水域面积，包括河流、湖泊、水库等水体面积。

(4)土地退化指数

人类不合理利用土地资源,对生态系统产生的压力超过了生态系统的承载能力,生态系统功能不断衰退,土地退化是生态系统退化的重要表征之一。土地退化指数是指被评价区域内风蚀、水蚀、重力侵蚀、冻融侵蚀和工程侵蚀的面积占被评价区域面积的比重。土地退化指数各因子的权重见表3.18。

土地退化指数＝(0.05×轻度侵蚀面积＋0.25×中度侵蚀面积＋0.7×重度侵蚀面积)/区域面积。

表3.18 土地退化指数分权重表

| 土地退化类型 | 轻度侵蚀 | 中度侵蚀 | 重度侵蚀 0.7 | | |
|---|---|---|---|---|---|
| | | | 强度侵蚀 | 极强度侵蚀 | 剧烈侵蚀 |
| 权 重 | 0.05 | 0.25 | 0.2 | 0.3 | 0.5 |

(5)灾害指数(DIS)

灾害指数是指单位面积上担负的灾害强度、频率等灾害总量。即指被评价区域内农田、草地、森林等生态系统遭受气象灾害的面积占被评价区域面积的比重。包括旱涝灾害、雪灾、风灾、森林火灾、病虫害、低温冷害等各类自然灾害。

$$\text{DIS} = \sum S_i \tag{3.40}$$

式中,$S_i$ 为各灾害因子指数:干旱、洪涝等。

$S_i$＝(0.1×轻度灾害面积＋0.3×中度灾害面积＋0.6×重度灾害面积＋1.0×毁灭性灾害面积)/区域面积

灾害强度权重具体见表3.19。

表3.19 灾害指数分权重表

| 指标 | 轻度 | 中度 | 重度 | 毁灭性 |
|---|---|---|---|---|
| 权重 | 0.1 | 0.3 | 0.6 | 1.0 |

(6)生态综合评价指数

采用生态综合评价指数来评价生态质量的好坏,根据评价单元各单项评价指标值及各单项指标权重,采用加权求和方法计算综合评价指标值。由于各评价指标采用的单位和量纲不同,各指标要素均需进行正向标准化处理。5项指标中,土地退化指数、灾害指数2项为负项指标,正向标准化处理方法为1－负项指标。属性统一化后全部数据的大小变化趋势反映了生态现状相同的优劣变化趋势。用公式表示如下:

$$P_i = \sum_{j=1}^{n} W_{ij} \times Y_{ij} \tag{3.41}$$

式中,$P_i$ 为 $i$ 区域的生态综合评价指数,$W_{ij}$ 为 $i$ 区域第 $j$ 项指标的权重,$Y_{ij}$ 为 $i$ 区域第 $j$ 项指标值。

生态综合评价指数＝湿润指数×权重＋植被覆盖指数×权重＋水体密度指数×权重＋(1－土地退化指数)×权重＋(1－灾害指数)×权重

生态综合评价指标权重见表3.20。

# 第3章 襄阳城市气候生态环境专题影响评估

表3.20 生态综合评价指标权重

| 指标 | 湿润指数 | 植被覆盖指数 | 水体密度指数 | 土地退化指数 | 灾害指数 |
|---|---|---|---|---|---|
| 权重 | 0.25 | 0.3 | 0.2 | 0.15 | 0.1 |

### 3.2.2.2 襄阳市生态质量气象评价指数年际变化分析

本节研究区襄阳市是指所辖的3个市辖区、3个县级市及3个县所在的范围。

对襄阳市2008—2017年生态质量气象评价指数的年际差异做总结对比，可以看到气象条件的差异对生态环境状况的影响差异。图3.62～图3.67分别显示了植被覆盖指数、湿润指数、水体密度指数、土地退化指数、灾害指数五大评价指标及生态质量综合评价指数的年际变化情况。

2008—2017年，襄阳市植被指数相对稳定，说明土地利用覆盖中林地、草地、农田的面积及生长季时长变化较小。2011—2013年襄阳市均出现了气温偏高、总降水量偏少导致的高温热害或干旱，2011年春季更是达到重度以上气象干旱标准，导致地表水资源比历史同期有所减少，水体密度指数在2011—2017年较2008—2010年普遍偏小1~2成。2016年夏季气温较历史同期偏高，高温过程持续时间较长。襄阳市湿润指数在2011年、2012年、2013年、2014年

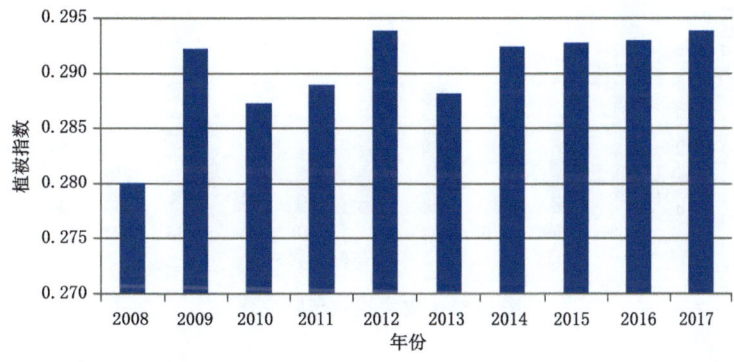

图3.62 植被指数年际变化

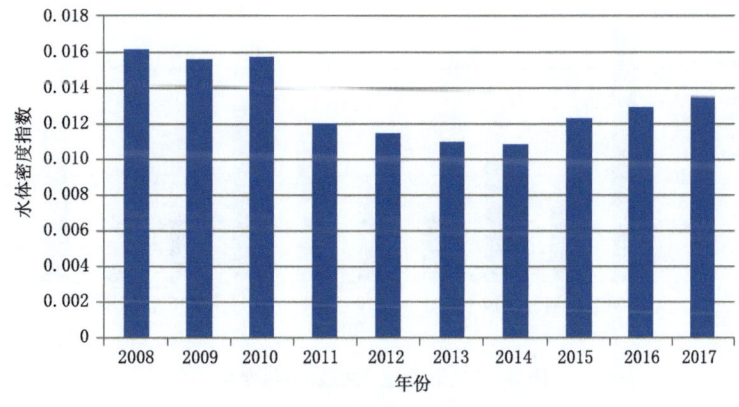

图3.63 水体密度指数年际变化

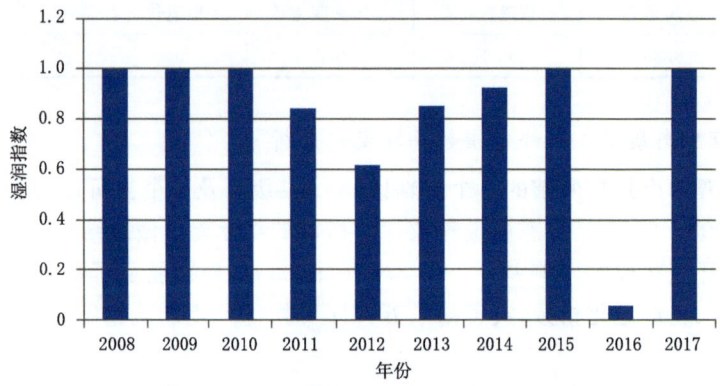

图 3.64　湿润指数年际变化

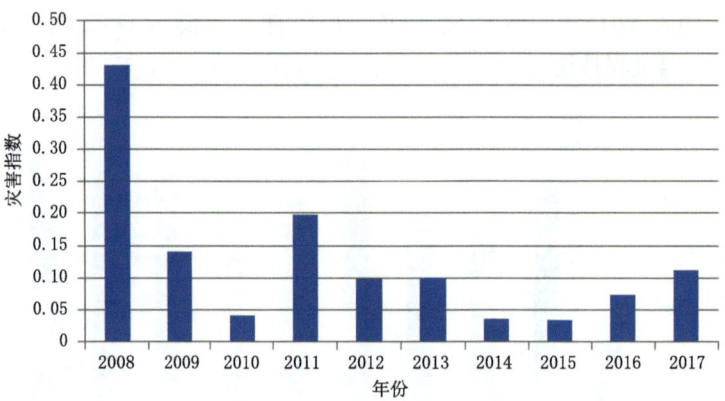

图 3.65　灾害指数年际变化

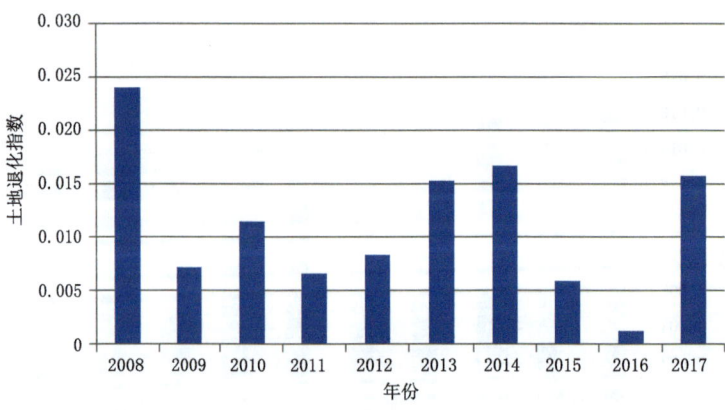

图 3.66　土地退化指数年际变化

# 第3章 襄阳城市气候生态环境专题影响评估

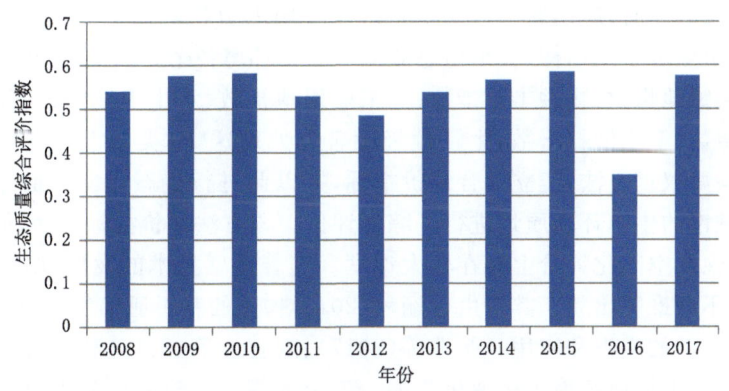

图3.67 生态质量综合评价指数年际变化

和2016年小于1,表明年降水量小于潜在蒸散量,存在水分亏缺;2008年、2009年、2011年和2017襄阳市灾害指数均超过0.1,受灾较重。襄阳市灾害指数在2008年最大,主要是受到冬季罕见的持续低温雨雪冰冻灾害和夏季严重的暴雨洪涝灾害影响;2009年春季出现的连阴雨、持续强降水和低温过程使农业生产受到严重影响;2011年受历史少见的冬春连旱,且干旱程度重、面积大;2017年春季襄阳受连阴雨和倒春寒、区域性暴雨影响;夏季出现了高温干旱。近10年襄阳市土地退化指数平均值为0.01124,较全省其他地区,土壤保持水平较高。2008年土地退化指数较高的主要原因是受到夏季暴雨影响。生态质量综合评价指数有所下降。从生态质量综合评价指数年际变化可以看到,在极端天气和气象灾害出现的年份,襄阳市生态环境质量会有所下降,而在非明显灾害年份,生态环境质量保持较好。

## 3.2.3 基于遥感生态指数的襄阳城市生态环境质量评价

### 3.2.3.1 城市生态环境质量评价方法

城市生态环境质量评价不同于其他生态系统的环境质量评价,是城市生态学研究的重要领域,是以城市建设区以及周边影响区为研究对象,从城市系统的结构、输入与输出、过程与效能等方面,以城市系统可持续性与和谐发展为目标,通过构建城市系统构成与格局、功能与活力、抗性与协调性等方面指标,来综合评估城市生态环境状况的过程,旨在为城市生态环境管理、城市宏观规划提供科学依据(王发曾,1991;鲁敏 等,2002;邝奕轩 等,2005)。完整的城市生态特征可以从城市区域内包含土壤、空气、水系统和水体等物理环境、建筑结构和动植物等三方面来体现(Richard,2017)。但受到基于科学性、目的性、系统性与可操作性的指标选择及评价原则、数据获取方式等影响,城市生态质量评价往往面临指标全面和空间精细不能两全的问题。

不少学者针对城市生态系统特征,从城市生态系统构成与格局、城市功能特征以及城市环境健康等综合角度,提出了城市生态环境质量评价方法。徐庆勇等(2011)综合运用RS和GIS技术,从自然因素和人为因素两个方面选取了海拔高度、土地利用变化指数、景观多样性指数等14个指标构建了珠江三角洲生态质量评价模型。在城市区域的生态系统环境评价中(隋玉正 等,2013),基于上海城市气象、土地利用等数据,利用层次分析法建立了上海市的人居生态质量评价模型。方灿莹等(2017)基于Sentinel-2A遥感影像在参考不透水面、绿地和水体等地表参数信息的同时,应用新型遥感生态指数(RSEI)分析对比了福州市2座体育场馆的生态效应。从城市生态系统结构、城市生态效能与城市环境各个方面出发,提出了生态服务用地指数、人均公共绿地指数、物种丰富指数、非工业用地指数、水生生境指数、环境空气质量指数、交通通畅度指数、卫生清扫指数、生活垃圾无害化处理这10类城市生态环境质量评价指数,根据专家经验赋权重方法,建立综合评价指标,并以此进行生态环境质量分级,对上海、成都、昆明等7个城市的生态环境质量进行了综合评价。该方法评价指标全面,但基于统计数据的指标在可获取性及空间化评价上存在较大难度。随着遥感技术的发展,城市区域生态环境质量评价方法也不断推陈出新。其中由徐涵秋(2013)构建的基于遥感生态指数的生态环境评价方法逐渐受到广泛的重视和应用。张浩等(2017)、刘智才等(2015)利用遥感生态指数分别开展了南京市、杭州市城市环境生态变化监测。王士远等(2016)利用该指数对长白山自然保护区1995—2015年的生态环境质量的时空变化进行评价。李粉玲等(2015)利用徐涵秋(2013)提出的植被指数、湿度指数、地表温度和裸土指数,对黄土高原丘陵沟壑区——陕西省富县1995—2014年的生态环境质量进行评价。结果表明,基于主成分分析确定权重的遥感生态指数能客观定量揭示区域生态环境的变化。罗春等(2014)利用该指数来监测常宁市水土流失区的生态变化,认为遥感生态指数方法可以很好地评价水土流失区生态修复效果。由于该指数完全基于遥感信息,可根据影像的分辨率用于不同尺度的生态质量研究,有效地弥补了国家环境保护部推出的生态环境状况指数(EI)只能用于县级以上区域生态质量评价的不足(徐涵秋,2013)。另外,RSEI的结果可实现空间可视化,可被用于生态质量时空变化分析、模拟和预测。因此,提出以来已被广泛应用。利用遥感指标对襄阳市开展生态质量评价的研究不多,仅炊雯(2017)利用2011年Landsat TM和SPOT数据,选取植被覆盖度、裸土植被指数和坡度作为生态因子指标构建多因素综合评价模型,对襄阳市进行了生态环境评价。

本节研究选取2001年、2010年和2017年3个相同季节的Landsat 8 OLI影像,分别反演提取绿度、湿度、热度和干度4个生态因子指标,通过主成分分析方法计算遥感生态指数(RSEI),定量、客观地评估襄阳城市生态环境质量及其动态变化,以期为襄阳城市生态环境保护和可持续发展提供理论参考。

#### 3.2.3.2 襄阳城市生态环境评价数据及预处理

Landsat系列卫星具有中等空间分辨率,覆盖周期短,适用于生态环境质量方面的研究。本节选取3景Landsat5 TM和Landsat8 OLI遥感影像(30 m分辨率)作为数据源,来源于中国科学院对地观测与数字地球中心。影像获取时间分别为2001年5月2日、2010年5月11日和2017年4月29日,影像真彩色合成如图3.68所示。影像的选择原则为季相相同、质量优(晴朗无云),以避免因季节差异、天气条件差异、植被生长状态不同而造成的影响,确保结果具有可比性。Landsat5 TM和Landsat8 OLI卫星传感器参数对比见表3.21。

利用ENVI软件对两景Landsat5 TM遥感数据分别进行预处理:①对不同年份的两景影像采用二次多项式和最邻近像元法进行几何校正,使其均方根误差控制在0.5个像元内;②利用Radiometric Calibration工具进行辐射定标,将影像的灰度值(DN)转换为传感器的反射率;③使用FLAASH工具模板对各波段进行大气校正,消除大气条件对地表反射率的影响;④用行政边界裁剪所有影像数据。本节研究选择的研究区域主要包括襄阳城市现有建成区,包含3个市辖区下辖街道办事处和米庄镇、张湾镇、团山镇、尹集乡、东津镇5个乡镇的部分连片开发区。

# 第3章 襄阳城市气候生态环境专题影响评估

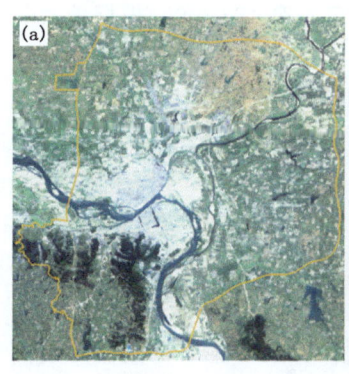 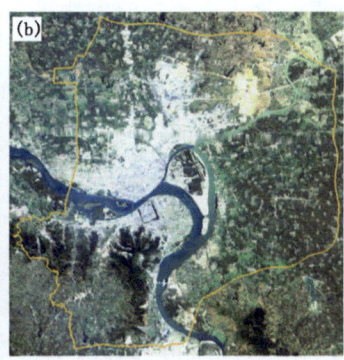 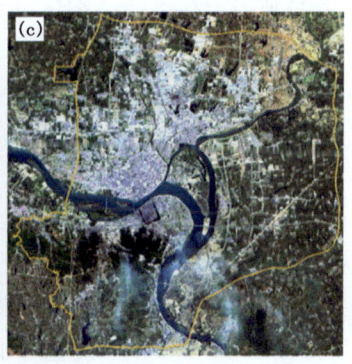

图 3.68 2001 年(a)、2010 年(b)和 2017 年(c)襄阳城市遥感影像(真彩色合成)

表 3.21 两种 Landsat 卫星传感器参数对比

| 传感器 | 波段 | 波长范围(μm) | 分辨率(m) | 传感器 | 波段 | 波长范围(μm) | 分辨率(m) |
| --- | --- | --- | --- | --- | --- | --- | --- |
| TM | 1 | 0.45～0.52 | 30 | OLI | 1 | 0.433～0.453 | 30 |
|  | 2 | 0.52～0.60 | 30 |  | 2 | 0.450～0.515 | 30 |
|  | 3 | 0.63～0.69 | 30 |  | 3 | 0.525～0.600 | 30 |
|  | 4 | 0.76～0.90 | 30 |  | 4 | 0.630～0.680 | 30 |
|  | 5 | 1.55～1.75 | 30 |  | 5 | 0.845～0.885 | 30 |
|  | 6 | 10.40～12.50 | 120 |  | 6 | 1.560～1.651 | 30 |
|  | 7 | 2.08～2.35 | 30 |  | 7 | 2.100～2.300 | 30 |
|  |  |  |  |  | 8 | 0.500～0.680 | 15 |
|  |  |  |  |  | 9 | 1.360～1.390 | 30 |

### 3.2.3.3 襄阳城市生态环境评价方法

在诸多反映生态质量的自然因素中,绿度、湿度、热度及干度是人类直观感觉生态条件优劣的重要因素,因此常被用于评价生态系统质量。4 个指标均可从遥感影像中直接反演获得。通过对各项指标标准化、主成分分析计算权重,最后构建遥感生态指数(RSEI)。

(1)生态因子分量指标

1)绿度:由归一化植被指数(NDVI)表征,因为 NDVI 作为典型植被指数,与植物生物量、植物叶面积及植被覆盖率都存在密切相关,其公式为:

$$\text{NDVI} = (\rho_{\text{NIR}} - \rho_{\text{R}})/(\rho_{\text{NIR}} + \rho_{\text{R}}) \tag{3.42}$$

2)湿度:由缨帽变换得到的湿度分量(WET)来表征,该湿度分量对植被和土壤的湿度最为敏感,能较好地反映与生态的密切关系,其公式为:

$$\text{WET} = C_1\rho_{\text{B}} + C_2\rho_{\text{G}} + C_3\rho_{\text{R}} + C_4\rho_{\text{NIR}} + C_5\rho_{\text{SWIR1}} + C_6\rho_{\text{SWIR2}} \tag{3.43}$$

式中,对于 Landsat 8 OLI 影像,$\rho_{\text{B}}$、$\rho_{\text{G}}$、$\rho_{\text{R}}$、$\rho_{\text{NIR}}$、$\rho_{\text{SWIR1}}$、$\rho_{\text{SWIR2}}$ 分别代表第 2、3、4、5、6、7 波段的反射率,$C_1$、$C_2$、$C_3$、$C_4$、$C_5$、$C_6$ 分别为 0.1511、0.1973、0.3283、0.3407、−0.7117 和 −0.4559。对于 Landsat 5 TM 影像,$\rho_{\text{B}}$、$\rho_{\text{G}}$、$\rho_{\text{R}}$、$\rho_{\text{NIR}}$、$\rho_{\text{SWIR1}}$、$\rho_{\text{SWIR2}}$ 分别代表第 1、2、3、4、5、7 波段的反射率,$C_1$、$C_2$、$C_3$、$C_4$、$C_5$、$C_6$ 分别为 0.0315、0.2021、0.3102、0.1594、−0.6806 和 −0.6109。

3)热度:地表温度(LST)与地表覆盖类型、地表水资源蒸发循环等自然、人文过程密切相关，是反映地表环境的一个重要参数。地表温度反演方法采用覃志豪 等(2001)根据地表热辐射传输方程推导出的单窗算法。

$$T_S = \{a(1-C-D)+[b(1-C-D)+C+D]T_b - DT_a\}/C \qquad (3.44)$$

$$T_a = 16.0110 + 0.92621 T_0 \qquad (3.45)$$

$$T_b = K_2/\ln(1+K_1/L_{(\lambda)}) \qquad (3.46)$$

式(3.44)~式(3.46)中，$T_S$ 为地表温度(K)，$a$ 和 $b$ 分别为常量，$C=\varepsilon\tau$，$D=(1-\tau)[1+(1-\varepsilon)\tau]$，$\varepsilon$ 为地表比辐射率，$\tau$ 为大气透射率，$T_b$ 是像元亮温(K)，$T_a$ 是大气平均作用温度，$L_{(\lambda)}$ 为传感器接收到的辐射强度，$K_1$、$K_2$ 为发射前预设的常量，$T_0$ 为近地表气温。

4)干度：以能够表征不透水面和地表裸露情况的建筑指数(IBI)和裸地指数(SI)共同表征，综合表示为建筑裸土指数(NDSI)，计算公式用两者的算术平均值代替：

$$NDSI = (IBI + SI)/2 \qquad (3.47)$$

$$IBI = \left[\frac{2\rho_{SWIR1}}{\rho_{SWIR1}+\rho_{NIR}} - \frac{\rho_{NIR}}{\rho_{NIR}+\rho_R} - \frac{\rho_G}{\rho_G+\rho_{SWIR1}}\right]/$$

$$\left[\frac{2\rho_{SWIR1}}{\rho_{SWIR1}+\rho_{NIR}} + \frac{\rho_{NIR}}{\rho_{NIR}+\rho_{Red}} + \frac{\rho_G}{\rho_G+\rho_{SWIR1}}\right] \qquad (3.48)$$

$$SI = [(\rho_{SWIR1}+\rho_R)-(\rho_{NIR}+\rho_B)]/[(\rho_{SWIR1}+\rho_R)+(\rho_{NIR}+\rho_B)] \qquad (3.49)$$

式(3.47)~式(3.49)中，$\rho_B$、$\rho_G$、$\rho_R$、$\rho_{NIR}$、$\rho_{SWIR1}$、$\rho_{SWIR2}$ 分别代表 Landsat 8 OLI 影像中的第 2、3、4、5、6、7 波段的反射率和 Landsat 5 TM 影像中的第 1、2、3、4、5、7 波段的反射率。

(2)主成分分析及变换

主成分分析(principal component analysis，PCA)方法是一种将多个变量通过正交线性变换来选出少数重要变量的多维数据压缩技术。它将多维的信息集中到少数几个特征分量上，不仅可以减少原始多变量间的信息重叠，且减少了变量个数，其中的第一个主分量是对原始多变量数据集方差贡献最大的新变量，用这一新变量来构建遥感生态指数可以降低计算的复杂度，且具有一定的代表性。因此，本节采用主成分变换来集成以上 4 个变量。首先分别计算 3 景遥感影像的 4 个指标，对它们进行归一化后将它们合成为一幅新图像，再对新的图像进行主成分变换，得到 4 个指标的主成分矩阵(罗春，2014)。

表 3.22 是襄阳城市 2010 年和 2017 年 4 个指标的主成分分析。从表中可以看出第一主成分(PC1)具有以下特征：第一主成分(PC1)的贡献率都大于 85%，表明它已集中了 4 指标的大部分特征；在 PC1 中，代表湿度的 WET 和代表绿度的 NDVI 呈正值，说明二者共同对生态起正面的影响；而代表热度和干度的 LST 呈负值，说明对生态起负面影响，这与实际情况相符。图 3.69 为襄阳城市 2010 年和 2017 年第 1、2、3 主成分合成图。

表 3.22 指标主成分分析

| 年份 | 指标 | 第一主成分 | 第二主成分 | 第三主成分 | 第四主成分 |
| --- | --- | --- | --- | --- | --- |
| 2010 | NDVI | 0.6129 | 0.4120 | −0.2491 | −0.6265 |
|  | WET | 0.6955 | −0.6816 | 0.0132 | 0.2269 |
|  | LST | −0.1000 | −0.0336 | −0.9594 | 0.2615 |
|  | NDSI | 0.3614 | 0.6037 | 0.1315 | 0.6983 |
|  | 特征值 | 0.1007 | 0.0085 | 0.0029 | 0.0010 |
|  | 贡献率 | 89.0523 | 7.5330 | 2.5493 | 0.8654 |

续表

| 年份 | 指标 | 第一主成分 | 第二主成分 | 第三主成分 | 第四主成分 |
|---|---|---|---|---|---|
| 2017 | NDVI | 0.6507 | 0.3996 | −0.2194 | −0.6073 |
| | WET | 0.6786 | −0.6197 | −0.1381 | 0.3693 |
| | LST | −0.2043 | 0.1046 | −0.9537 | 0.1944 |
| | NDSI | 0.2726 | 0.6674 | 0.1526 | 0.6761 |
| | 特征值 | 0.0880 | 0.0102 | 0.0041 | 0.0018 |
| | 贡献率 | 84.5296 | 9.8182 | 3.8990 | 1.7532 |

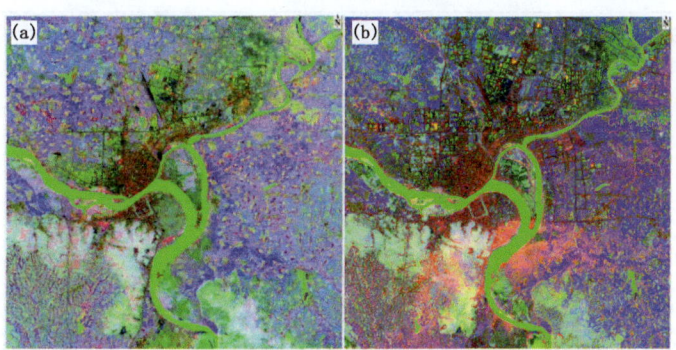

图 3.69 第 1、2、3 主成分合成图(a.2010 年,b.2017 年)

(3)遥感生态指数的构建

首先,为消除不同指标值大小及量纲的影响,采用最小-最大标准化方法将 4 个指标转化为[0,1]的无量纲。

$$NI=(I_0-I_{min})/(I_{max}-I_{min}) \tag{3.50}$$

式中,NI 为标准化后的指标值,$I_0$ 为指标原始值,$I_{max}$ 和 $I_{min}$ 为该指标的最大值和最小值。

然后将上述经归一化处理后的分量合并成 4 波段的新影像进行主成分分析,以各指标对主分量的贡献率来客观确定权重,从而实现将单一指标整合为综合指标。

$$RSEI_0=\sum_{i=1}^{m}a_i PC_i=\sum_{j=1}^{n}w_j I_j \tag{3.51}$$

式中,$W_j$ 为各分量指标的权重,$I_j$ 为各分量指标标准化值,$PC_i$ 为分量指标的主成分,$a_i$ 为各主成分的方差贡献率权重。$n$ 和 $m$ 分别为评价指标和指标主成分的个数。

最后,为便于不同年份指标的度量和比较,对初始遥感生态指数再进行标准化,得到最终的遥感生态指数 RSEI,其值介于 [0,1]。

$$RSEI=(RSEI_0-RSEI_{min})/(RSEI_{max}-RSEI_{min}) \tag{3.52}$$

式中,$RSEI_{min}$ 和 $RSEI_{max}$ 分别表示生态指数 $RSEI_0$ 的最小值和最大值。RSEI 值越大表示生态质量越好;反之,表示生态质量越差。

(4)变化评价方法

本节从生态因子分量指标特征分析、基于遥感生态指数的生态等级以及不同年份 RSEI 指数等级差值变化检测三个方面,对襄阳城市 2001—2017 年的生态环境质量及变化进行评估。

#### 3.2.3.4 襄阳城市生态因子时空变化特征分析

计算出襄阳城市遥感生态指数（RSEI）影像后，并统计了各个年份 4 个分指标值及 RSEI 的均值（表 3.23）。从表中可以发现，襄阳城市 RESI 均值由 2001 年的 0.64049 上升到 2010 年 0.7583，后又下降到 2015 年的 0.7102，18 年间经历了先大幅上升又小幅下降的变化趋势。从各项生态指标来看，襄阳城市绿度也呈现先增加后小幅减少的变化趋势，而对生态环境质量起正向作用的湿度呈一直增加趋势，对生态环境质量起负向作用的热度和干度指标均呈现先降低又增加的趋势。

表 3.23　各年代生态因子指标

| 年份 | 绿度（NDVI） | 湿度（WET） | 热度（LST） | 干度（NDSI） | RSEI |
| --- | --- | --- | --- | --- | --- |
| 2001 | 0.5028 | 0.5548 | 0.4311 | 0.5544 | 0.6049 |
| 2010 | 0.6005 | 0.5561 | 0.4243 | 0.5131 | 0.7583 |
| 2017 | 0.5984 | 0.6484 | 0.4788 | 0.5617 | 0.7102 |

2001 年、2010 年和 2017 年绿度、湿度、热度、干度指标空间分布分别如图 3.70～图 3.72 所示。可以看出，相对 2001 年，2010 年闲置裸地得到了规划开发，并配合城市绿化的改善，一定程度上降低了城市的干度及热度，提升了城区整体环境质量。然而随着城镇化发展过快，植被农田覆盖区被城市用地取代，城市热岛效应更加突出。在全球气候变暖的背景下，2017 年相比于 2010 年襄阳城市绿度下降，而热度、干度明显上升，城市生态环境质量有所下降。

从遥感生态指数空间分布可知（图 3.73），2001—2017 年，生态质量较差的区域从 2001 年的樊城区、襄城区和鱼梁洲逐步向米庄镇和张家湾两地辐射延伸，从 2013 年开始规划新建的东津新区也在 2017 出现了生态质量有所变差的趋势。而鱼梁洲生态环境因有效的开发利用反而有所提高。

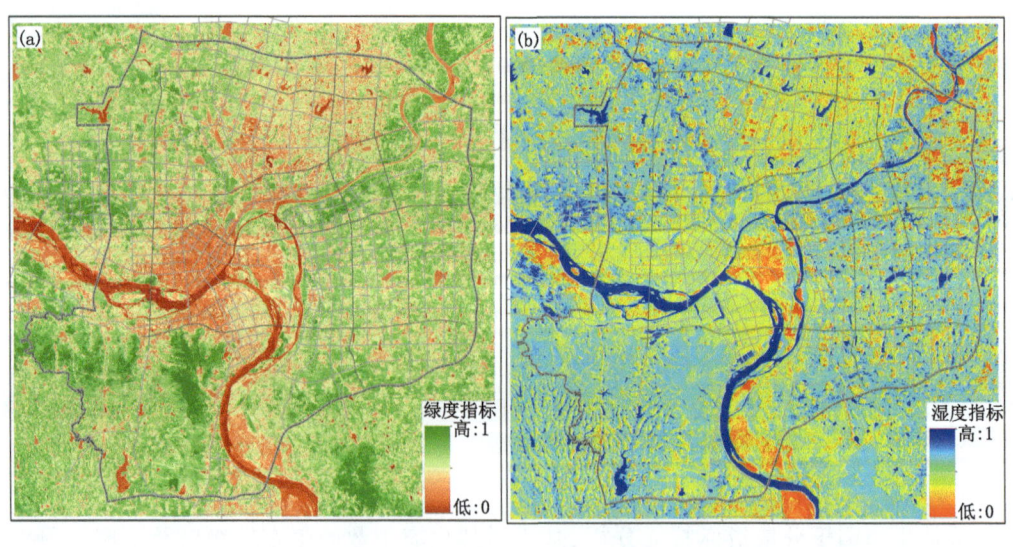

# 第3章 襄阳城市气候生态环境专题影响评估

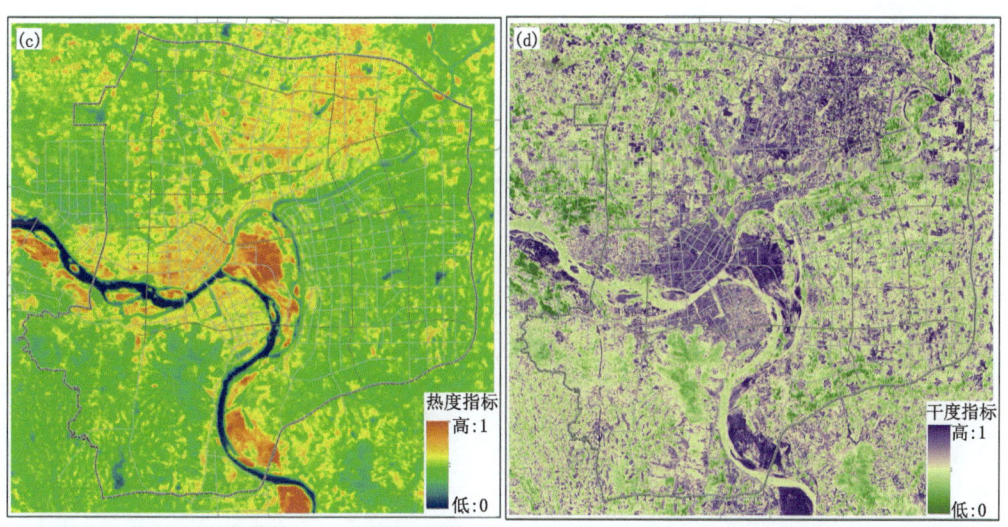

图 3.70 2001年襄阳城市生态环境质量评估指标(a.绿度,b.湿度,c.热度,d.干度)标准化分布

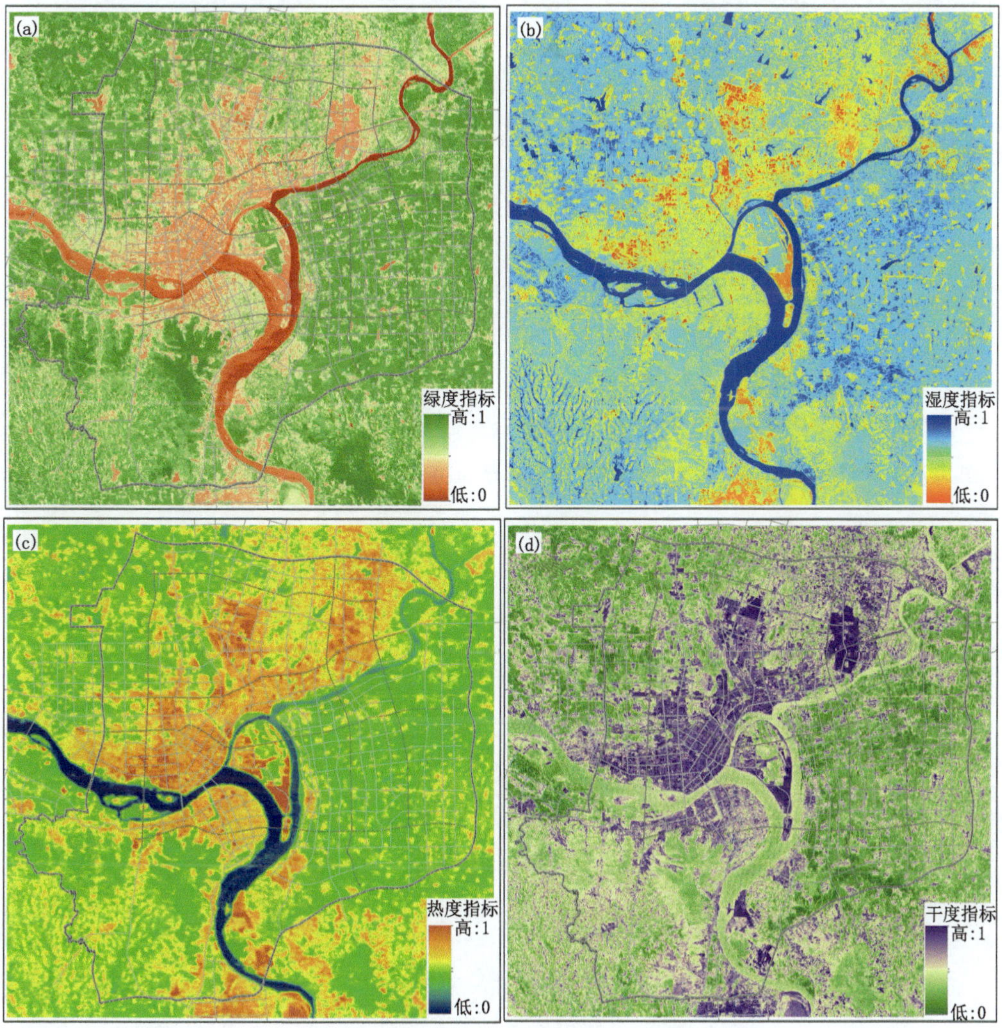

图 3.71 2010年襄阳城市生态环境质量评估指标(a.绿度,b.湿度,c.热度,d.干度)标准化分布

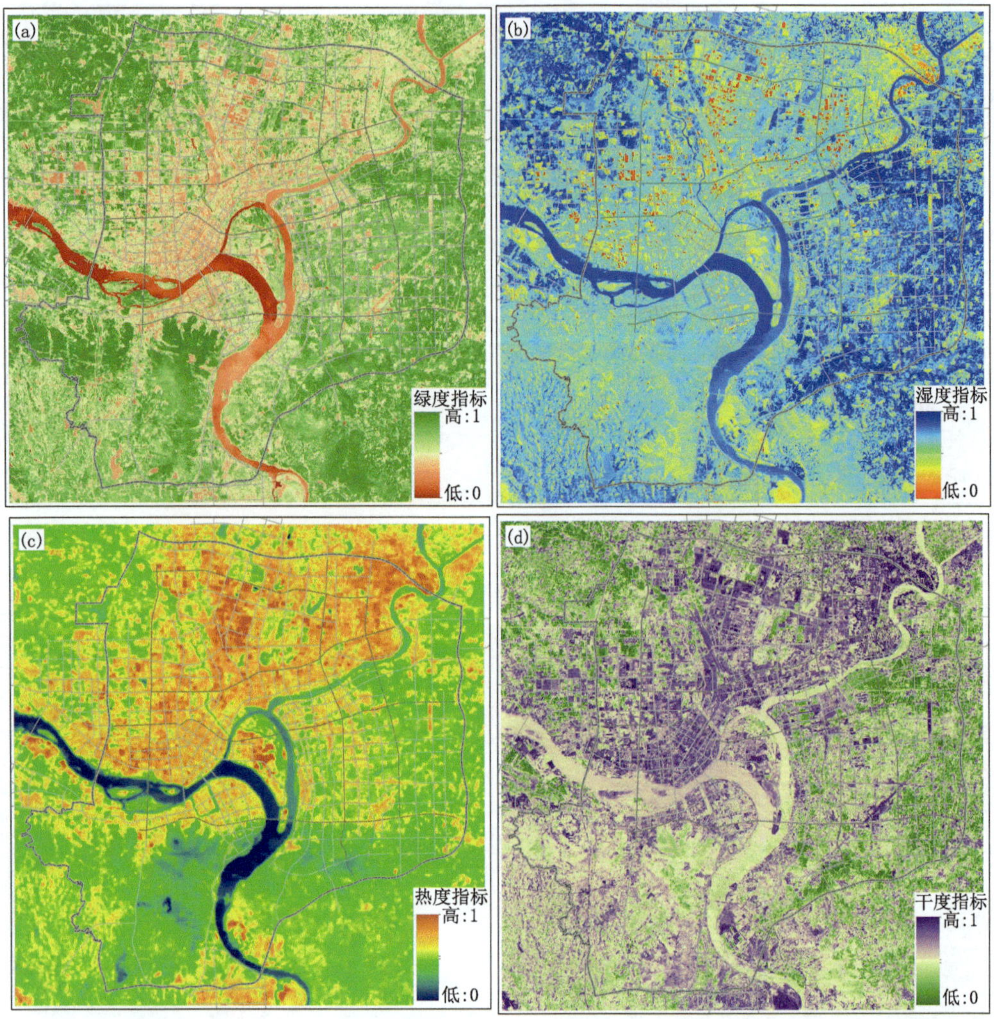

图 3.72 2017年襄阳城市生态环境质量评估指标（a.绿度，b.湿度，c.热度，d.干度）标准化分布

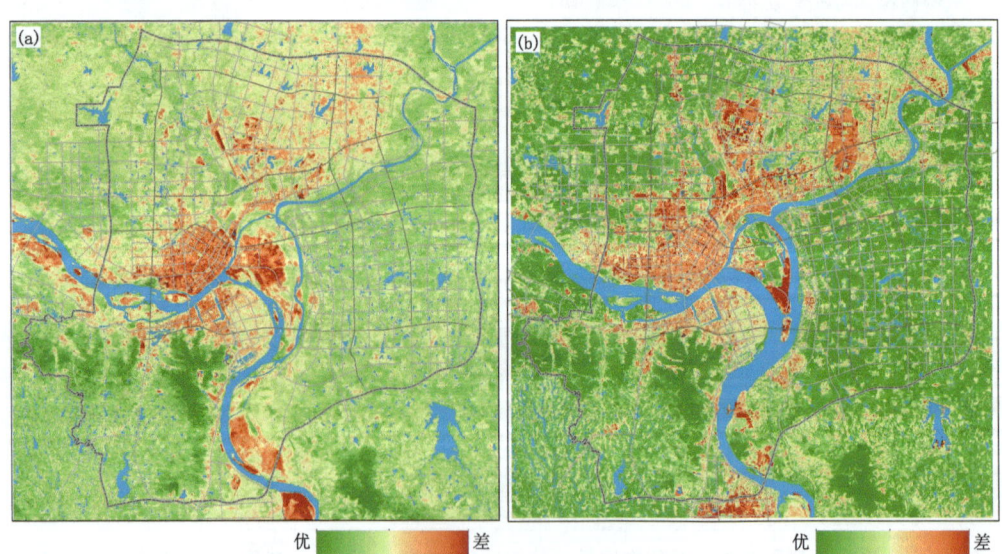

# 第3章 襄阳城市气候生态环境专题影响评估

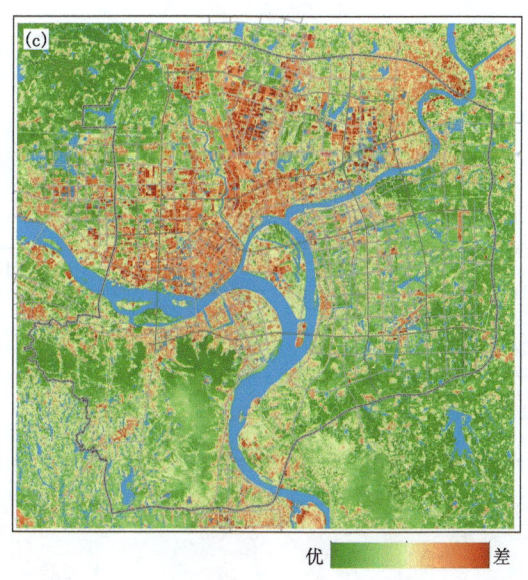

图 3.73 遥感生态指数分布(a. 2001 年,b. 2010 年,c. 2017 年)

### 3.2.3.5 基于 RSEI 的生态环境质量变化检测评价

统计结果显示(表 3.24),2010 年襄阳城市生态等级差、较差、中、良、优的面积占比分别为 2.43%、9.70%、21.38%、30.69%、35.80%,而 2017 年各等级面积占比分别为 4.24%、20.83%、22.95%、35.45%、16.53%。优等生态面积占比由所下降,其他四类生态等级面积占比均有所升高。优良等级累计占比由 2010 年的 66.49% 降到 2017 年的 51.98%,降幅超过 20%;较差等级面积增幅 114.70%,变化最为明显,中等生态面积保持平稳。总体而言,襄阳城市生态环境质量在 2010—2017 年整体下降。

表 3.24 生态等级和面积比例变化

| 生态等级 | 2010 年各生态等级面积($km^2$) | 2010 年各生态等级占比(%) | 2017 年各生态等级面积($km^2$) | 2017 年各生态等级占比(%) | 占比差值(%)(2017—2010 年) |
| --- | --- | --- | --- | --- | --- |
| 差 | 29.27 | 2.43 | 51.12 | 4.24 | 1.81 |
| 较差 | 117.11 | 9.70 | 251.43 | 20.83 | 11.13 |
| 中 | 258.01 | 21.38 | 276.98 | 22.95 | 1.57 |

基于以上等级划分,分 9 个等级对襄阳城市各年份 RSEI 指数进行差值变化检测。其中"0"级表示基本未变级,"变好"和"变差"都各分 4 级(表 3.25)。统计结果显示,2010—2017 年,从变化幅度看,襄阳城市生态环境变差、等级下降的面积约占总面积的 47.07%,其中 37.46% 的区域仅变差一个生态等级;生态等级保持不变的区域面积占比为 44.02%;而生态转好的面积占比仅为 8.91%。可以说,襄阳城市生态环境质量等级整体呈小幅度下降趋势,等级变化较大的区域占比相对较小。

生态质量等级变化检测图(图 3.74)展示了襄阳城市生态质量等级变化的空间分布特征。由图 3.74 可知,2010—2017 年,生态质量等级变差 3 个等级以上的区域主要分布在东津新区、团山镇和米庄镇及鱼梁洲城镇扩展区域,张湾镇及东津新区沿河局地生态质量等级提高 2 个及以上等级。

表 3.25 变化检测表

| 类别 | 级差 | 级差面积(km²) | 占比(%) | 类面积(km²) | 类占比(%) |
| --- | --- | --- | --- | --- | --- |
| 变差 | −4 | 3.37 | 0.28 | 568.04 | 47.07 |
|  | −3 | 26.50 | 2.20 |  |  |
|  | −2 | 86.12 | 7.14 |  |  |
|  | −1 | 452.06 | 37.46 |  |  |
| 不变 | 0 | 531.32 | 44.02 | 531.32 | 44.02 |
| 变好 | 1 | 87.21 | 7.23 | 107.50 | 8.91 |
|  | 2 | 16.86 | 1.40 |  |  |
|  | 3 | 3.17 | 0.26 |  |  |
|  | 4 | 0.27 | 0.02 |  |  |

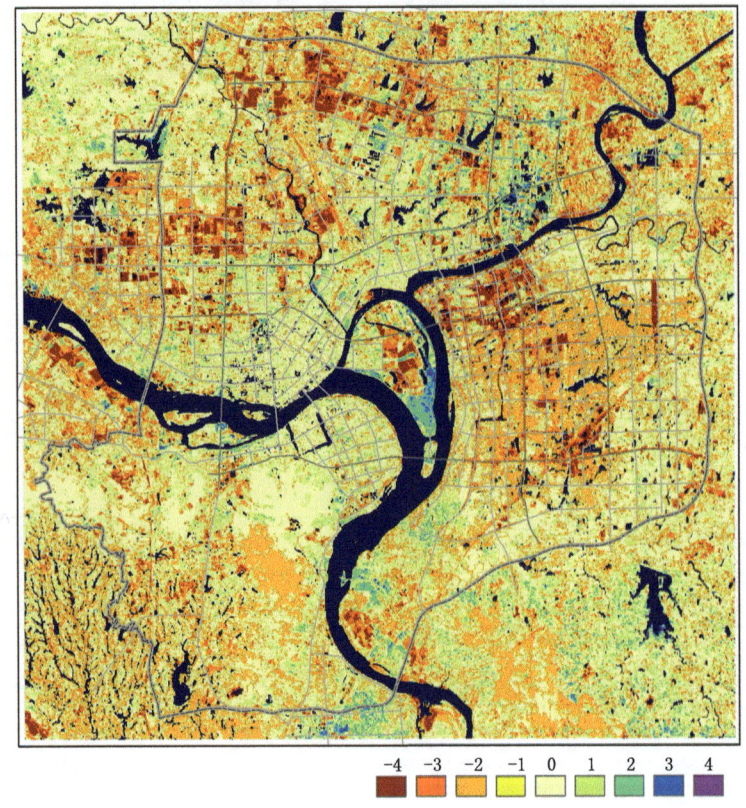

图 3.74　2010—2017 年生态质量等级变化检测图

将检测结果以变差、不变和变好进行整体归类,并叠加 2010 年土地利用/覆盖类型资料(全球 30 m 地表覆盖数据 GlobeLand30 产品)分析不同等级变化区域对应土地覆盖类型组成(图 3.75)。结果显示,生态质量的等级变好的区域主要以耕地和人造表面两种地表类型组成,但比例均小于 5%;而生态质量等级变差的区域在 6 种主要土地覆盖类型中均有发生,主要集中在农用地、部分人造表面(即人类活动地域)及林地区。

# 第3章 襄阳城市气候生态环境专题影响评估

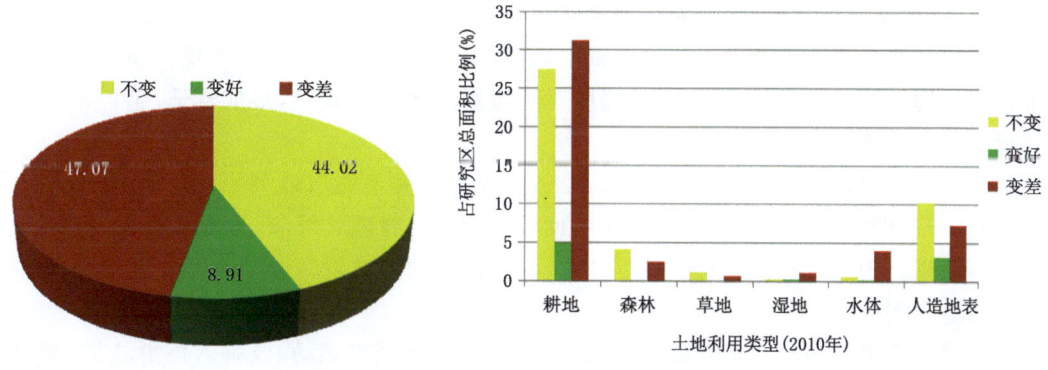

图 3.75 生态等级变化对应土地覆盖类型分析

## 3.2.4 小结

生态环境质量评价结果可为城市规划、城市生态环境整治和城市生态环境管理提供重要基础;城市生态环境质量评价应该注重结合实际问题开展工作,有针对性地选择不同评价指标和方法;徐涵秋(2013)提出的生态质量评价方法优点在于空间精度高,但评价内容主要集中在陆面,没有包含大气环境质量。

从生态质量综合评价指数年际变化可以看到,在极端天气和气象灾害出现的年份,襄阳市生态环境质量会有所下降,而在非明显灾害年份,生态环境质量保持较好。高温干旱是导致襄阳市水体密度指数、湿润指数降低的主要原因。

从襄阳城市生态质量评估分析来看,2010—2017年,襄阳城市较差生态等级区域面积占比上升明显,优等生态等级面积占比下降显著,中等生态面积占比保持平稳。总体而言,襄阳城市生态环境质量在2010—2017年整体呈小幅度下降趋势,变差的区域主要集中在由城镇化发展改变土地利用类型的区域,即农用地和人造地表。

## 3.3 襄阳城市通风廊道设计

城市大规模的开发与快速发展,导致下垫面特征不断变化,建筑密度逐年增大,使得城市下垫面变得更为粗糙,致使处于城区之中的气象站观测到的城市风速普遍呈现减小的趋势,引起空气污染和城市热岛加剧。特别是近几年雾、霾事件频发,严重影响市民的健康。因此,在城市弱风或静稳风环境下的通风廊道应用研究显得尤为重要。城市风道建设的作用在于促进城市空气循环,降低空气污染物浓度,从而改善城市通风环境,特别是舒缓夏季的热岛效应,降低冬季采暖期雾、霾事件发生频率,使市民拥有舒适健康的城市生活环境,现已成为国内外关注的热点议题。

在全球变暖与快速城市化背景下,城市的快速发展带来了一系列环境问题,如拥挤的交通产生大量的尾气;城市高强度的建设一方面侵占自然水体、农田,另一方面又阻碍了城市空气的流动,致使城市热岛现象严重等。这些均对城市生态环境与居民身心健康构成一定的威胁,因此从气候学与生态学的角度出发,考虑风环境对城市的影响,在城市规划设计过程中为城市留出必要的风道及风道口就显得尤为重要。尤其是在炎热季节,城市风道的规划不仅能够降低城市温度、缓解热岛效应、增强城市的自然调节能力,还有利于建筑节能、小气候的改善以及舒适空间的营造。规划中考虑不同层次城市风环境体系的营造,基于风环境分析合理地规划城市整体结构、控制城市容积率与建设强度对于缓解城市热岛效应,形成舒适、节能的城市空间环境有重要的意义。

现有研究表明,在静风和接近静风条件下,通风廊道并不能有效利用这类微弱的风速;而当风速较大时,即便没有通风廊道的城区内也具有较好的通风效果,有无通风廊道的通风效果差异并不明显。因此,通常以中低风速的"软轻风"作为构建通风廊道时的重点研究对象,以提高通风廊道利用效率。

城市通风廊道的构建是提升城市空气流通能力、缓解城市热岛、改善人体舒适度、降低建筑物能耗的有效措施,对局地气候环境的改善有重要的作用。目前世界上很多国家和地区已经相继开展城市风环境研究与应用的项目(张睿 等,2018)。德国卡塞尔大学 Katzschner 教授于 20 世纪 80 年代开展《"理想城市气候"计划》;Kress 根据局地环流运行规律提出了下垫面气候功能评价标准。日本从 20 世纪 90 年代开始关注风环境,并在 2007 年由日本东京湾首都圈内的八个主要都县联合完成《"风之道"研究报告》。

我国规划领域在城市通风廊道方面的研究始于 20 世纪 80 年代末,早期仅基于有限气象站的风玫瑰图、污染系数图(周淑贞,1987;朱瑞兆,1981),20 世纪 90 年代后基于基本气象站点观测资料开展风、温、湿、压要素的气候适宜性分析(汤惠君,2004;黄梅丽 等,2007),2000 年后开展统计分析和数值模拟技术相结合的气候适宜性分析及方案评估,关注具体气候问题在规划中的解决研究(姚圩琴 等,2011)。2010 年后利用更精细的气象数值模式及遥感反演、GIS 应用研究城市通风环境、热环境以及污染敏感区的城市环境气候图技术(胡小静 等,2018)。模拟的空间分辨率也从天气学尺度的几千米发展到为城市规划应用的 1 km 甚至几百米(尹杰 等,2017)。如 Li 等(2007)的 RAMS/FLUENT、苗世光等(2006)的 GRAPES 和 UNSM 结合。这种将中尺度模式和微尺度模式耦合进行的模拟,可以更细致、定量地刻画由于不同规划方案下气候要素的变化。国内具有代表性的工作有 2003 年香港特别行政区政府规划署委托香港中文大学建筑学院吴恩融教授开展的空气流通评估方法可行性研究,华中科技大学余庄教授以武汉市为例对夏热冬冷地区的城市广义通风道规划等展开研究。北京市气候中心在前期实际工作的基础上,于 2015 年底编写了《城市通风廊道规划气候可行性论证技术指南》,用于指导气象部门相关气候可行性论证工作(杜吴鹏 等,2016;王梓茜 等,2018)。

### 3.3.1 工作流程与技术路线

城市通风廊道规划的气候可行性论证工作主要包含需求分析、实地调研与资料收集、论证内容的计算分析、通风廊道规划及方案完善四部分(图 3.76)。

#### 3.3.1.1 需求分析

在论证工作初期,应与规划编制及管理部门做好沟通,掌握城市规划编制的背景、目标和内容,了解通风廊道规划需关注的重点气象和大气环境问题,诸如城市热岛效应较强、局地小气候舒适性较差、大气污染较重等,以保证通风廊道的规划具有较强的针对性。

#### 3.3.1.2 资料收集

论证工作启动时,应与城市规划、气象、环保以及相关管理部门座谈,收集有关资料,深入

# 第 3 章 襄阳城市气候生态环境专题影响评估

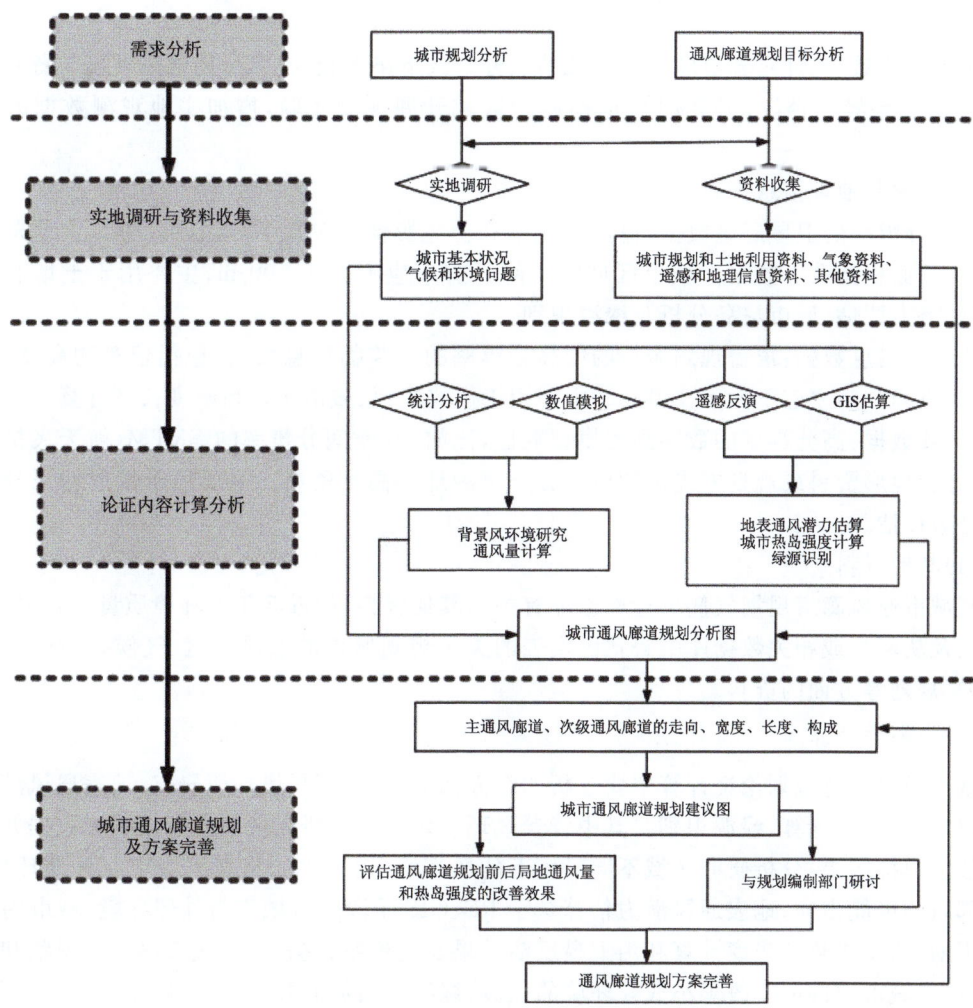

图 3.76 城市通风廊道规划的气候可行性论证工作流程

了解当地气候和环境问题,确定城市通风廊道规划的范围和重点。有条件时可实地考察市域内的大型水体、绿地、林地、主要城市道路、河流、工业区、重点污染企业等,了解城市基本状况。

根据城市所在区域、论证选用的数值模式进行资料收集。

(1) 城市规划和土地利用资料

收集城市乡镇行政边界矢量图层、用地类型现状矢量图层和规划用地类型矢量图层,将其作为绘制城市通风廊道的基础底图,同时将其处理成气象数值模式所需的用地类型数据。

(2) 气象资料

历史数据:规划城市范围内所有国家级地面气象观测站逐时风速、风向资料,以近 30 年数据为宜,应不少于 10 年;规划城市范围内区域自动气象站建站以来至少一整年的逐时或逐分钟风向、风速、气温、相对湿度、地温等资料;规划城市典型年和典型天气条件下的全球再分析气象资料。

作物高度观测资料:农业气象观测数据,用于城市郊区植被粗糙度长度计算。

气象高空探测资料:规划城市最近的高空气象站逐日高空探测数据,用于边界层模式

模拟。

实地观测数据:针对廊道周围无气象站点分布或下垫面较为复杂、局地风环境与背景风可能存在明显差异的情况,必要时可选择典型区域开展观测实验,增加实地观测数据的对比分析。

(3)遥感和地理信息资料

中高分辨率的卫星遥感数据:包括多光谱和全色影像(PMS、WFV、OLI等)、土地覆盖类型产品、叶面积指数等数据。城市区域的空间分辨率应不大于100 m;主要用于土地利用分类、通风潜力评估、城市热岛分析及绿源识别。

建筑物信息数据:覆盖规划城市的中高分辨率的建筑物信息数据,包括建筑物高度、建筑物密度,空间分辨率应不大于100 m。主要用于模式模拟、城市用地粗糙度长度计算。

DEM数据:高分辨率的数字高程模型数据,比如30″空间分辨率的SRTM(航天飞机雷达地形测绘)地形资料或规划方提供的更高分辨率的地形高度资料。主要用于地形特征分析及通风潜力评估。

(4)其他资料

与城市通风廊道规划气候可行性论证有关的其他资料,如近5年的环境质量报告书、统计年鉴以及从网络或相关数据库中查找已发表的关于规划城市的通风廊道、气候、生态环境、产业发展、规划等方面的资料。

### 3.3.1.3 论证计算

城市通风廊道规划论证计算主要分析四个方面的内容:背景风环境研究、地表通风潜力估算、城市热岛强度计算、绿源识别。其中背景风环境研究利用研究区域内气象观测数据并结合气象数值模拟结果,分析研究区域不同尺度下的风环境,提炼不同情境下城市与外部环境、城市内部风的可能走向;地表通风潜力估算基于RS、GIS手段分析城市与外部环境、城市内部风可利用通道;城市热岛强度计算利用卫星反演结果及气象站数据,研究城市热环境现状和演变特征,提取城市内部需要改善小气候环境的区域;绿源识别基于RS数据识别城市内、外可用于改善小气候环境的区域。通过背景风环境研究、地表通风潜力估算、城市热岛强度计算、绿源识别,综合城市尺度和重点区域尺度下的观测、模拟和评估结果,进行城市通风廊道规划分析。

(1)背景风环境研究

风速和风向统计分析。统计分析全年及不同季节气象观测站风向、风速。将风速分级,分析各台站月、季、年全风向和各风向下的风速的时空分布特征;统计各风向频率,绘制风频率玫瑰图,分析全年及不同季节的主导风向和次主导风向。

软轻风情景下的风速和风向统计分析。根据《GB/T 28591—2012 风力等级》规定,选取城市通风廊道通风效果明显的风段,扣除无风和大风后,取0.3~3.0 m/s的风速为软轻风。挑选软轻风情景下气象观测站的风向、风速观测数据,开展风速和风向统计分析。

背景风场数值模拟。使用中尺度气象模式通过多重嵌套或中尺度气象模式耦合小尺度气象模式进行降尺度,模拟得到规划城市典型月份和典型天气条件下水平分辨率不大于1 km的风场,模拟结果应科学地体现地形和城市下垫面对背景风场的影响。针对规划城市气候特点,选择不同季节下的平均风速为软轻风且主导风向为软轻风主导或次主导风向的天气条件作为典型天气条件进行数值模拟。分析软轻风情景下城市风场分布特征。

局地环流风场分析。基于规划城市范围内区域自动气象站建站以来至少一整年观测的逐时或逐分钟风向、风速资料,对全年及不同季节山谷风、海陆风及河陆风/湖陆风等局地环流风场的主导风向和起止时间进行统计分析。参考山体、水体走向以及数值模拟结果,综合确定属于山(谷)风、海(陆)风、河(陆)风、湖(陆)风的风向范围;将某一时段内站点频率最高的风向作为该时段该站点局地环流风场的主导风向;并确定山谷风、海陆风及河陆风/湖陆风的影响范围。

(2) 地表通风潜力估算

地表通风潜力由天空开阔度和粗糙度长度获得,受建筑物、植被覆盖影响。其中建筑物密集是降低空气流速的主要因素,而自然植被和接近周边开敞区域则是增加空气流动的因素。城市区域地表通风潜力主要受建筑物影响,需要在 DEM 数据上叠加中高分辨率的建筑物信息数据。建筑物信息数据可采用规划部门建筑规划矢量图层,也可采用遥感影像反演获得。

根据粗糙度长度和天空开阔度的计算结果,进行地表通风潜力等级划分,将等级划分结果进行绘图分析,得到规划城市地表通风潜力等级空间分布图,根据分布图可进行规划城市通风潜力高低的辨识。

(3) 城市热岛强度计算

城市热岛强度一般采用卫星影像反演得到的地表温度来计算。将研究区内地表温度与郊区温度(郊区农田平均地表温度)的差定义为热岛强度。对热岛强度进行等级划分和绘图分析,得到热岛强度空间分布图,根据分布图可进行规划城市热岛强弱的辨识。

(4) 绿源识别

城市陆地表面温度具有水体<林地<农田<草地<裸地<城镇的规律,且相比较硬化下垫面,水体、林地、农田、草地等植被地区少人为排放,是相对清洁空气源地,即绿源。其对城市局地小气候具有一定的改善功能,可以起到降温、增湿、降尘作用。

可利用卫星遥感资料估算水体、林地、农田、草地等地类的面积,以此确定绿源的强弱。也可以结合城市热岛强度空间分布图中的冷岛分布确定。

### 3.3.1.4 通风廊道规划

根据上面的研究,在城市用地类型现状或规划分布图上叠加背景风环境、地表通风潜力、通风量、城市热岛、绿源空间分布图,依据此结果展开进一步分析,构建出通风廊道。在城市总体/区域规划层面,可构建城市主通风廊道和次级通风廊道,具体如下:

(1) 主通风廊道

城市主通风廊道应与软轻风下的主导风向基本平行,在现有用地覆盖无法完全满足的情况下,两者夹角应小于30°。城市主通风廊道的宽度一般应不小于200 m,长度大于5000 m为宜,如能形成贯穿整个城市的廊道为最优。

在规划时,主通风廊道应沿着通风潜力较大的狭长地区构建。在构建过程中,要连通绿源与城市中心热岛区域,打通重点弱通风量分布区,达到阻隔城市热岛连片、集中发展的目的。

此外,在用地上,除增加可行的通风廊道用地外,可依托天然河道、绿化带、已有高压线走廊、相连的休憩用地、城市现有主要交通干道、非建筑用地等空旷地作为廊道的载体。

(2) 次级通风廊道

城市次级通风廊道应与软轻风下的次主导风向平行,在现有用地覆盖无法完全满足的情况下,两者的夹角应小于30°。城市次通风廊道的宽度一般应不小于50 m。同时,廊道内障碍物垂直于气流流动方向的宽度应尽量小于廊道宽度的10%。其长度1000 m以上为宜。

在规划时,次通风廊道应沿着通风潜力较大的地区构建。在构建过程中,要使其连通绿源与建成密集区，达到降低城市热岛强度的目的。除此之外，尽量弥补城市主通风廊道在现有用地覆盖下无法保证的"断头"廊道区域，特别是局地弱通风量区域，且次级廊道方向应利于与城市主通风廊道相连成网络，辅助和延展主通风廊道通风效能以及沟通、连接局地绿源和风环境较差区域的功能。

此外，在用地上，除增加可行的通风廊道用地外，可依托公园、河渠、城市现有街道、建筑线后移地带及低矮楼宇群等作为廊道的载体。

通风廊道规划构建完后，由于用地布局、建筑布局/高度等发生了改变，还可以对比评估通风廊道规划前后的环境改善效果。常用具体分析指标是廊道规划前后局地通风量大小的改变、热岛强度的变化。

将分析结果和规划编制部门进行研讨，以便进一步完善廊道规划。此评估可借助数值模拟、现场观测或风洞试验等技术完成。

除此之外，廊道规划过程中，在通风潜力差、强热岛的区域出现用地无法满足通风廊道构建时，应提出改善此区域通风环境的其他规划建议，如旧城改造时改变用地性质、新建建筑物控高、楼宇绿化等。

### 3.3.2　襄阳城市通风廊道研究

城市通风廊道规划论证所需的背景风环境研究、地表通风潜力估算、城市热岛强度计算、绿源识别等4个方面各有用途。其中城市热岛强度计算的热岛用于辨识城市内部需要改善小气候环境的区域，即城市通风廊道的补偿区（风的目的地）；同时，冷岛的分析结果可以为凉爽、新鲜的空气来源提供参考。绿源识别结合冷岛可以确定城市通风廊道的作用区，即产生新鲜空气的区域（风的来源）。地表通风潜力估算提供研究区域内风可以利用的潜在通道。背景风环境研究利用研究区域内气象观测数据并结合气象数值模拟资料，确定不同情境下风的实际流向。基于风的来源、实际流向、可以利用的潜在风通道、风的目的地，确定城市区域风的实际、未来规划流向和路径，即可能的城市通风廊道。

城市规划部门结合当前城市建筑现状，考虑现有和未来城市规划的衔接，对可能的城市通风廊道做进一步选择和处理，在考虑可行性的基础上，形成最终的城市通风廊道体系和规划。

#### 3.3.2.1　软轻风下区域内风的时空特征分析

根据《GB/T 28591—2012　风力等级》规定，本节将0.3～3.0 m/s的风速定义为软轻风，即扣除了无风和大风后，城市通风廊道通风效果明显的风段。选择襄阳城市内9个气象观测站3年（2015—2017年）的观测资料进行分析，具体台站信息见表2.8。

从时间变化上看，襄阳城市软轻风下区域风向季节变化明显，四季风向频率略有差异。春季以偏南、偏北为主，夏季偏东增多，秋季以偏北、偏西为主，冬季偏西增多；集中出现在东南—南（SE—S）、西南—西北（SW—NW）、东北偏北—东北偏东（NNE—ENE）三个扇区。

从空间分布上看，襄阳城市大体可分为两类，一是受地形（低山丘陵）影响明显的区域，年及四季风向的季节变化不大。位于汉江南岸、襄城区西南低山海拔较高处，隆中（S04）、襄荆高速襄阳南站（S05）以偏南风为主，地处隘口附近的襄阳（S01）、白云社区（S07）以偏北风为主；檀溪社区（S08）、襄阳机场（S09）处于汉江河谷和丘陵交界处、分列汉江南北岸，以偏西风为主；朝阳社区（S02）位于汉江南岸边，以偏东—偏西风为主。二是受季风气候影响明显的区域，风向存在季节变化。夏季受海陆气温差异影响，吹东南风（SE），冬季受来自西伯利亚的寒

# 第 3 章　襄阳城市气候生态环境专题影响评估

风影响,吹西北风(NW)。农科院(S03)地处城区,四周地势平坦开阔,年、季主导与次主导风向偏差大,在西北—东南方位上。全年主导风为东南风(SE),春夏为东南风(SE)、秋冬为西北偏西风(WNW)。还有一类为地形与季风气候共同影响的区域——襄阳老站(S06),位于开阔地带,地处汉江河道拐弯处,年、季主导与次主导风向偏差较大。全年主导风向为东南(SE),春夏为东南(SE)、秋冬西北风受河道影响,转向近90°,变为西南偏西风(WSW)。

襄阳城市区域风道受季风气候和地形的共同影响四季变化明显。全年基本呈现以鱼梁洲为中心,沿汉江河道有东西向(偏西风为主)和南北向(东南风)交叉的两条主风道以及以襄城区西南低山岗地(卧龙大道和二广高速)为中心的南北向两条次风道。春季与全年基本一致。夏季受季风影响,东西向以偏东风为主。秋季北风加强,南北向以北偏西风为主,分两支穿城而过;东西向仍以偏东风为主。冬季仍在西北风的控制之下,东西向转为偏西风为主。

襄阳城市软轻风条件下区域内气象站四季及全年风频玫瑰图见图 3.77～图 3.81。襄阳城市软轻风条件下区域内气象站四季及全年主导、次主导风向及风道分布图见图 3.82～图 3.86。

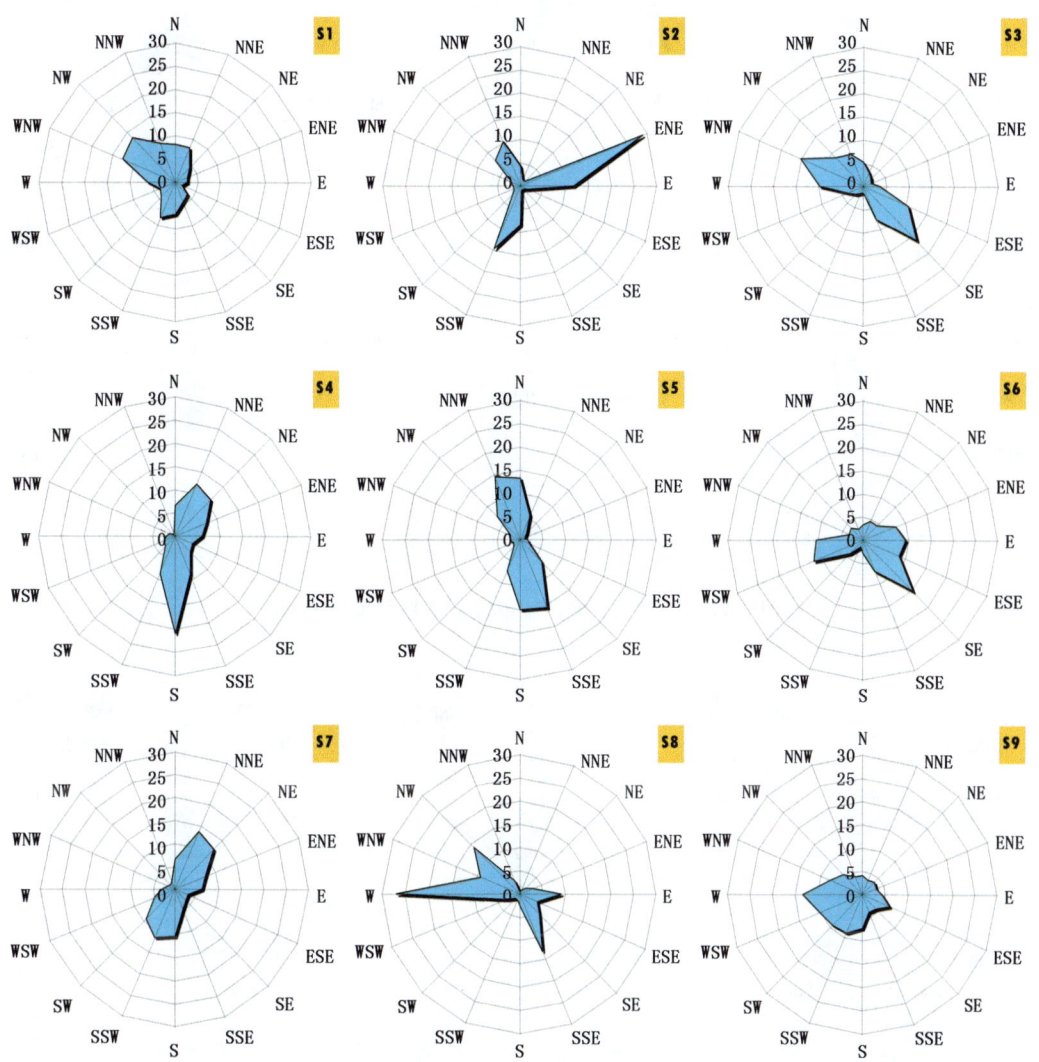

图 3.77　软轻风下襄阳城市气象站春季风频玫瑰图(图右上角为站号,下同)

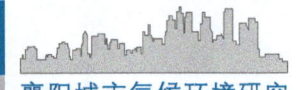

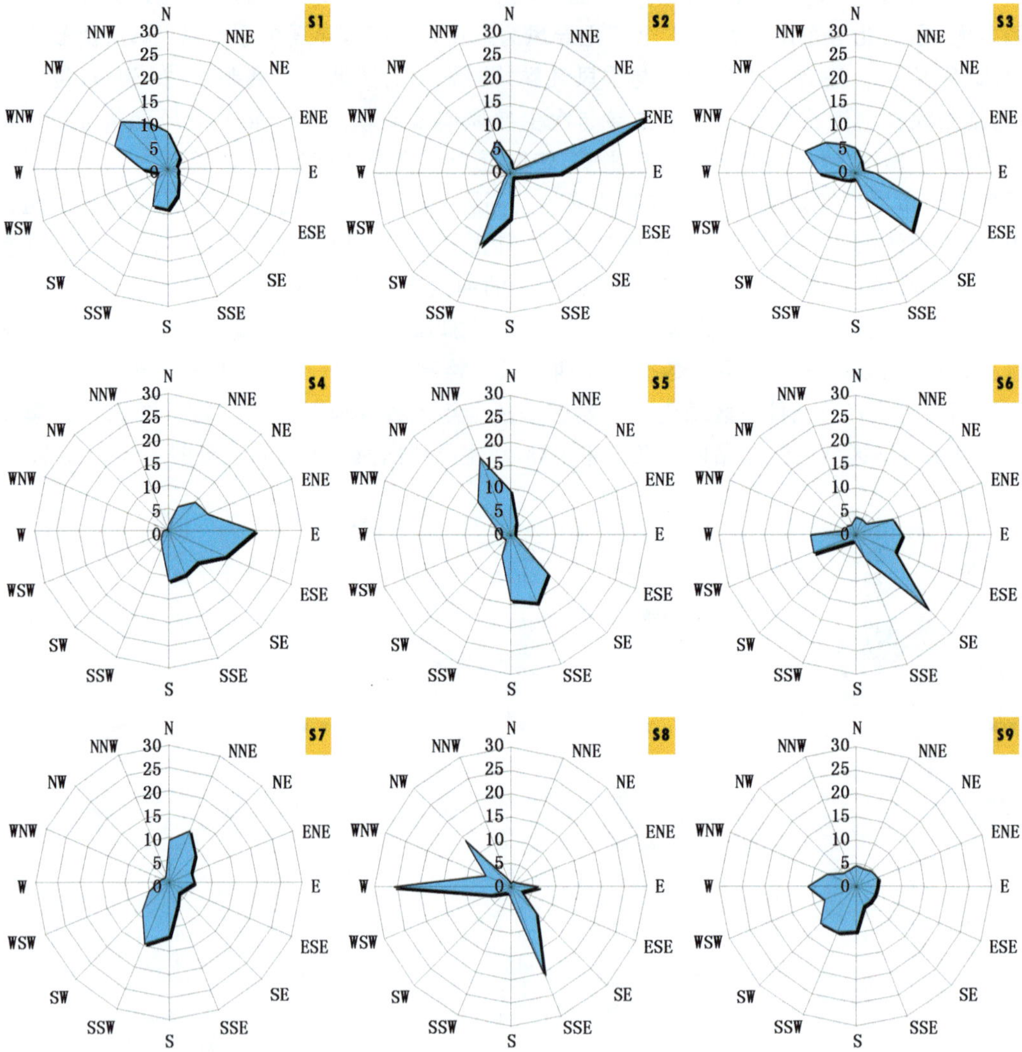

图 3.78 软轻风下襄阳城市气象站夏季风频玫瑰图

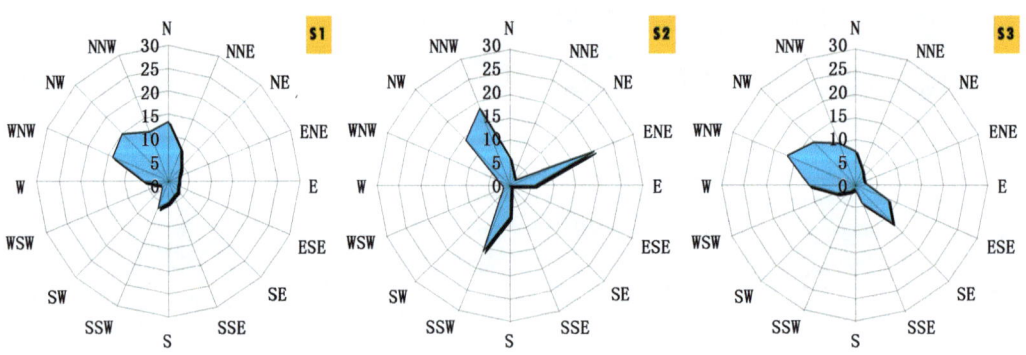

# 第 3 章 襄阳城市气候生态环境专题影响评估

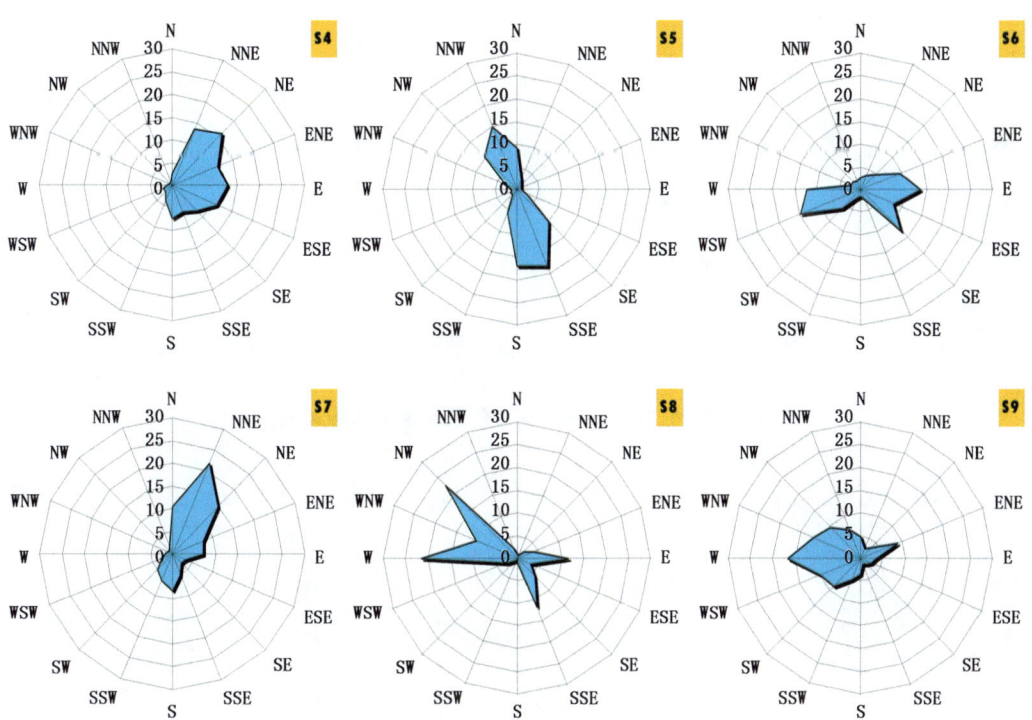

图 3.79 软轻风下襄阳城市气象站秋季风频玫瑰图

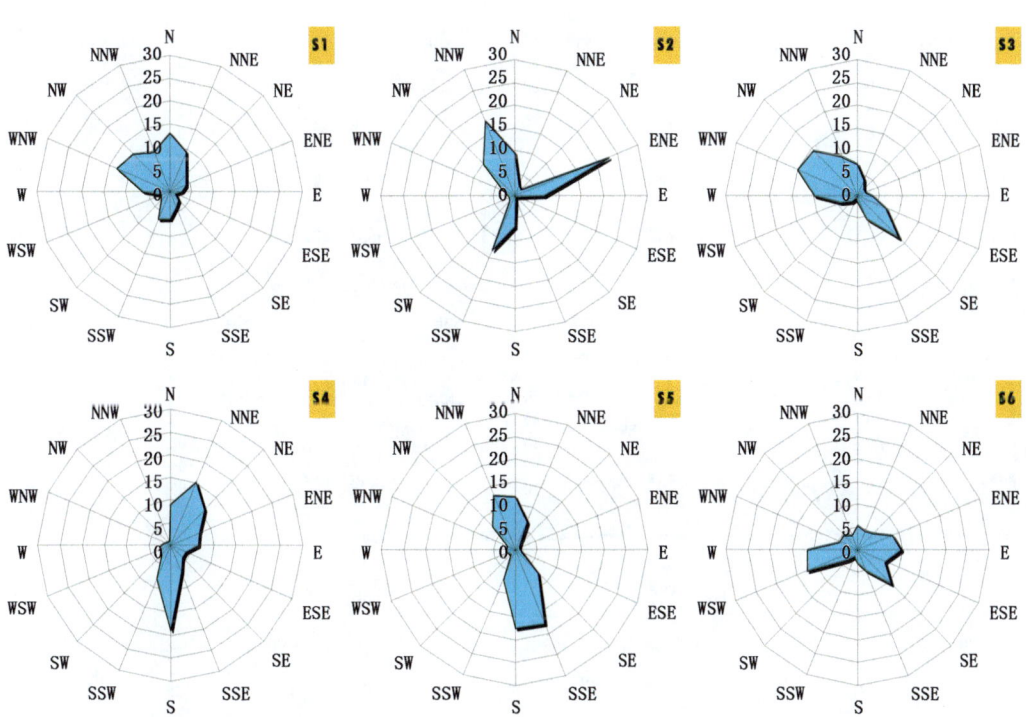

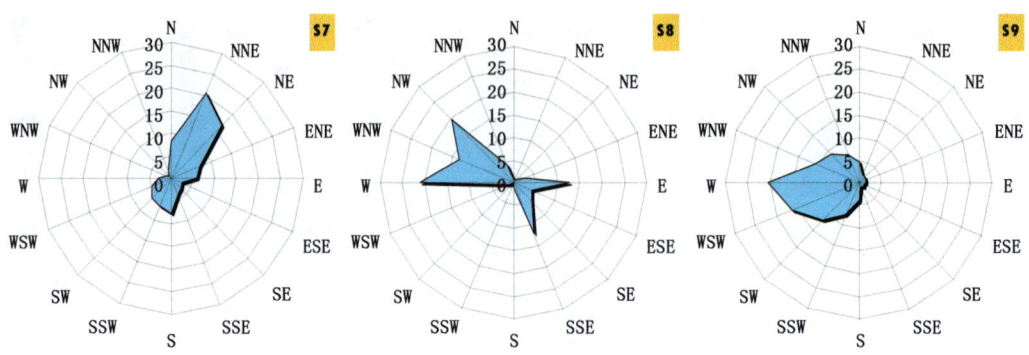

图 3.80　软轻风下襄阳城市气象站冬季风频玫瑰图

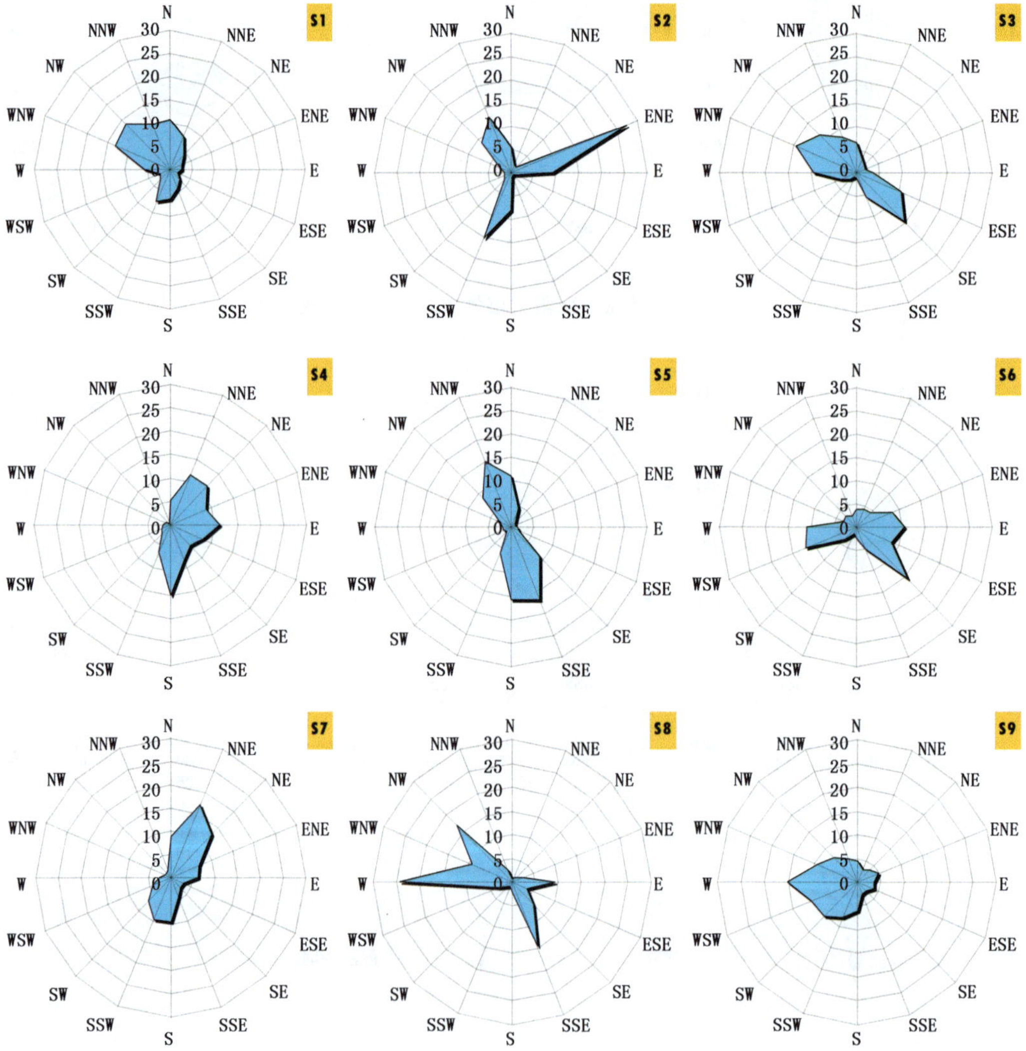

图 3.81　软轻风下襄阳城市气象站全年风频玫瑰图

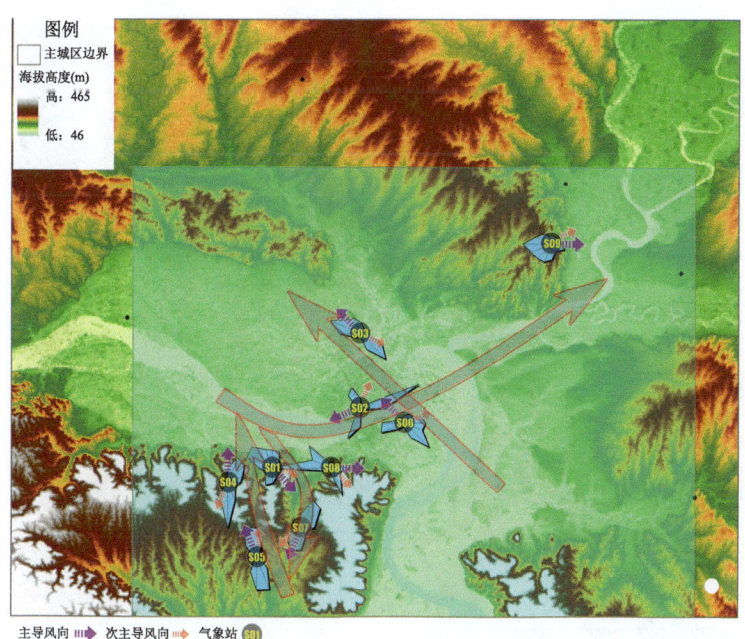

图 3.82 软轻风下襄阳城市气象站春季主导、次主导风向及风道分布

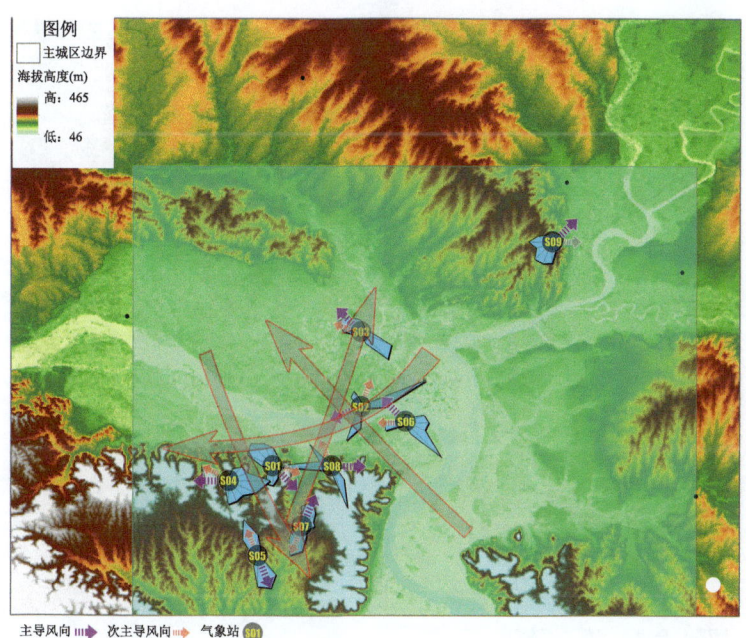

图 3.83 软轻风下襄阳城市气象站夏季主导、次主导风向及风道分布

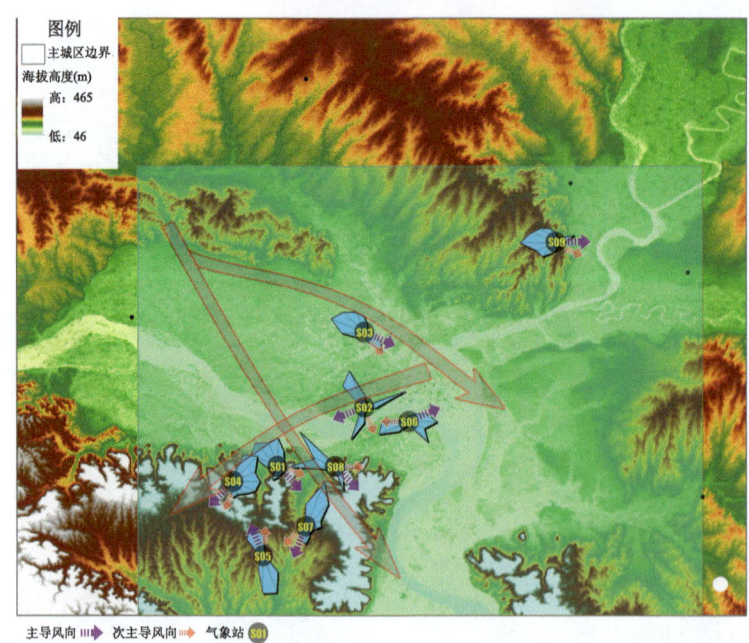

图 3.84　软轻风下襄阳城市气象站秋季主导、次主导风向及风道分布

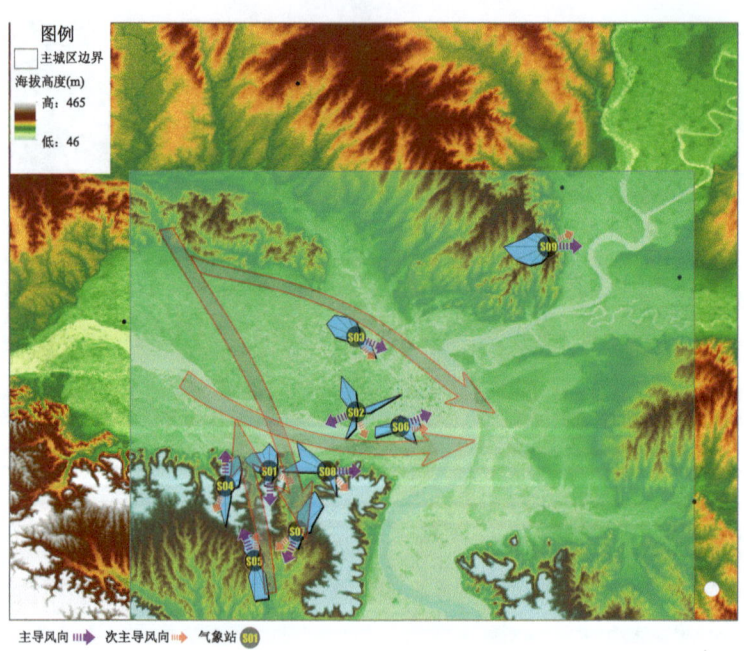

图 3.85　软轻风下襄阳城市气象站冬季主导、次主导风向及风道分布

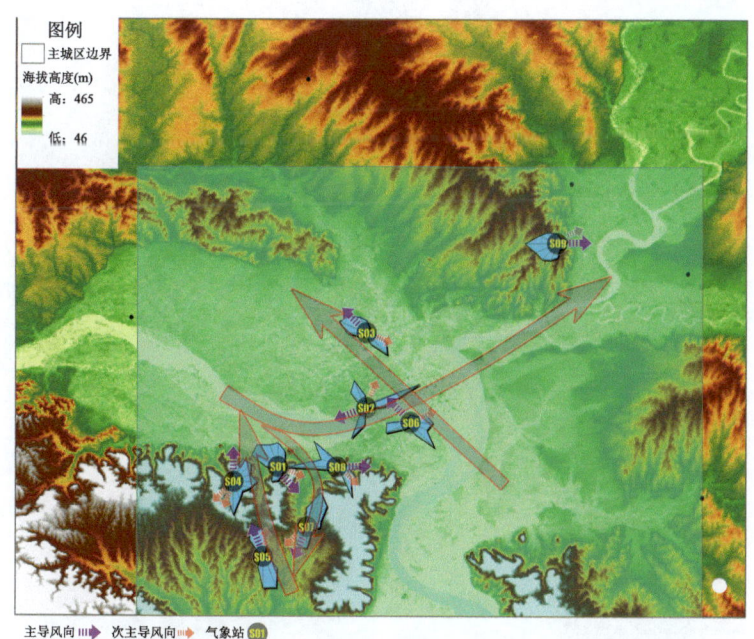

图 3.86　软轻风下襄阳城市气象站全年主导、次主导风向分布

### 3.3.2.2　背景风场数值模拟

RBLM(Regional Boundary Layer Model,区域边界层模式)是一个三维非静力区域气象和大气扩散数值模式,模式采用 Reynolds 平均的大气运动控制方程组,包括动量方程、热流量方程、水物质(水汽、云水、雨水)的守恒方程。RBLM 使用地形跟随坐标系,把在物理空间中曲线坐标系的不规则网格通过坐标变换转化为规则的计算网格,并在计算空间中对模式方程组进行数值积分。

利用 RBLM,以襄阳城市为研究区,中心点为(32.03°N,112.15°E),面积为 30 km×30 km,网格数为 30×30,分辨率 1 km×1 km。襄阳城市通风廊道背景风场模拟范围见图 3.87。在模拟时,均加入从最新建筑物信息中提取的建筑物平均高度和密度信息,充分考虑了城市建筑物对气象要素场的影响。挑选 2016 年多个天气状况个例(不同风向、风速)进行模拟。

将模式所需气象资料(地面和探空资料)、下垫面用地类型数据处理为模式要求格式,根据此外部资料修改各相应程序中气象台站个数、模式下垫面资料路径、网格数等参数。在模式输入文件中设定模拟时间、气象和地形数据路径,模式积分步长设为 10 s、30 min 输出一次模拟结果。

模式输入需要的资料包括:地理信息资料和气象资料。地理信息资料由地理信息系统(GIS)生成的数据库给出,并经预处理后以提供气象模式和扩散模式所需信息和参数作为本模式输入,主要包括模拟范围内的地理网格及基本地理特征、地形高度、地面覆盖状况;气象资料包括地面与探空气象要素。

模式输出包括:各海拔高度上的风向、风速、气温、相对湿度等。

图 3.87　襄阳城市通风廊道背景风场模拟范围

本节以夏季城市热岛为重点。夏季襄阳城市主导风向以南风为主,风速大;轻软风时以北风、西风为主(表 3.26)。

表 3.26　襄阳城市通风廊道背景风场模拟研究个例基本信息

| 个例类型 | 时间 | 说明 |
| --- | --- | --- |
| 极端热岛 | 2013 年 8 月 17 日 | 襄阳站出现极端最高气温 |
| 夏季主导风向<br>(全风速:南风) | 2016 年 6 月 17 日 | 平均风速 8.8 m/s<br>小时平均风速最大 13.6 m/s |
| | 2016 年 7 月 23 日 | 平均风速 6.6 m/s<br>小时平均风速最大 10.2 m/s |
| | 2016 年 9 月 23 日 | 平均风速 4.9 m/s<br>小时平均风速最大 7.8 m/s |
| 夏季主导风向<br>(轻软风:西风、北风) | 2016 年 7 月 18 日 | 全天以南风为主 |
| | 2016 年 8 月 23 日 | 全天以西风、北风为主 |

极端热岛个例:

根据气象观测资料,以 2013 年 8 月 17 日(历年极端最高气温出现日,热岛效应明显,大环流背景风速小)作为典型个例进行风场模拟,重点对 09—22 时的数据进行分析:受市区建筑的阻挡,市区风速明显小于郊区。10—16 时受城市热岛和山体影响,市区没有统一的风向,而是呈现多个大小不一的局地环流,环流辐合区的位置和山体位置、同一时次温度场的高值区对应。

从模拟的 2013 年 8 月 17 日 09 时襄阳市区及周边地区近地层水平风场分布可以看到(图 3.88),模拟地区风速较小。市区风速不足 0.2 m/s,明显小于市区周边地区。

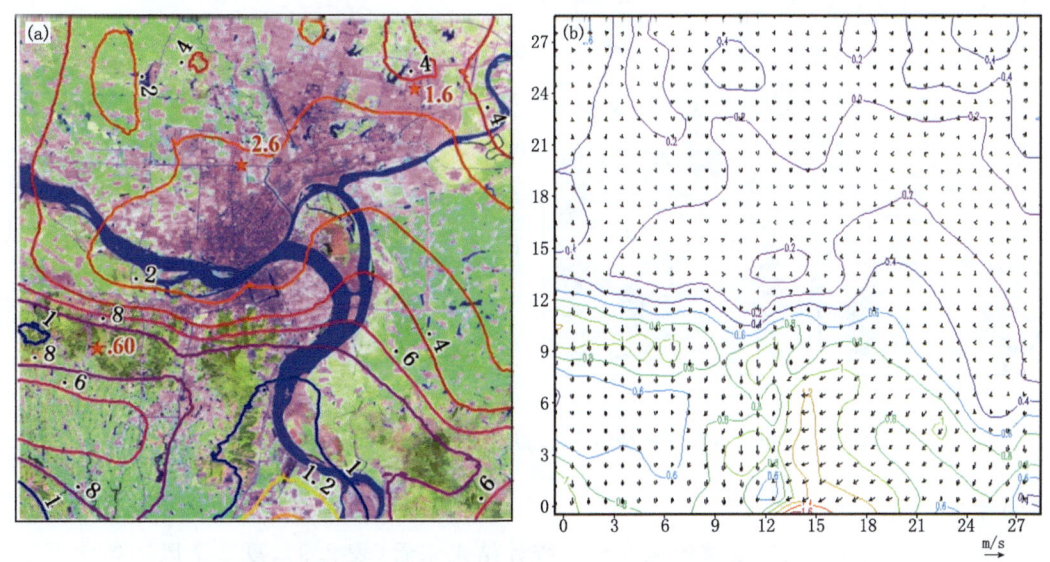

图 3.88　襄阳城市背景风场(a)和模拟风场(b)(2013 年 8 月 17 日 09 时)

从模拟的 2013 年 8 月 17 日 15 时襄阳市区及周边地区近地层水平风场分布可以看到(图 3.89),市区没有统一的风向,而是呈现出多个大小不一的局地环流,环流辐合区的位置和山体位置、同一时次温度场的高值区对应。市区风速在 2 m/s 以下,部分市区不足 0.5 m/s。

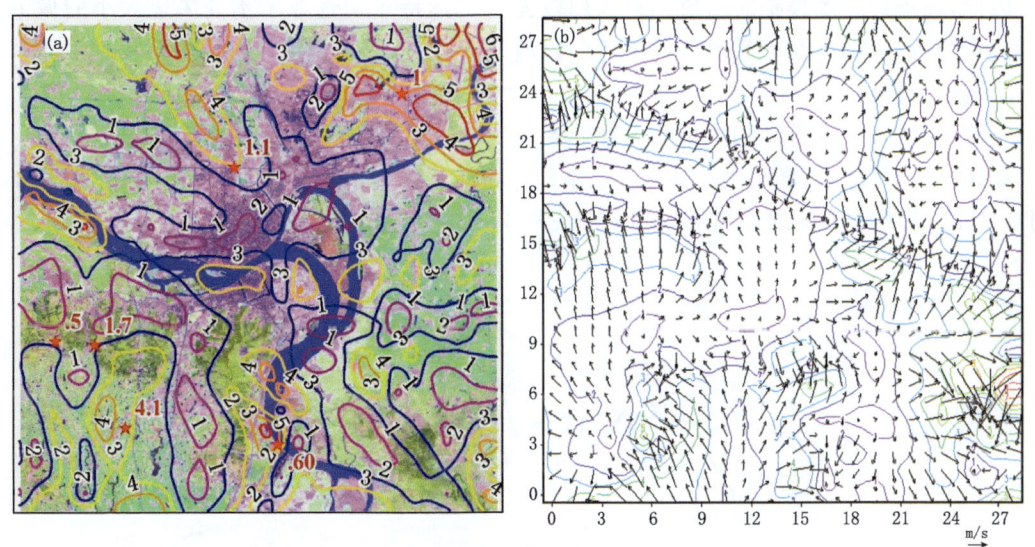

图 3.89　襄阳城市背景风场(a)和模拟风场(b)(2013 年 8 月 17 日 15 时)

从模拟的 2013 年 8 月 17 日 21 时襄阳市区及周边地区近地层水平风场分布可以看到(图 3.90),现有市区以偏南风为主,由于市区建筑物的阻挡,市区风速不足 2 m/s,其中樊城区部分地区风速小于 1 m/s。

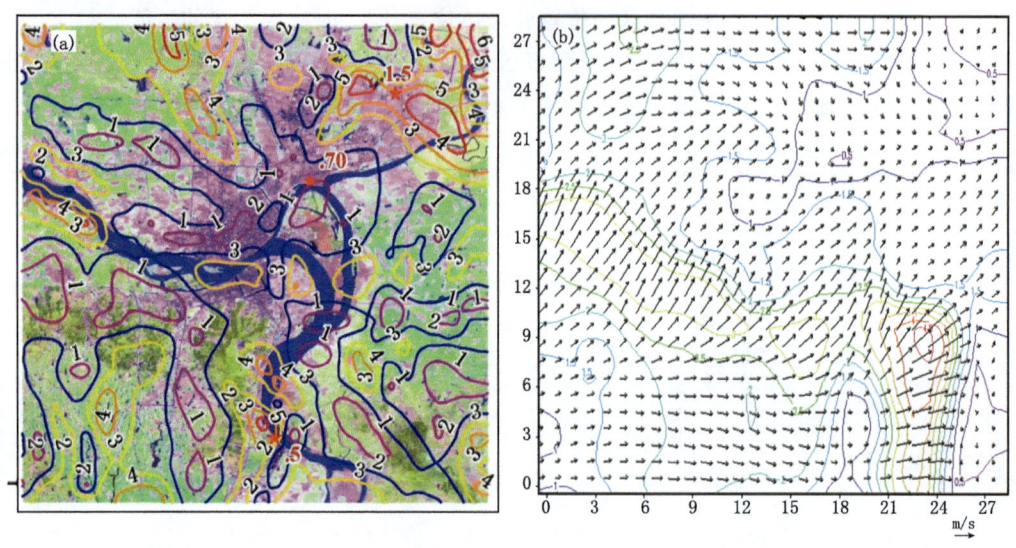

图 3.90　襄阳城市背景风场(a)和模拟风场(b)(2013 年 8 月 17 日 21 时)

夏季主导风向(全风速)：

从襄阳国家基本气象站夏季各风向频率统计结果来看(表 2.9)，夏季全风速条件下主要风向为偏南(SSE)，季出现频率 18.0%，正南风(S)的频率也在 10% 以上，仅次于 SSE。全年不同风速段风向频率统计表明，风速＞2.6 m/s 的情况下偏南风(SSE)出现频率最高，风速越大，频率越高，风速＞5.0 m/s 时频率高达 33.7%。2.5 m/s 以下的风速最大风向频率为西(W)和西北(NW)。

因此，在进行风场模拟时考虑南风风速较大的实际特点。选取了不同风速大小的偏南风个例进行分析。同时，在轻软风条件下风向以西、北为主，南风也有一定的概率，需选取不同风向的个例进行模拟。

个例 1：2016 年 6 月 17 日(平均风速 8.8 m/s，较大南风)

2016 年 6 月 17 日，襄阳国家基本气象站日平均风速 8.8 m/s，小时平均风速最大 13.6 m/s(图 3.91)。02 时、10 时地面风场模拟分布见图 3.92。

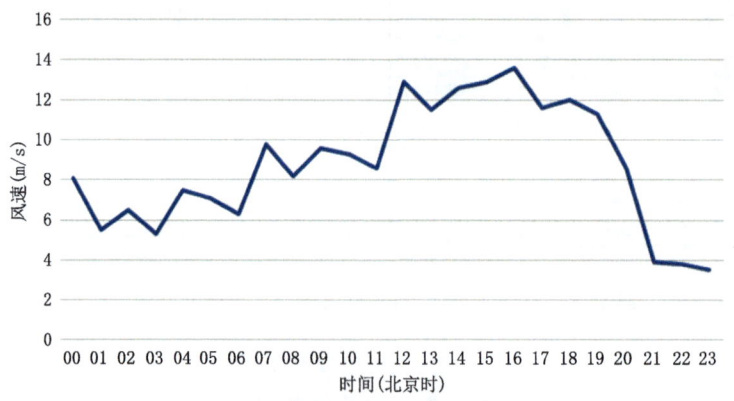

图 3.91　襄阳国家基本气象站 2016 年 6 月 17 日平均风速逐时变化

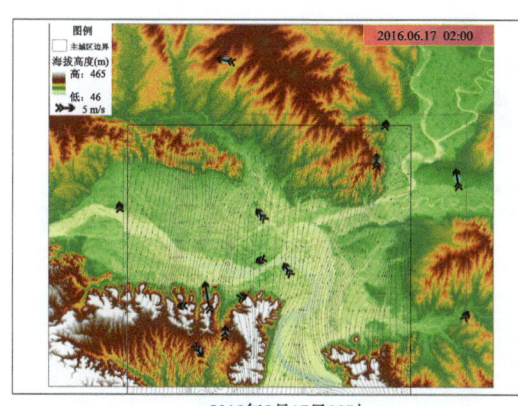
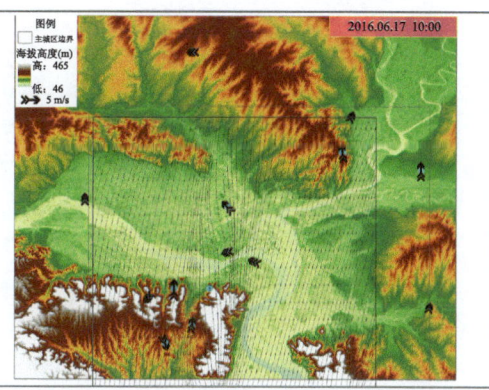

2016年6月17日02时　　　　　　　　　　　　2016年6月17日10时

图 3.92　模拟的襄阳城区 2016 年 6 月 17 日不同时次地面风场

个例 2:2016 年 7 月 23 日(平均风速 6.6 m/s,较大南风)

2016 年 7 月 23 日,平均风速 6.6 m/s,小时平均风速最大 10.2 m/s(图 3.93)。02 时、14 时和 20 时地面风场模拟分布见图 3.94。

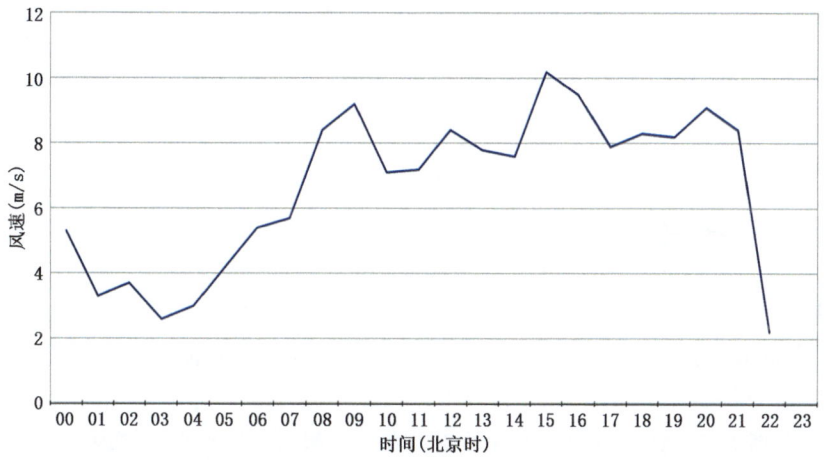

图 3.93　襄阳国家基本气象站 2016 年 7 月 23 日平均风速逐时变化

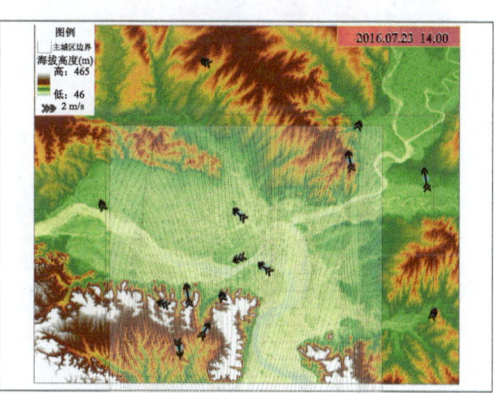

2016年7月23日02时　　　　　　　　　　　　2016年7月23日14时

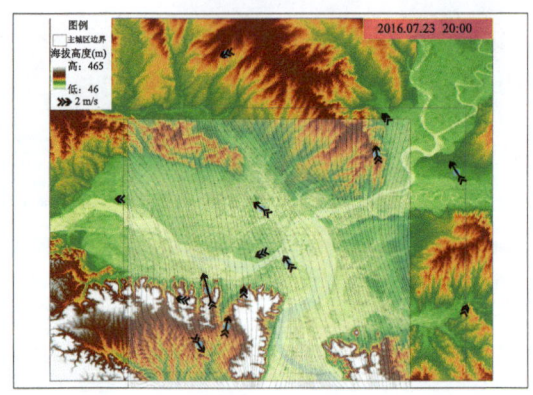

2016年7月23日20时

图 3.94　模拟的襄阳城市 2016 年 7 月 23 日不同时次地面风场

个例 3：2016 年 9 月 23 日（平均风速 4.9 m/s，较大南风）

2016 年 9 月 23 日，平均风速 4.9 m/s，小时平均风速最大 7.8 m/s（图 3.95）。02 时和 14 时地面风场模拟分布见图 3.96。

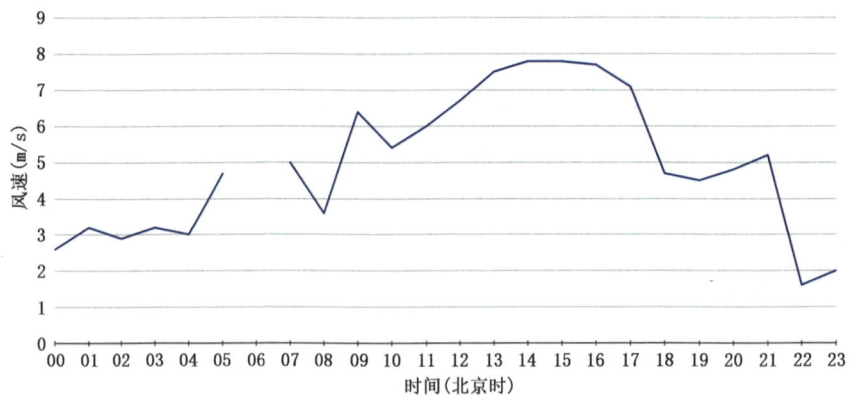

图 3.95　襄阳国家基本气象站 2016 年 9 月 23 日平均风速逐时变化

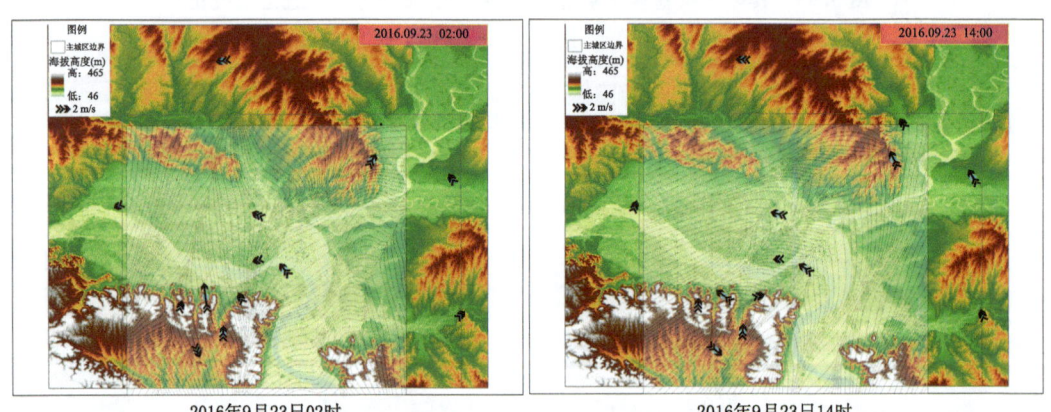

2016年9月23日02时　　　　　　　　　　2016年9月23日14时

图 3.96　模拟的襄阳城市 2016 年 9 月 23 日不同时次地面风场

夏季全风速的主导风向南风时较大风速的模拟个例表明,城市内部风场风向和主导风向较为一致,说明风速较大时城市建筑物对风的影响较小。

夏季主导风向(软轻风):

由于南风的平均风速较大,轻软风条件下夏季主导风不再是南风,而是西风、北风,但南风的频率仍较高。因此,选取了全天以西风、北风为主的2016年8月23日、全天以南风为主的2016年7月18日作为轻软风条件下的个例进行模拟。图3.97是2016年8月23日、7月18日不同时次地面风场模拟分布。

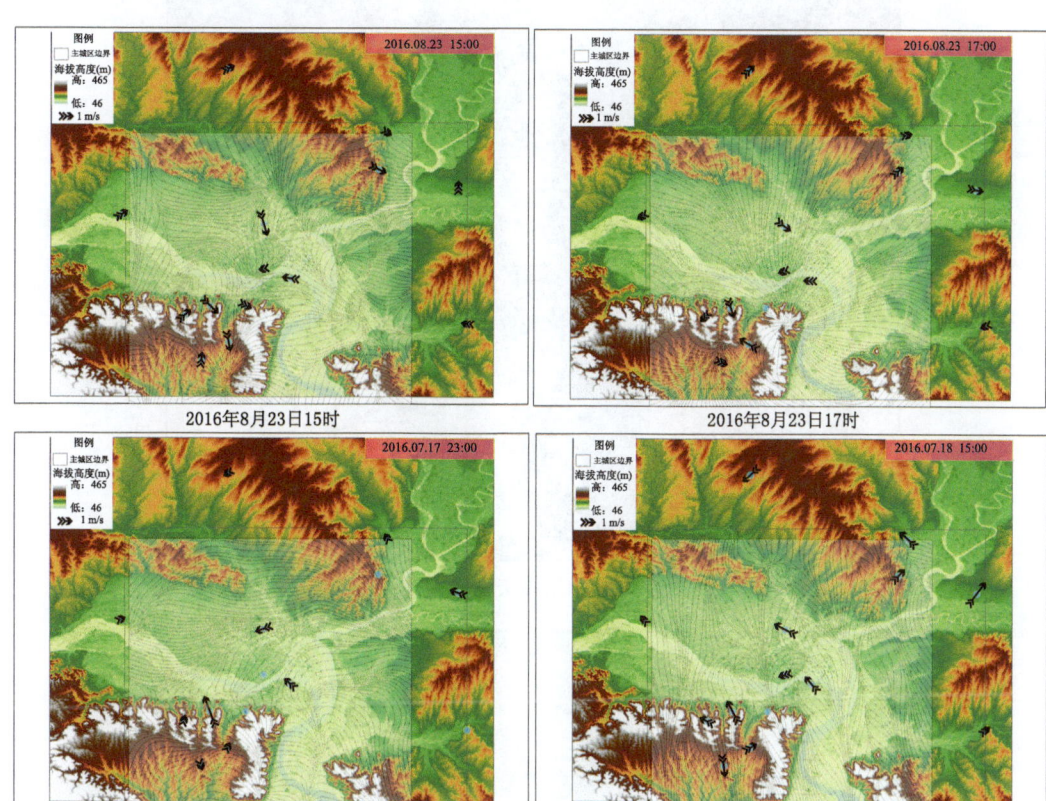

图3.97 模拟的襄阳城市2016年8月23日、7月18日不同时次地面风场

轻软风条件下,城市建筑对风向的影响较大,城市内风向受局地地形及建筑影响较大,出现多个局地环流。其中南部砚山的山谷风局地环流最为明显。白天砚山受热,出现明显的谷风,是风的辐合中心;晚上砚山附近出现明显的山风,为明显的辐散中心。

### 3.3.2.3 地表通风潜力估算

地表通风潜力由天空开阔度和粗糙度长度获得,受建筑物密度、植被覆盖度影响。其中建筑物密集是降低空气流速的主要因素,而自然植被和接近周边开敞区域则有利于空气流动。

(1)天空开阔度估算

基于数字高程模型栅格数据和建筑高度数据估算天空开阔度。本节取方位角数目为32,地形影响半径为80个像元单位(约2 km),天空开阔度计算结果如图3.98~图3.99所示。襄阳城市天空开阔度范围为0.43~1.0,值越大说明环境开阔度越好。由于地形的相互遮挡作用,山地林区天空开阔度明显小于平原地区。受高层建筑物的阻挡影响,大部分城区建设用地天空开阔度小于 0.7。

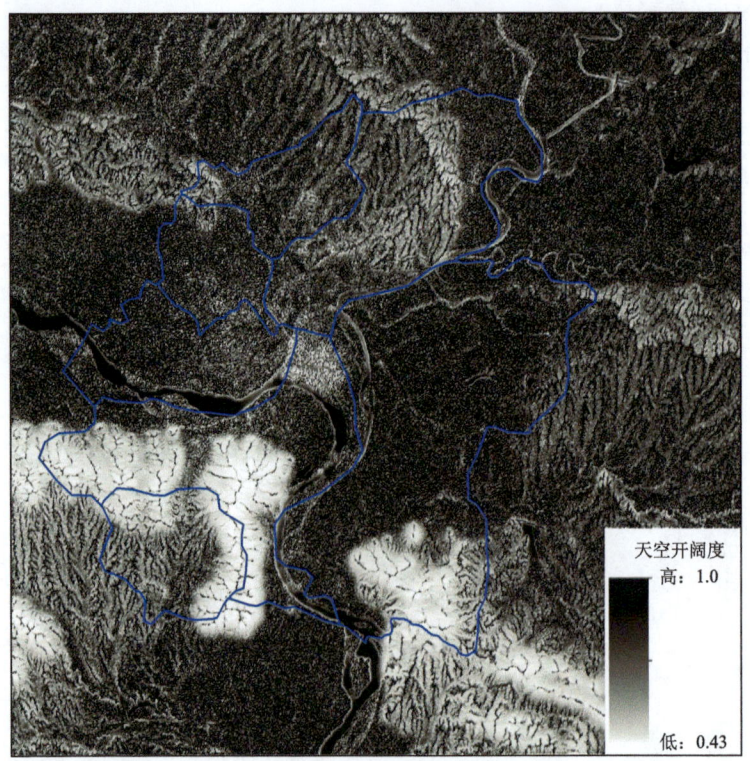

图 3.98 襄阳城市天空开阔度分布

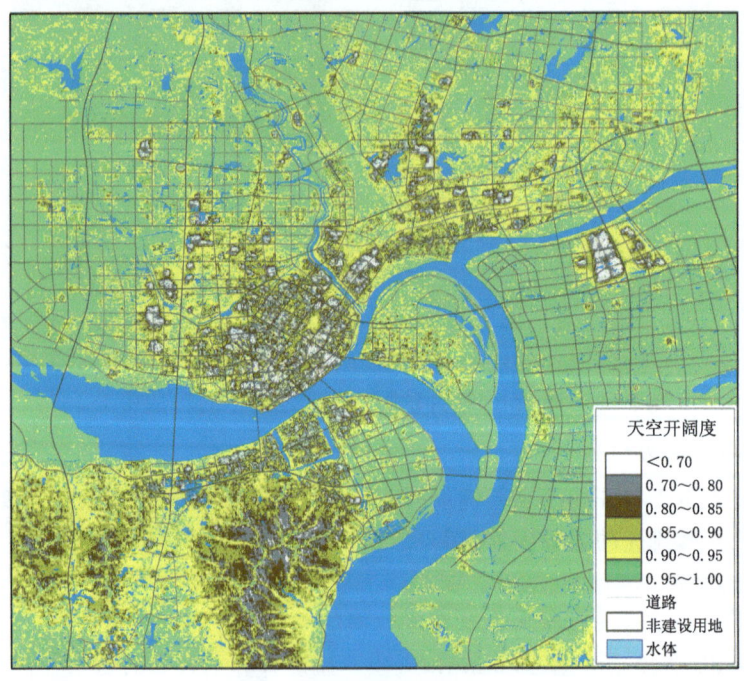

图 3.99 襄阳市区天空开阔度分布

(2) 地表粗糙度计算

结合 GIS 和遥感反演数据，采用形态学模型分别计算城市用地与郊区植被地区地表粗糙度长度。其中城市用地粗糙度主要受城市建筑高度和建筑密度影响，植被地区粗糙度主要受植被覆盖类型、植被冠层面积及植被高度影响。

城市用地粗糙度长度：

本节利用规划部门提供的 2016 年建筑基础地理信息数据获取建筑物信息，先估算建筑密度(图 3.100)和建筑物高度(图 3.101)，然后采用形态学方法进行城市地区粗糙度计算(图 3.102)和通风潜力评估。

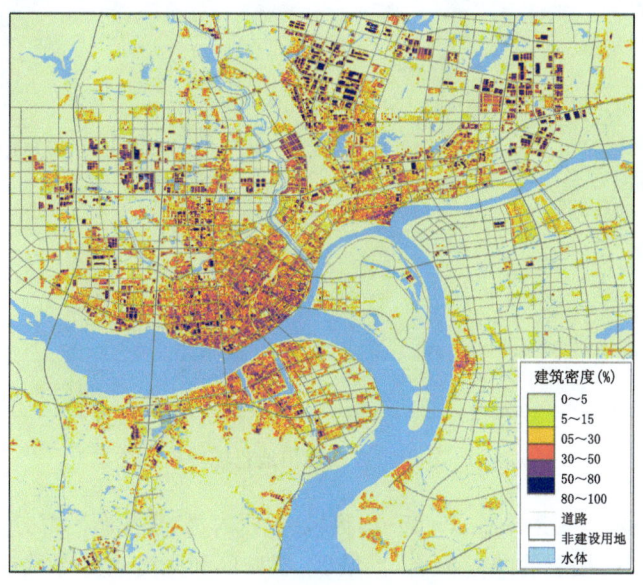

图 3.100　襄阳市区城市用地建筑密度分布

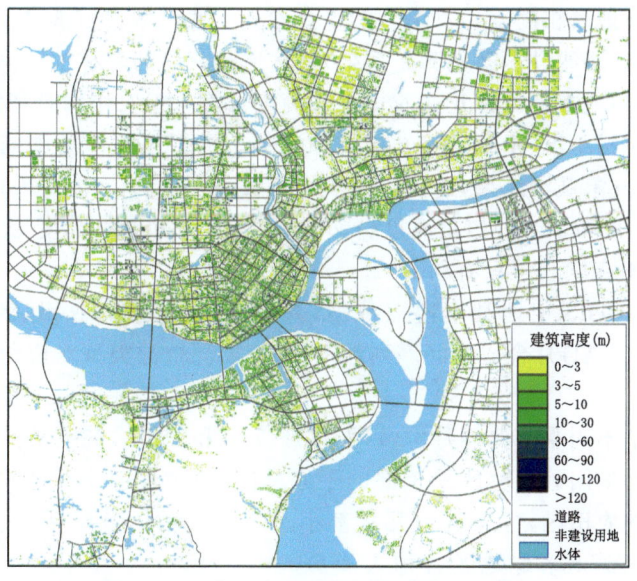

图 3.101　襄阳市区城市用地建筑高度分布

樊城区、团山镇、米庄镇及张湾镇局部地区建筑密度超80%；建筑密度超过50%的建筑群相对集中地聚集在樊城区东部及襄城区东北；东津新区大部分建筑密度为5%～30%，相对较低。

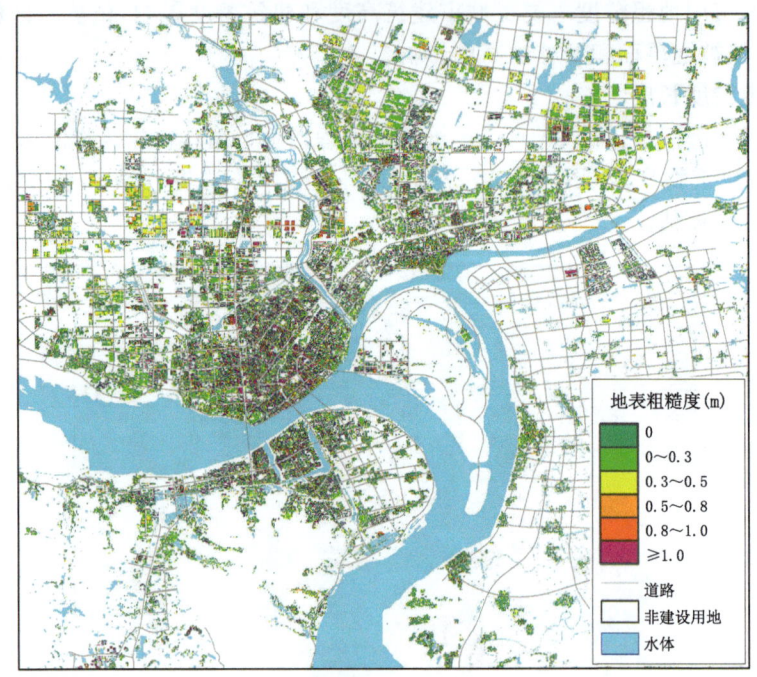

图3.102　襄阳市区城市用地粗糙度长度分布

襄阳市区建筑高度主要集中在5～30 m，樊城区、张家湾、东津新区部分建筑高度超90 m。

受高建筑密度和高楼层的共同影响，樊城区、襄城区和张湾镇西部城市用地地表粗糙度大多大于0.5 m，其他地区地表粗糙度普遍低于0.3 m。

植被地区地表粗糙度长度：

植被高度是植被地表粗糙度计算模型的重要参数。襄阳城市植被高度中的森林冠层高度通过美国卫星GLAS(地球科学激光测高系统)雷达反演获取的森林植被高度数据(1 km分辨率)，并进行2016年林地本地化订正。农田植被高度估算基于农作物有特定的生理物候特征，襄阳市主要农作物包括小麦、中稻、玉米、棉花和油菜。根据不同作物不同物候期的普遍生长高度，结合实际农业气象观测结果，进行逐月农田植被高度估算。图3.103给出了不同季节典型月份(1月、4月、7月和10月)植被高度分布特征，统计可知森林高度为3～20 m，80%超过5 m，而多数平原农田高度全年只有约1 m。

利用2016年MODIS土地利用覆盖数据(森林、草地、湿地、农田、裸地、建筑、水体)和MODIS叶面积指数(LAI)月合成时间序列数据，计算不同植被类型对应每月植被冠层面积指数(Λ)。

图3.104给出了不同季节典型月份(1月、4月、7月和10月)的植被冠层面积指数空间分布。在襄阳城市西南的山地森林区及东部的平原林区，植被覆盖率相当高，Λ值超过4.0，在襄阳城市东部平原的农田区，各月Λ值几乎都小于3.0。另外，建筑用地、裸地和水体地区Λ值都小于1.0，在某些森林和绿地区Λ值大于6.0。

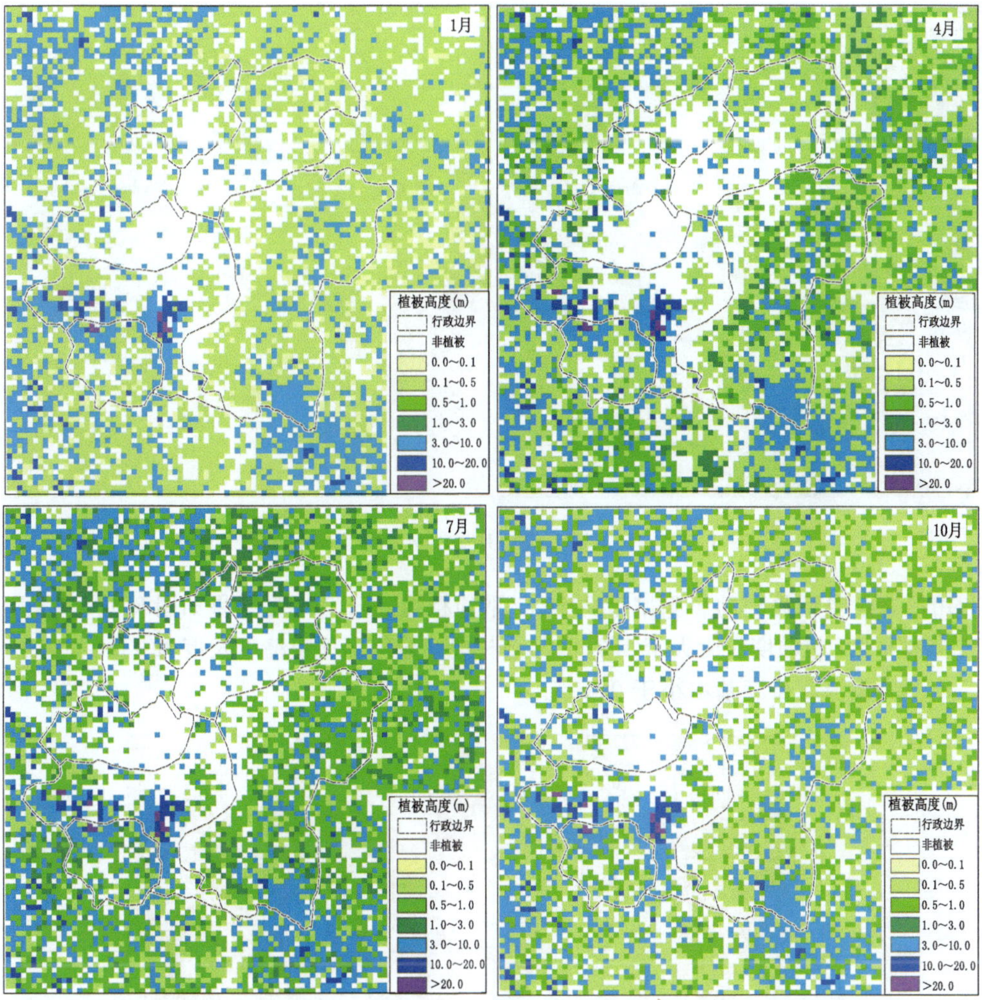

第 3 章　襄阳城市气候生态环境专题影响评估

图 3.103　襄阳城市代表月植被高度估算分布

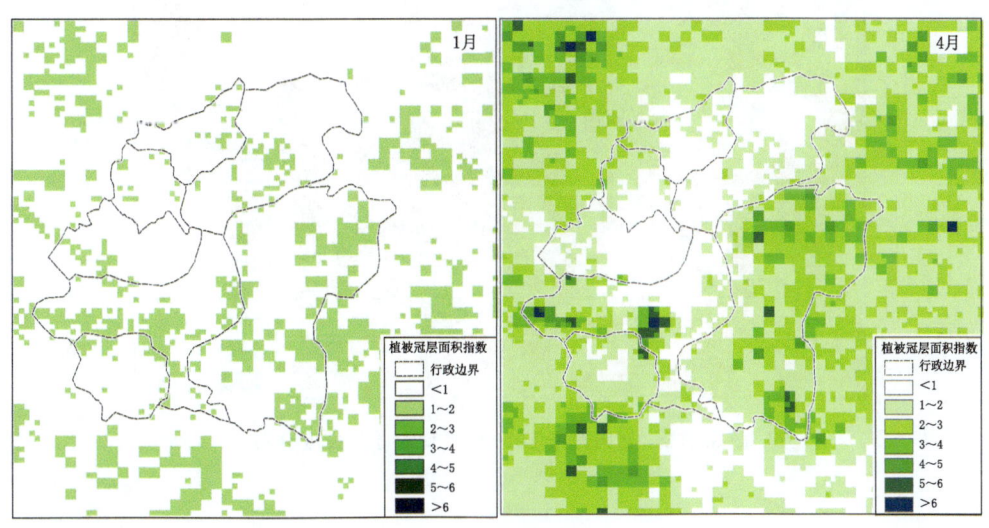

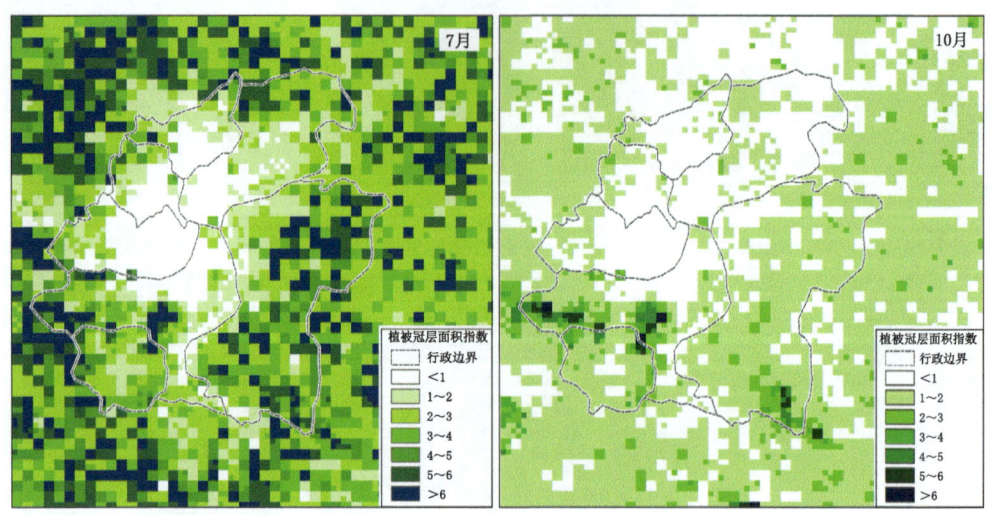

图 3.104　襄阳城市代表月植被冠层面积指数分布

利用形态学模型得到的襄阳城市 2016 年平均粗糙度长度计算结果如图 3.105。襄阳城市西南部森林年平均粗糙度长度大于 1.0 m，其余林地区域年平均粗糙度长度为 0.5～0.8 m；平原农田区年平均粗糙度长度基本小于 0.1 m。

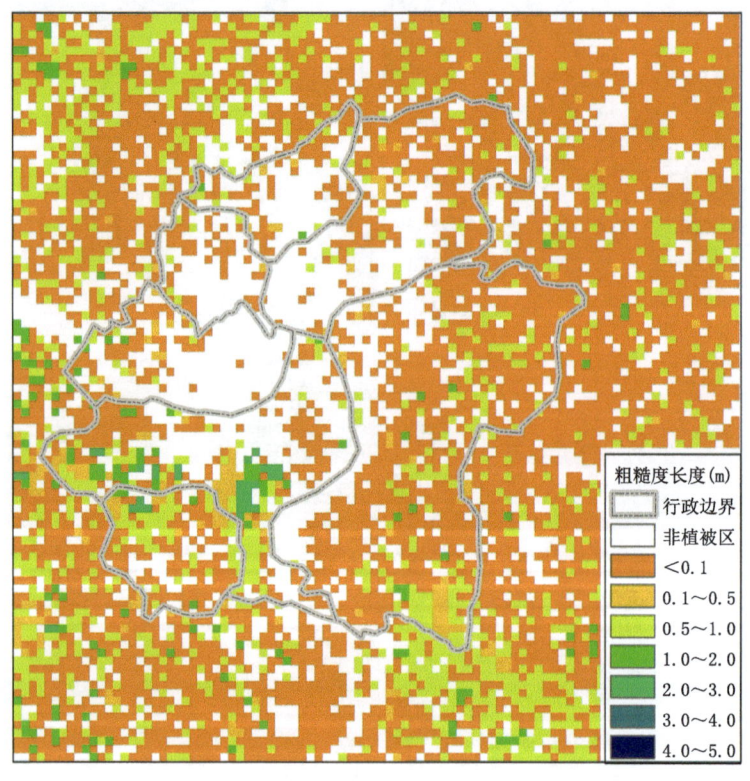

图 3.105　襄阳城市 2016 年平均粗糙度长度分布

(3) 通风潜力等级计算

综合城市用地和郊区植被区的地表粗糙度分布得到研究区地表粗糙度长度完整分布结果。根据粗糙度长度和天空开阔度的计算结果及通风潜力等级划分指标(表3.27),进行地表通风潜力等级划分和绘图分析,得到2016年襄阳城市地表通风潜力等级空间分布和襄阳城市用地通风潜力等级空间分布(图3.106~图3.107),可进行通风潜力高低的辨识。

表 3.27  通风潜力等级划分指标

| 通风潜力 | 1级 | 2级 | 3级 | 4级 | 5级 |
|---|---|---|---|---|---|
| 粗糙度长度(m) | >0.5 | 0.1~0.5 | ≤0.1 | 0.1~0.5 | ≤0.1 |
| 天空开阔度 | <0.75 | 0.75~0.9 | 0.75~0.9 | ≥0.9 | ≥0.9 |
| 含义 | 无 | 一般 | 较高 | 高 | 很高 |

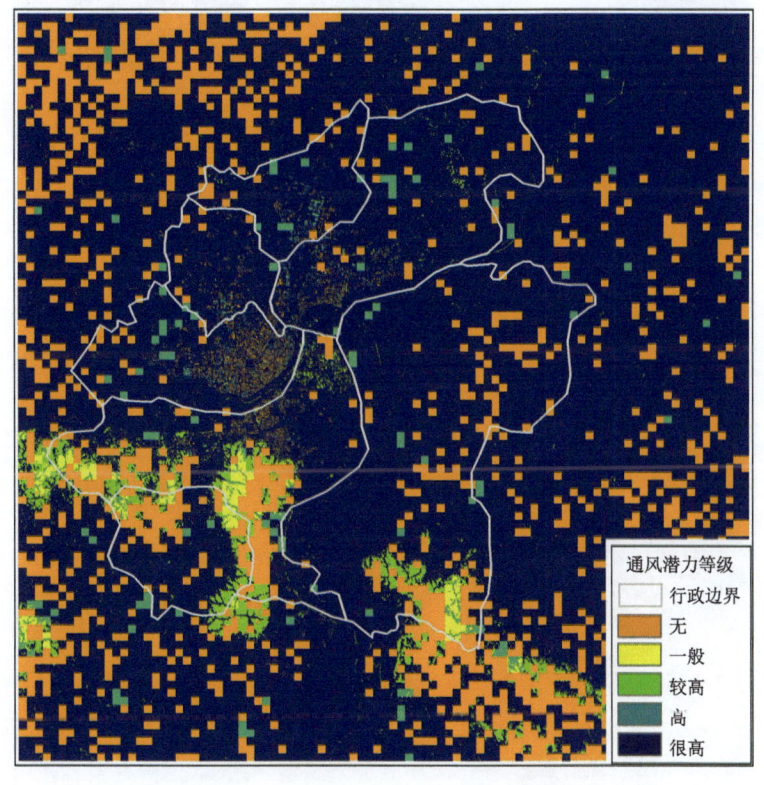

图 3.106  襄阳城市年通风潜力等级分布

### 3.3.2.4  城市热岛强度计算

夏季是襄阳城市热岛效应最显著的季节,因此单独选择更高分辨率的Landsat8 OLI影像来开展襄阳城市热岛效应研究。用2014—2016年6—8月夏季晴朗无云高质量4幅反演结果平均值代表襄阳城市夏季平均地表温度(图3.108,表3.28)。

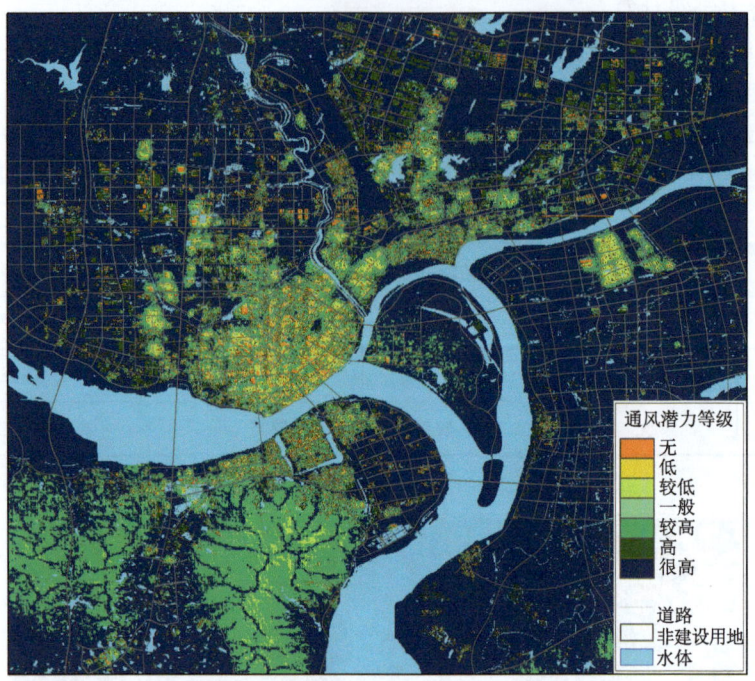

图 3.107　襄阳市区城市用地通风潜力分布

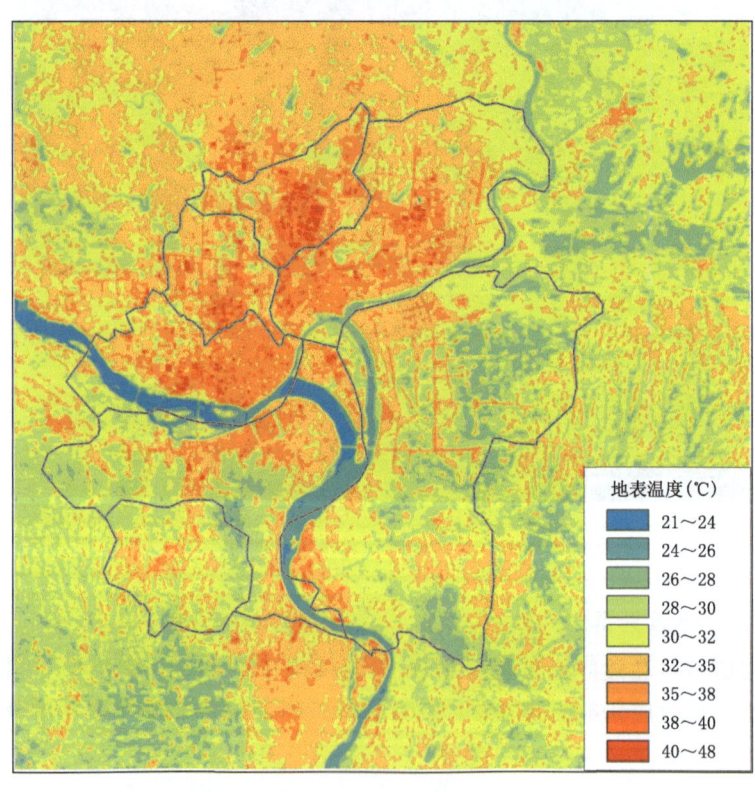

图 3.108　襄阳城市 2014—2016 年夏季平均地表温度分布

# 第 3 章  襄阳城市气候生态环境专题影响评估

表 3.28  反演地表温度的卫星影像基本情况

| 影像时间 | 卫星及传感器 | 分辨率 | 影像质量 |
| --- | --- | --- | --- |
| 2014 年 7 月 9 日 | Landsat8 OLI | 30 m | 晴朗无云覆盖 |
| 2015 年 7 月 28 日 | | | |
| 2015 年 8 月 29 日 | | | |
| 2016 年 6 月 28 日 | | | |

通过分析襄阳城市夏季不同用地类型地表温度与郊区典型农田平均地表温度的差值,计算夏季襄阳城市热岛强度分布,并根据热岛强度等级划分(表 3.29),绘制襄阳城市热岛强度等级分布图(图 3.109)。

表 3.29  热岛强度等级

| 分类 | 热岛强度范围(季、年)(℃) | 热岛强度等级 |
| --- | --- | --- |
| 1 | ≤−5.0 | 强冷岛 |
| 2 | −5.0~−3.0 | 较强冷岛 |
| 3 | −3.0~−1.0 | 弱冷岛 |
| 4 | −1.0~1.0 | 无热岛 |
| 5 | 1.0~3.0 | 弱热岛 |
| 6 | 3.0~5.0 | 较强热岛 |
| 7 | >5.0 | 强热岛 |

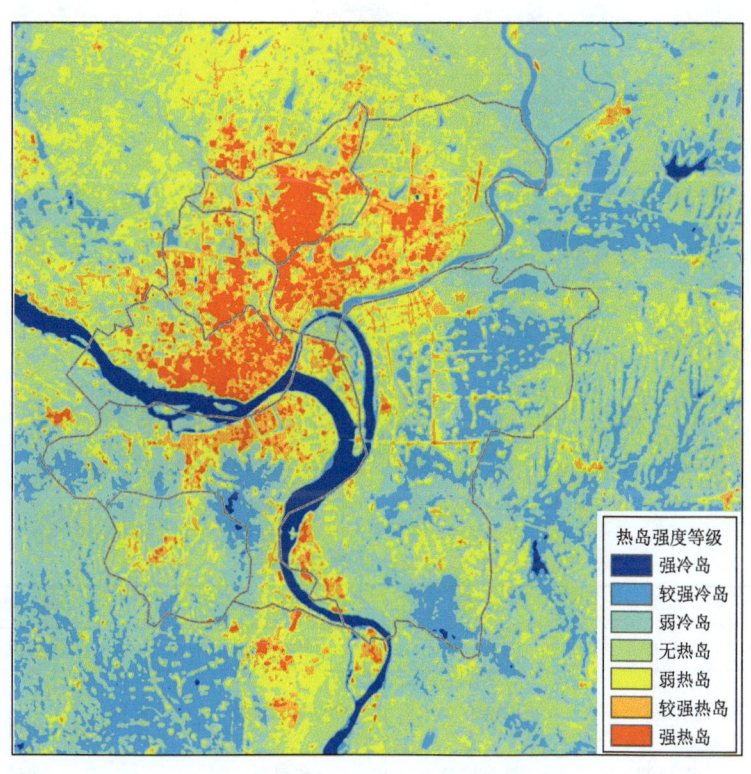

图 3.109  襄阳城市夏季热岛强度等级分布

夏季襄阳城市强热岛、较强热岛区域主要分布在米庄镇、张湾镇、团山镇、樊城区、襄城区的中北部、东津镇东南沿江地区及尹集乡中部,其中大面积成片强热岛区域位于米庄镇的中南部、团山镇南部及樊城区的西部,热岛空间分布基本与襄阳城市建成区的轮廓一致。强冷岛、较强冷岛区域主要分布在汉江沿线及东津镇东北东南部、襄城区南部。结合襄阳城市土地利用分布图来看,夏季热岛区主要是城市建筑密集区,而夏季冷岛区主要以水体、大面积林木覆盖的地区组成。

#### 3.3.2.5 绿源识别

城市地表温度具有水体＜林地＜农田＜城市＜草地＜裸地＜城镇的规律,且相比硬化下垫面,水体、林地、农田等植被地区少人为热量排放,是相对清洁空气源地,即绿源。绿源对城市局地小气候具有一定的改善效果,可以起到降温、增湿、降尘作用。

利用2016年6月28日Landsat8 OLI卫星遥感资料和决策树分类法得到襄阳城市最新土地利用覆盖类型(图3.110),提取其中的水体、林地、农田分布并统计面积,根据绿源等级划分表(表3.30),进行襄阳城市绿源强度空间分布的绘图和辨识分析。

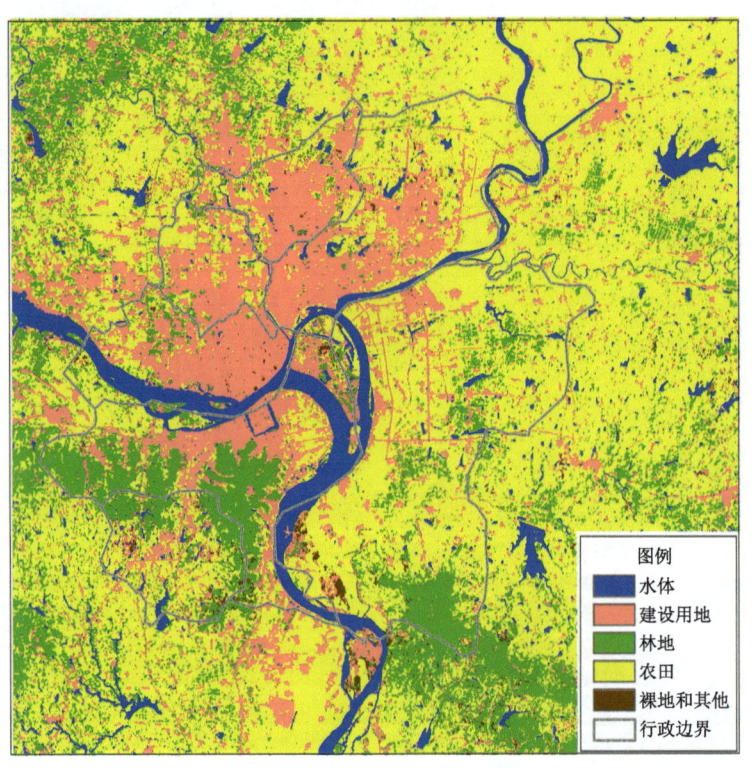

图3.110 襄阳城市2016年土地利用分布

表3.30 绿源等级划分

| 类型 | 一级 | 二级 | 三级 | 四级 |
| --- | --- | --- | --- | --- |
| 土地利用类型 | 水体 | 林地 | 林地 | 农田或林地 |
| 面积(m²) | — | ≥20000 | 16000～20000 | 农田≥16000 或林地在12000～16000 |
| 含义 | 强绿源 | 较强绿源 | 一般绿源 | 弱绿源 |

襄阳城市强绿源主要由汉江及其支流、米庄镇和张湾镇零星湖泊组成;较强绿源主要分布在襄城区南部和尹集乡北部交汇及东津镇南部的山地林区、樊城区西北城郊和东津镇东部城郊的局部林区及汉江沿岸林区;而张湾镇北部和东部城郊、东津镇大部地区均属于弱绿源区(图 3.111)。

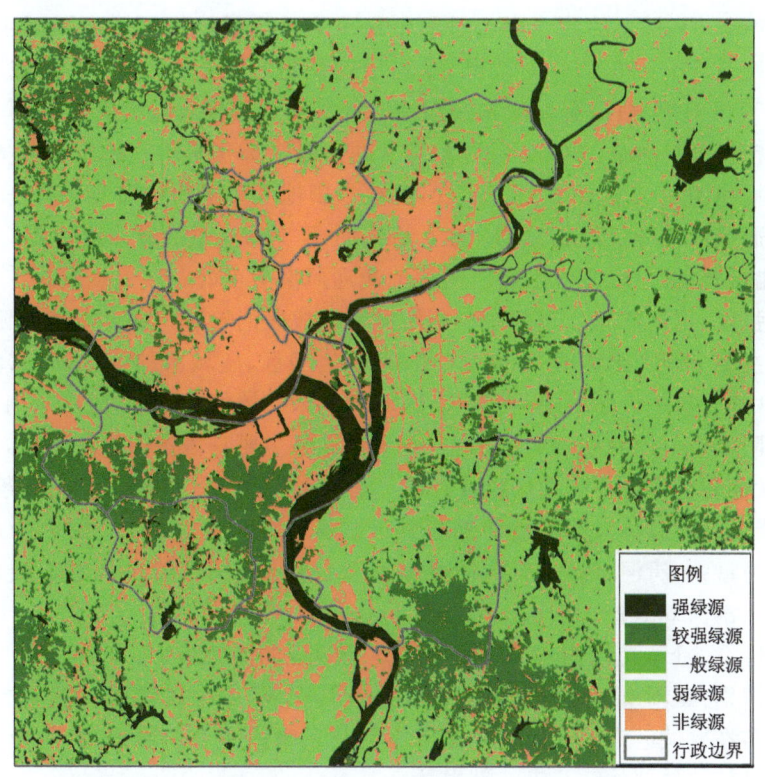

图 3.111 襄阳城市绿源强度等级分布

### 3.3.2.6 通风廊道

根据前面背景风环境、地表通风潜力、通风量、城市热岛、绿源等因素的研究,得到以下结论:

襄阳国家基本气象站 30 年气候基准期(1981—2010 年)数据表明,年平均风速为 2.48 m/s,全年基本无东风、西南风,最多风向为南南东(SSE),占 15%,其次为静风(11%)、南风(S,10%)、西北风(NW,10%)、北风(N,9%)。从各月来看,3—8 月南南东(SSE)为主导风向,南南东(SSE)和南(S)合计风向频率除 8 月外达 28%~39%;9 月西北(NW)为主导风向;10 月至次年 2 月静风频率最大,占 12%~15%,南南东(SSE)、南(S)、西北(NW)、北西北(NNW)和北(N)风向频率也较大,均在 10%左右。不同季节主导风向差异明显。不同风向下的风速差异较大,南向的风速明显大于其他风向的风速。软轻风条件的主导风向与全风速的主导风向存在明显差异。

基于 2015—2017 年襄阳城市范围内的区域气象自动站风向、风速资料分析表明,城市内部同一季节不同区域主导风向明显不同。

软轻风条件的主导风向与全风速的主导风向存在明显差异。

精细化风场模拟发现：当城市处于风速较大、大范围背景风向一致的环流形势下，城市建筑对风向的影响较小，近地层风向比较一致；当城市处于风速较小的环流形势下，城市建筑对风向的影响较大，城市内风向受大型水体、局地地形及建筑影响较大，出现多个局地环流。

城市通风潜力计算结果表明，建筑密度樊城区、团山镇、米庄镇及张湾镇局部地区超80%；建筑密度超50%以上的建筑群相对集中地聚集在樊城区东部及襄城区东北；东津新区大部分建筑密度为5%~30%，相对较低；受高层建筑物的阻挡影响，大部分城区建设用地天空开阔度值小于0.7；樊城区、襄城区和张湾镇西部城市用地地表粗糙度长度大多大于0.5 m，其他地区地表粗糙度普遍低于0.3 m；襄阳城区西南部森林年平均粗糙度长度大于1.0 m，其余林地区年平均粗糙度长度为0.5~0.8 m，平原农田地区年平均粗糙度长度基本小于0.1 m。襄阳城市内部通风潜力等级以无(1级)为主，城市主要交通干道的通风潜力等级以一般(2级)为主，略好于建筑密集区域。汉江、唐白河等河流通风潜力良好。

城市热岛强度：热岛空间分布基本与襄阳城市建成区的轮廓一致。夏季襄阳城市强热岛、较强热岛区域主要分布在米庄镇、张湾镇、团山镇、樊城区、襄城区的中北部、东津镇东南沿江地区及尹集乡中部，其中大面积成片强热岛区域位于米庄镇的中南部、团山镇南部及樊城区的西部。结合襄阳城市土地利用分布图来看，夏季热岛区主要是城市建筑密集区，而夏季冷岛区主要以水体、大面积林木覆盖的地区组成。统计分析结果表明，在相同的气象条件下，同一范围内，水体的降温效应总体大于植被的降温效应。汉江流域1.2 km范围内的水体缓解城市热岛效应的能力最强；唐河、白河、唐白河等水系1.0 km范围内的水体缓解城市热岛效应的能力最强；清河、滚河0.8 km范围内的水体缓解城市热岛效应的能力最强；永丰水库、白龙堰水库等较大水库0.6 km范围内水体缓解城市热岛效应的能力最强。

城市绿源识别：襄阳市区强绿源主要由汉江及其支流、米庄镇和张湾镇零星湖泊组成；较强绿源主要分布在襄城区南部和尹集乡北部交汇及东津镇南部的山地林区、樊城区西北城郊和东津镇东部城郊的局部林区及汉江沿岸林区。

综合考虑城市用地类型现状、未来规划、城市背景风环境、地表通风潜力、城市热岛、绿源空间分布，发现襄阳市中心城区存在4条可以利用的风道(图3.112)。

(1)汉江—铁路线风道。从汉江下游沿汉江、铁路线穿越中心城区。建议后期规划时调整襄州一中附近建筑物密度，打通汉江与铁路线之间的风道，形成贯穿襄阳城区的通风廊道。

(2)襄荆高速风道。沿襄荆高速公路及两侧防护绿带穿越中心城区。

(3)卧龙大道风道。沿卧龙大道及两侧防护绿化带穿越中心城区。

(4)内环东线风道。从汉江下游沿汉江、东环东线至唐白河。

另外，鱼梁洲以上的汉江干流为东西走向，城市上游的河道为近似的喇叭口地形，可以作为通风廊道加以利用，引入河流上游的新鲜空气到城市内部。同时，汉江在城市内部的部分，考虑城市内部风向因素，应该充分利用其作为强绿源的优势，规划从江面到两岸城市内部的次级风道。

# 第 3 章 襄阳城市气候生态环境专题影响评估

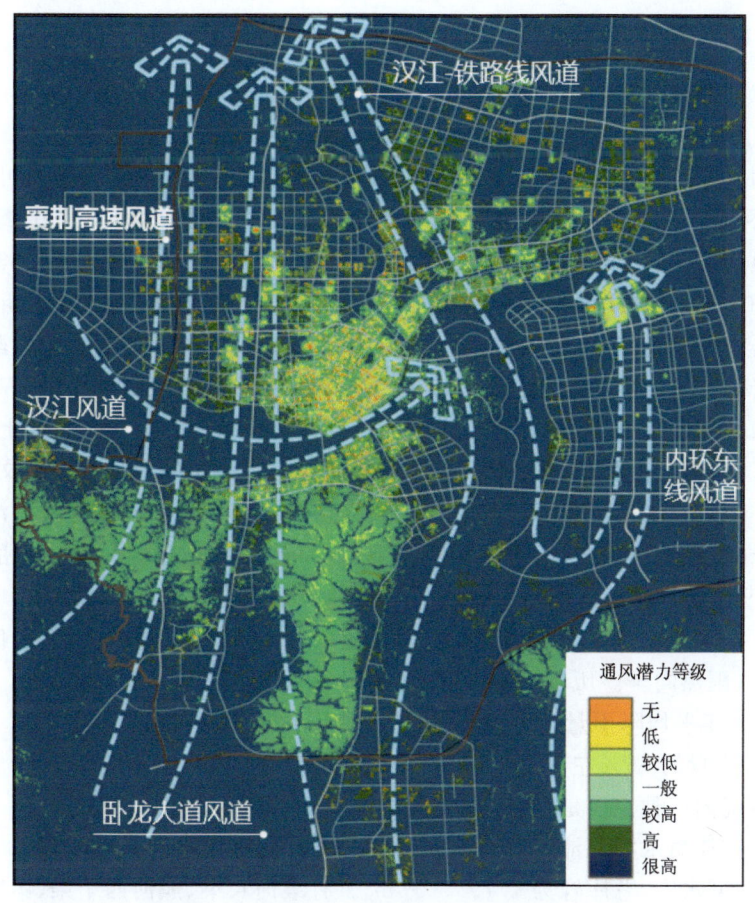

图 3.112 襄阳城市主通风廊道规划建议示意图

## 3.4 东津新区气候可行性分析

东津新区位于襄阳主城区东南的汉江东岸,西起汉江,东至东外环,北起唐白河,南至南外环,规划远期人口相当于现在襄阳市区人口的约 8 成。

建设东津新区,是襄阳市委、市政府建设"两个中心""四个襄阳",推进现代化区域中心城市建设的战略举措;是拓展城市发展空间,构建布局合理、功能完善的中心城区发展格局,实现襄阳科学发展、跨越发展的必然要求。

东津新区建成以后,城市建设、下垫面状况、人口等因素将会发生很大的变化。为了给政府提供合理的城市规划建议,本节利用气象资料,对东津新区的不同重现期降水量(考虑排水与不考虑排水)情景下进行对比分析,结合东津新区的风险区划,开展东津新区的暴雨洪涝与城市内涝分析;随着东津新区城市化建设,预计东津新区的热岛效应会明显增强。为了更好地分析东津新区建成后的热岛效应,对当前主城区和东津镇的热岛强度进行对比分析,在此基础上开展了东津新区的热岛强度预估。

### 3.4.1 东津新区情况简介

(1)东津镇简介

东津镇位于襄阳市区东部,是孟浩然故里、大头菜原产地,汉江、唐白河、滚河、淳河交汇于此。地处112°10′~112°11′E,31°53′~32°06′N,地势开阔,土壤肥沃。东与峪山镇交界,南依鹿门寺国家森林公园,北临唐白河,西临"黄金水道"汉江,与古襄阳城及城市"绿心"鱼梁洲隔江相望,环境得天独厚。全镇版图面积277 km²,辖52个行政村,1个社区,353个村民小组,全镇人口119107人,计39799户,其中乡村人口102394人,耕地面积149602亩。

历史文化:东津镇有2800年的悠久历史,山清水秀,人杰地灵,历史文化底蕴深厚,自然风光宜人,旅游资源丰富。庞德公、孟浩然、皮日休先后隐居于此,留下了"鹿门三高傲帝王"的美誉,境内有三国名将蔡瑁练军处、老营古井、张嘴古堡、明清老街、渡口遗址、出土300余件珍贵文物的陈坡战国古墓及面积超过$2.00 \times 10^5$ m²的周寨后王岗东周遗址等历史文物古迹。

地形:整个地势东南高、西北低。东南部为丘陵,西部的汉江及北部的唐白河、滚河沿岸为冲积平地。最高点是霸王山主峰,海拔高度371.7 m,最低点是三合村境内的"岳家山根下"西边,海拔高度59.6 m。淳河由东向西流经境内20 km,于王寨村南注入汉水。

气候概况:东津属亚热带季风型大陆气候过渡区,处于南北分界线上,气候优兼南北,四季分明,降水适中,雨热同季。历年平均气温15.7 ℃;年平均日照时数1883.3 h。历年各月平均相对湿度75%。年平均降雨量845.0 mm,年平均降水天数110 d。一年的降水主要集中在4—9月,占年降水量的76%左右。

矿产资源:境内矿种主要是石灰石、沙石。

水利资源:东津镇水源充沛。北有滚河,南有淳河,西有汉水。全镇现有11座小(二)型水库和4座小(一)型水库,总库容为$1.79 \times 10^7$ m³。有滚河长渠、熊河西干渠、秦咀北干渠。

交通优势:东津地理位置优越,交通十分便利,距刘集机场10 km,处于316国道、207国道夹角之中,汉丹、武安铁路、218省道穿境而过。襄阳城市内环线在东津镇内有9.8 km,郑万高铁和武襄十高铁站选址东津,东津交通更加四通八达。2013年9月29日,东津大桥建成通车,内环线全线贯通,对提升襄阳全市中心城区的承载能力、拓展城市发展空间、缓解中心城区道路交通压力、加快中心城区"一心四城"城市格局的形成具有十分重要的意义。

电力设施:全镇有$22 \times 10^4$ kV陈坡变电站1座,$50 \times 10^4$ kV望成岗变电站1座,崔家营航电枢纽工程已建成蓄水发电,可以充分满足工农业生产、生活用电。

农业资源:东津盛产优质小麦、优质水稻(富硒稻)、棉花、花生、畜禽、水产、蔬菜等,是全国闻名的大头菜原产地、全省有名的养鸭专业镇、鄂西北小龙虾繁养基地,特色农产品富硒水稻享誉省内外。建成万头养猪场4个,千头养猪场10个,"150"模式猪舍33栋,"500"模式猪舍7栋,年出栏生猪27.89万头;年出栏牛10904头;年出栏羊13816只;总出笼禽286.6万只。市级以上农业产业化龙头企业达到4家,绿色无公害农产品6个,农业专业合作社15个,农业生产综合机械化水平达到70%。

(2)东津新区发展历程

随着我国经济快速发展,城市新区如雨后春笋一般在我国各地设立,并成为我国大、中、小城市最寄予希望的经济增长点,如天津的滨海新区和重庆的两江新区。2010年9月26日,襄阳经济技术开发区正式挂牌成立。2010年11月8日,东津镇被襄阳经济技术开发区托管,

2011年12月12日,襄阳市第十二次党代会提出加快推进东津新区开发,五年内起步区建设格局基本形成。2012年5月4日,省政府批复《襄阳东津新区建设总体方案》,东津新区成为省政府批准设立的全省第一个城市新区。规划面积218 km²。新区辖东津镇全域和襄州区张湾办事处"四村一组",共56个行政村,1个社区,人口约14万。2012年8月17日,省委书记李鸿忠主持召开省委常委(扩大)会议,专题听取东津新区建设汇报,将东津新区建设上升为省级战略,决定成立东津新区建设推进委员会,明确由省政府主要领导担任推进委员会主任。2012年10月22日,省长王国生主持召开省政府常务会议,专题研究东津新区规划建设,指出东津新区建设是全省发展大战略中的一个重要布局,是省级战略市级实施。

(3)东津新区规划和建设发展目标

东津新区开发建设是湖北省市"十二五"规划建设的重点项目。其建设目标定位是:围绕建设具有国际化水准、现代城市功能、承担现代化区域中心城市辐射带动作用的新中心。其产业战略定位是:构建现代产业体系,优化城市产业布局,促进产业之间融合发展,完善产业链,实现现代产业集聚发展,将东津新区打造为区域性现代服务业中心,高端制造产业中心和产业转移基地。规划建设东津新区是襄阳建设现代化区域性中心城市的重要战略支点和重要功能承载区,将拓展襄阳的城市发展空间,搭建新的产业发展平台、培育新的经济增长极。根据2017年9月襄阳市测绘网公布的资料图,东津新区的结构为"一核两区,一带三轴",规划功能明确,东津各区发展方向清晰。建成后,东津新区将是一个具有完善城市功能,宜居繁荣,能独立满足居民生活需求的城市功能区。

## 3.4.2 东津新区局地气象要素分析

东津新区建成以后,城市建设、下垫面状况、人口等因素发生了很大的变化。为了更好地分析东津新区建成后的暴雨洪涝与城市内涝风险,对东津新区的不同重现期降水量(考虑排水与不考虑排水)情景下进行对比分析。

东津新区现有1个区域气象观测站,但该站建站较早,为单要素自动站,仅有降水观测记录。统计该站和襄阳国家基本气象站小时、日等不同时间尺度的同期观测资料,进行对比分析,以分析两地降水特征及其差异。

利用2007年以来东津站和襄阳站的同期日、小时降水记录进行对比分析发现:襄阳站的年平均降水量大于东津站,是东津的1.14倍。从各等级日降水量来看,暴雨以上量级的降水没有明显的差异,但襄阳的大雨发生频次明显多于东津,有效雨日则东津略多于襄阳。2008—2013年襄阳、东津降水量对比见表3.31。

表3.31 2007—2013年襄阳、东津降水量

| 项目 | 降水量(mm) | 雨日(d) | 中雨(次) | 大雨(次) | 暴雨(次) | 大暴雨(次) | 特大暴雨(次) |
|---|---|---|---|---|---|---|---|
| 襄阳 | 7610 | 515 | 70 | 31 | 9 | 0 | 1 |
| 东津 | 6832 | 529 | 73 | 24 | 9 | 0 | 1 |

从逐时降水量来看(图3.113),逐时降水频次没有明显的差异,14—19时降水出现概率较大,23—06时降水概率较小。如图3.114显示,小时降水量达到10 mm的频次,东津00—03时有个明显的高峰期,其他时段两站差异不大。

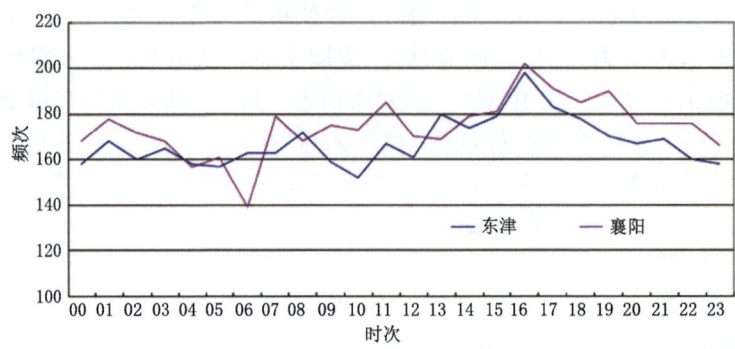

图 3.113　2007—2013 年逐时降水频次变化

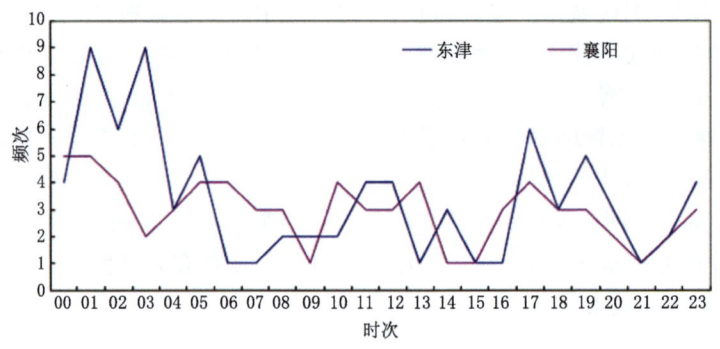

图 3.114　2007—2013 年逐时≥10 mm 降水频次变化

### 3.4.3　东津新区城市内涝风险评价

为了给政府提供合理的城市规划建议,分析城市管网在有排水系统下的淹没与没有排水系统下的淹没程度差异。利用 GIS 栅格运算功能,通过对不排水时的积水深度减去排水时的积水深度运算,对东津新区在设计了排水系统的状态下与不设计排水系统的重现期淹没状况的差异进行分析。结果表明(表 3.32,表 3.33),对于两年以上的重现期日降水量造成的内涝,东津新区中部及北部没有排水系统的淹没水深比有排水系统时的淹没水深多了 0~0.5 m,局部 0.5 m 以上。提取不排水与排水的差值积水深度段的面积,从各重现期雨量下的差值积水深度面积来看,差值在 0~0.1 m 的面积最大,占东津新区的绝大多数地区,随着雨量的增大,这部分水深段的面积是减小的;其次是 0.2~0.5 m 的面积居第二多,且随着雨量的增大而增

表 3.32　东津新区不排水减去一年一遇排水各积水深度的面积差(hm²)

| 差值积水深度段(m) | 2 年一遇 | 5 年一遇 | 10 年一遇 | 20 年一遇 |
|---|---|---|---|---|
| [0.0,0.1) | 38.5 | 27.42 | 30.47 | 28.54 |
| [0.1,0.2) | 2.51 | 2.79 | 4.08 | 5.09 |
| [0.2,0.5) | 3.74 | 4.76 | 6.85 | 7.49 |
| [0.5,1.0) | 2.34 | 1.96 | 1.22 | 0.89 |
| ≥1.0 | 0.39 | 0.31 | 0.15 | 0.01 |

表 3.33  东津新区不排水减去泵站平均排水各积水深度的面积差(hm²)

| 差值积水深度段(m) | 10年一遇 | 20年一遇 | 50年一遇 |
| --- | --- | --- | --- |
| [0.0,0.1) | 15.38 | 16.82 | 17.86 |
| [0.1,0.2) | 2.80 | 3.23 | 4.84 |
| [0.2,0.5) | 6.31 | 7.67 | 9.45 |
| [0.5,1.0) | 2.27 | 2.29 | 1.98 |
| ≥1.0 | 0.64 | 0.81 | 0.67 |

大。说明在没有排水设施下比有排水设施的积水深度普遍深了 0~0.1 m,其次是 0.2~0.5 m,局部地区大于 1 m。结合东津新区的差值积水深度空间分布图来看,积水深度差异较大的地区正是东津新区的易涝区,故对不同的积水深度段,设置合理的防涝排洪设施极为重要。

另外,从东津新区的暴雨洪涝灾害风险区划图来看,中部与北部的地势低洼且河网密集,是暴雨洪涝灾害的高风险区域。

### 3.4.4　东津新区城市热岛效应预估

东津新区建成以后,由于下垫面、人口、能耗等因素发生了很大的变化,预计东津新区的热岛效应会明显增强。为了更好地分析东津新区建成后的热岛效应,对当前主城区和东津镇的热岛强度进行对比分析,在此基础上开展了东津新区的热岛强度预估。

(1)新区未来热岛强度预估

由于夏季襄阳城市热岛强度是最大的,因此,基于近几年夏季的襄阳城市热岛强度监测图,分析襄阳主城区与东津新区的地表温度差异。对比分析结果表明,樊城区大部的地表温度比东津镇高 8~10 ℃,襄城区北部的城市区域比东津镇高 6~8 ℃。襄城区由于中部有岘山、虎头山、尖山等山体,地表温度和东津镇大致持平。预计东津新区建成后,其中心区域夏季地表温度将升高 8~10 ℃,达到樊城区现有水平;东津镇非中心区域将升高 6~8 ℃,与襄城区城市区域持平。

(2)新区热岛范围预估

东津镇大部地势较平坦,海拔高度为 55~371 m,地势高的地区主要集中在东津镇东南角和东北角。土地覆盖类型大部分地区以耕地为主,城镇用地分布分散,西边有汉水流过,中部地区水域均匀分布,东南地区以林地为主(图 3.115)。

根据不同水体缓解城市热岛效应的能力最强的距离,提取缓冲区生成东津镇水体降温范围分布图(图 3.116),由于东津镇水域范围较大,镇内大部分地区在水域的最佳降温范围内,但西北部和西南部不在有效的降温范围内(图 3.116 中黑圈范围),为有效控制城市热岛效应,需加大绿化力度,保证绿化覆盖率,适当建造人工河、湖等,降低该区域下垫面中的不透水、半透水比例。

### 3.4.5　小结

(1)东津新区在没有排水设施下比有排水设施的积水深度普遍深 0~0.1 m,其次是 0.2~0.5 m,局部地区大于 1 m。积水深度差异较大的地区和易涝区较吻合,故对不同的积水深度段,设置合理的防涝排洪设施极为重要。

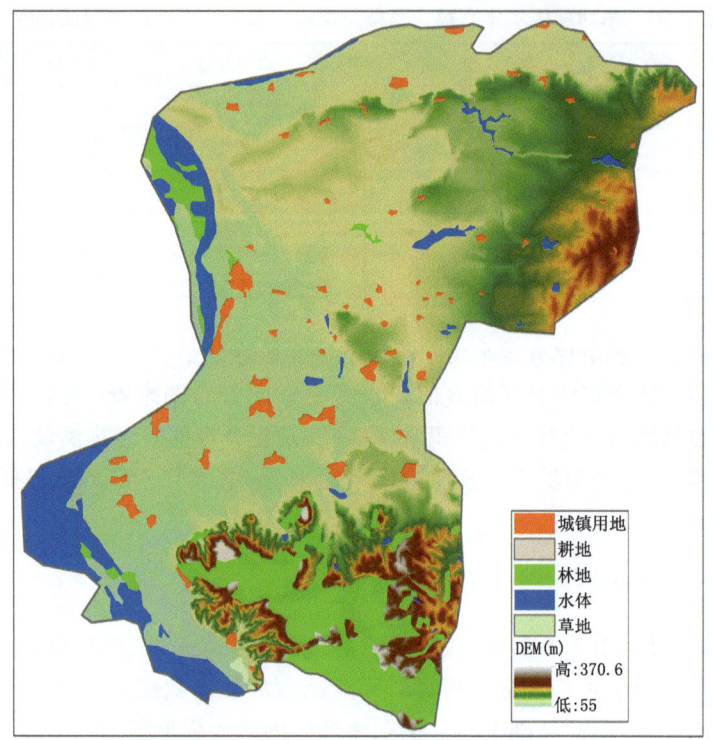

图 3.115　东津镇土地覆盖分布

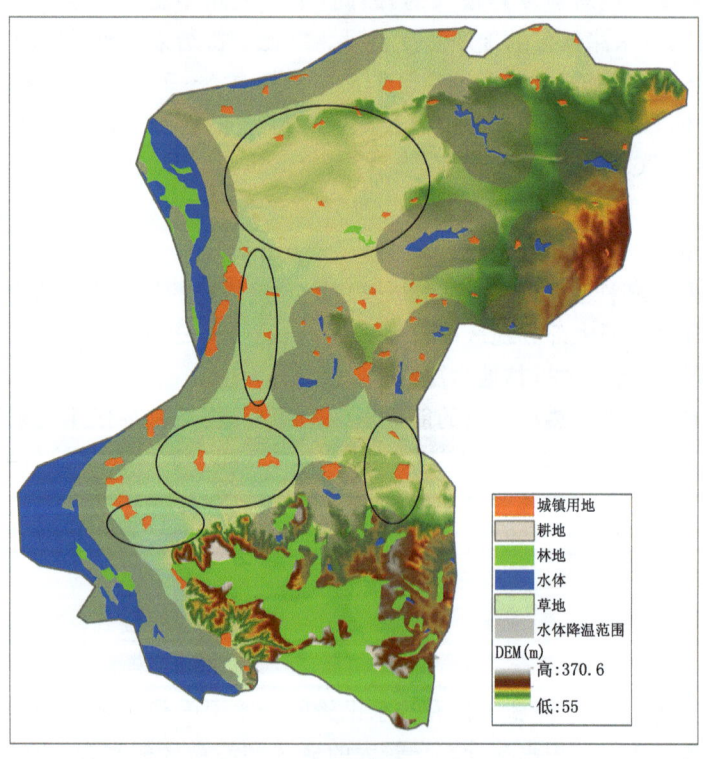

图 3.116　东津镇水体降温范围分布（水体降温范围：灰色区域）

(2)城镇面积骤增将导致下垫面的改变,城市人口的增多,可能加剧热岛效应。若不积极采取措施,则新区建成后中心区域地表温度将升高 8~10 ℃。

(3)东津镇西北部和西南部水系分布少,缓解城市热岛效应能力有限,后期城市规划应引起重视,可加大绿化力度,适当建造人工河、湖等,降低该区域下垫面中的不透水、半透水比例。

(4)软轻风下区域风向季节变化明显,四季风向频率略有差异。受地形(低山丘陵)影响明显的区域年及四季风向的季节变化不大;受季风气候影响明显的区域风向存在季节变化。

(5)区域风道基本呈现以鱼梁洲为中心,沿汉江河道有东西向(偏西风为主)和南北向(东南风)交叉的两条主风道以及以襄城区西南低山岗地(卧龙大道和二广高速)为中心的南北向两条次风道,受季风气候和地形的共同影响四季变化明显。

# 参考文献

柏春,2009.城市气候设计-城市空间形态气候合理性实现的途径[M].北京:中国建筑工业出版社.
车凤翔,1999.中国城市气溶胶危害评价[J].中国粉体技术,5(3):4-10.
陈明辉,黄培培,吴非,等,2014.基于 GIS 和 RS 的水力模型构建与多情景分析[J].测绘通报(6):29-33.
程炳岩,丁裕国,张金铃,等,2008.广义帕累托分布在重庆暴雨强降水研究中的应用[J].高原气象,27(5):1005-1009.
程红芳,章文波,陈锋,2008.植被覆盖度遥感估算方法研究进展[J].国土资源遥感(1):13-18.
炊雯,2017.基于 RS 技术的襄阳地区生态环境监测[J].南方农机,48(19):46-47.
丁建丽,姚远,王飞,2014.干旱区土壤盐渍化特征空间建模[J].生态学报,34(16):4620-4631.
董旭光,刘焕彬,汤子东,等,2018.气候变化背景下山东大气自净能力特征分析[J].海洋气象学报,38(4):93-102.
杜吴鹏,房小怡,刘勇洪,等,2016.基于气象和 GIS 技术的北京中心城区通风廊道构建初探[J].城市规划学刊(5):79-85.
范娇,郭宝峰,何宏昌,2014.基于 MODIS 数据的杭州地区气溶胶光学厚度反演[J].光学学报,35(1):1-9.
范天锡,潘钟跃,1987.北京地区城市热岛特性的卫星遥感[J].气象(10):29-32.
范业正,郭来喜,1998.中国海滨旅游地气候适宜性评价[J].自然资源学报,13(4):304-311.
方灿莹,胡秀娟,徐涵秋,等,2017.不同城市规划的生态质量差异对比研究[J].地球信息科学学报,19(8):1097-1107.
冯娴慧,周荣,2010.国外城市气候特征的研究进展[J].佛山科学技术学院学报(自然科学版),28(1):49-52.
傅伯杰,牛栋,赵士洞,2005.全球变化与陆地生态系统研究:回顾与展望[J].地球科学进展(5):556-560.
高志强,刘纪远,曹明奎,等,2004.土地利用和气候变化对区域净初级生产力的影响[J].地理学报(4):581-591.
葛伟强,周红妹,杨何群,2010.基于 MODIS 数据的近 8 年长三角城市群热岛特征及演变分析[J].气象,36(11):77-81.
顾成林,李雪铭,2012.基于模糊综合评价法的城市生态环境质量综合评价——以大连市为例[J].环境科学与管理,37(3):172-179+187.
郭铌,2003.植被指数及其研究进展[J].干旱气象(4):71-75.
国家环境保护总局,2006.生态环境状况评价技术规范(试行):HJ/T 192—2006[S].北京:中国环境科学出版社.
韩素芹,孟冬梅,伶华,等,2009.天津城市热岛及其对污染物扩散影响的数值模拟[J].生态环境学报,18(2):403-407.
贺法法,陈晓丽,张雅杰,等,2015.GIS 辅助的内涝灾害风险评价——以豹澥社区为例[J].测绘地理信息,40(2):35-39.
胡蝶,张镭,沙莎,等,2013.西北地区 MODIS 气溶胶产品的对比应用分析[J].干旱气象(4):677-683.
胡桂萍,李正泉,邓霞君,2015.丽水市旅游气候舒适度分析[J].气象科技,43(4):669-774.
胡小静,王茵茵,2018.环境气候研究下的河谷城市通风廊道规划探析——以洛阳市为例[J].华中建筑(2):85-87.

黄梅丽,黄雪松,邓英姿,2007.南宁城市规划建设的气候条件分析[J].气象研究与应用,28(增刊Ⅱ):137-139.

贾界峰,赵井卫,陈客贤,2010.曼宁公式及其误差分析[J].山西建筑,36(7):313-314.

江志红,叶丽梅,2010.近十年南京城市热岛演变的遥感研究[J].南京信息工程大学学报,2(2):148-154.

江志红,丁裕国,朱莲芳,等,2009.利用广义帕累托分布拟合中国东部日极端降水的试验[J].高原气象,28(3):573-580.

蒋晓伟,冯立梅,杨达源,等,2003.庐山旅游气候资源优势评价及深度开发[J].长江流域资源与环境,12(3):233-236.

景悦,孙艳玲,付宏臣,等,2018.2010—2016年京津冀AOD时空变化及其影响因子分析[J].环境科学与技术,41(8):110-119.

康俊,周杰,程炳岩,2017.基于FloodArea模型的重庆沙坪坝区内涝风险评估研究[J].西南大学学报(自然科学版),39(12):111-118.

匡文慧,等,2015.城市地表热环境遥感分析与生态调控[M].北京:科学出版社.

邝奕轩,杨芳,2005.对我国城市化进程引入生态环境质量评价的思考[J].国土与自然资源研究(2):54-55.

李粉玲,常庆瑞,申健,等,2015.黄土高原沟壑区生态环境状况遥感动态监测——以陕西省富县为例[J].应用生态学报,26(12):3811-3817.

李兰,周月华,叶丽梅,等,2013.基于GIS淹没模型的流域暴雨洪涝区划方法[J].气象,39(1):174-179.

李娜,仇劲卫,程晓陶,等,2002.津市城区暴雨沥涝仿真模拟系统的研究[J].自然灾害学报,11(2):112-118.

梁益同,陈正洪,夏智宏,2010.基于RS和GIS的武汉城市热岛效应年代演变及其机理分析[J].长江流域资源与环境(8):914-918.

林炳怀,杨大文,2007.北京城市热岛效应的数值研究[J].水科学进展,18(2):258-263.

刘峰贵,李春花,陈蓉,等,2015.避暑型旅游城市的"凉爽"气候条件对比分析——以西宁市为例[J].青海师范大学学报(自然科学版)(1):56-61.

刘清春,王铮,许世远,2007.中国城市旅游气候舒适性分析[J].资源科学,29(1):133-141.

刘玉洁,杨忠东,2001.MODIS遥感信息信息处理原理与算法[M].北京:科学出版社.

刘智才,徐涵秋,李乐,等,2015.基于遥感生态指数的杭州市城市生态变化[J].应用基础与工程科学学报(4):728-739.

鲁敏,张月华,2002.城市生态学与城市生态环境研究进展[J].沈阳农业大学学报,33(1):76-81.

罗春,刘辉,戚陆越,2014.基于遥感指数的生态变化评估——以常宁市为例[J].国土资源遥感,26(4):145-150.

马丽君,孙根年,李馥丽,等,2007.陕西省旅游气候舒适度评价[J].资源科学,29(6):40-44.

马乃孚,杜荣,宋正满,1997.神农架避暑疗养旅游综合气候资源区划初探[J].湖北气象(1):40-42.

梅梅,朱蓉,孙朝阳,2019.京津冀及周边"2+26"城市秋冬季大气重污染气象条件及其气候特征研究[J].气候变化研究进展,15(3):270-281.

苗世光,张朝林,江浇燕,等,2006.城市小区气象条件与污染扩散精细预报研究[J].环境科学学报,26(10):1729-1736.

欧阳资生,龚曙明,2005.广义帕累托分布模型:风险管理的工具[J].财经理论与实践(双月刊),26(137):88-92.

潘晓玲,2001.干旱区绿洲生态系统动态稳定性的初步研究[J].第四纪研究(4):345-351.

朴世龙,方精云,2003.1982—1999年我国陆地植被活动对气候变化响应的季节差异[J].地理学报(1):119-125.

覃志豪,张明华,Arnon Karnieli,2001.用NOAA-AVHRR热通道数据演算地表温度的劈窗算法[J].国土资源遥感,48(2):33-42.

覃志豪,高懋芳,秦晓敏,等,2005.农业旱灾监测中的地表温度遥感反演方法——以 MODIS 数据为例[J].自然灾害学报,14(4):64-71.

邱庆伦,赵鸿燕,郭剑,等,2004.遥感植被指数在农业生态环境监测中的应用[J].农机化研究(6):215-217.

施成燕,2011.长江三角洲地区大气气溶胶光学厚度的遥感监测[D].南京:南京大学.

史瑞琴,刘宁,李兰,等,2013.暴雨洪涝淹没模型在洪灾损失评估中的应用[J].暴雨灾害,32(4):379-384.

宋薇,张镭,2007.大气气溶胶光学厚度遥感研究概况[J].干旱气象,25(3):76-81.

宋艳玲,张尚印,2003.北京市近40年城市热岛效应研究[J].中国生态农业学报,11(4):126-129.

苏布达,施雅风,姜彤,等,2006.长江荆江分蓄洪区历史演变、前景和风险管理[J].自然灾害学报,15(5):19-27.

隋玉正,史军,崔林丽,等,2013.上海城市人居生态质量综合评价研究[J].长江流域资源与环境,22(8):965-971.

孙学珍,周翠芳,于慧琴,等,2009.宁夏大武口区"城市热岛效应"观测资料对比分析[J].宁夏工程技术,8(4):317-320.

汤惠君,2004.广州城市规划的气候条件分析[J].经济地理,24(4):490-493.

陶波,李克让,邵雪梅,等,2003.中国陆地净初级生产力时空特征模拟[J].地理学报(3):372-380.

田宏伟,2018.2006—2016年河南省气溶胶光学厚度时空分布[J].干旱气象,36(1):104-109.

王发曾,1991.城市生态系统的综合评价与调控[J].城市环境与城市生态(2):26-30.

王芳,门慧,2013.三参数广义帕累托分布的似然矩估计[J].数学年刊,34A(3):299-312.

王建凯,王开存,王普才,2007.基于 MODIS 地表温度产品的北京城市热岛(冷岛)强度分析[J].遥感学报,11(3):330-339.

王健睿,2017.湖北省重点生态功能区县域生态环境质量监测与评价[D].武汉:华中师范大学.

王晶,2012.基于风环境的深圳市滨河街区建筑布局策略研究[D].哈尔滨:哈尔滨工业大学.

王军,2005.长江口滨岸湿地环境信息系统研究[D].上海:华东师范大学.

王士远,张学霞,朱彤,等,2016.长白山自然保护区生态环境质量的遥感评价[J].地理科学进展,35(10):1269-1278.

王晓玲,吕睿,王艳杰,等,2018.基于 MODIS C6 产品研究湖北省气溶胶光学特性的时空分布[J].生态环境学报,27(6):1099-1106.

王梓茜,程宸,杨袁慧,等,2018.基于多元数据分析的城市通风廊道规划策略研究——以北京副中心为例[J].城乡规划,25(1):87-96.

沃沃,胡友培,窦平平,2012.城市形态与城市微气候的关联性研究[J],建筑学报(7):16-18.

吴兑,邓雪娇,2001.环境气象学与特种气象预报[M].北京:气象出版社.

吴蓉,卢燕宇,王胜,等,2017.1961—2010年安徽省大气环境容量系数变化特征分析[J].气候变化研究进展,13(6):545-555.

谢五三,吴蓉,田红,等,2017.东津河流域暴雨洪涝灾害风险区划[J].气象,43(3):341-347.

解以扬,韩素芹,由立宏,等,2004.天津市暴雨内涝灾害风险分析[J].气象科学,24(3):342-349.

徐光来,许有鹏,徐宏亮,2010.城市化水文效应研究进展[J].自然资源学报,25(12):2171-2178.

徐涵秋,2009.城市不透水面与相关城市生态要素关系的定量分析[J].生态学报,29(5):2456-2462.

徐涵秋,2013.城市遥感生态指数的创建及其应用[J].生态学报,33(24):7853-7862.

徐家良,2000.近百余年来上海两次增暖期的特征对比及其成因[J].地理学报,55(4):501-506.

徐庆勇,黄玫,刘洪升,等,2011.基于 RS 和 GIS 的珠江三角洲生态环境脆弱性综合评价[J].应用生态学报,22(11):2987-2995.

许燕婷,刘兴诏,王振波,2019.基于 AQI 指数的中国城市空气质量时空分布特征[J].广西师范大学学报(自然科学版),31(1):187-196.

轩春怡,王晓云,蒋维楣,等,2010.城市中水体布局对大气环境的影响[J].气象,12(36):94-101.
薛丹,李成范,雷鸣,等,2013.基于MODIS数据的上海市热岛效应的遥感研究[J].测绘与空间地理信息,36(4):1-4.
阎广慧,简王华,李芝,2008.南宁市旅游气候适宜性分析[J].亚热带资源与环境学报,3(1):69-73.
杨栋,朱佳敏,姚日升,等,2019.宁波地区空气质量及大气自净能力海陆差异对比[J].气象与环境学报,35(3):52-59.
杨玉华,徐祥德,翁永辉,2003.北京城市边界层热岛的日变化周期模拟[J].应用气象学报,14(1):61-67.
姚圩琴,应君,2017.杭州主城区潜在通风廊道研究[J].山西建筑,43(12):201-203.
叶丽梅,周月华,李兰,等,2013.通城县一次暴雨洪涝淹没个例的模拟与检验[J].气象,39(6):699-703.
叶丽梅,彭涛,周月华,等,2016a.基于GIS淹没模型的洪水演进模拟及检验[J].暴雨灾害,35(3):285-290.
叶丽梅,周月华,向华,等,2016b.基于GIS淹没模型的城市道路内涝灾害风险区划研究[J].长江流域资源与环境,25(6):1004-1010.
叶锺楠,2015.我国城市风环境研究现状评述及展望[J].规划师(1):236-241.
尹杰,詹庆明,2017.武汉市城市通风廊道挖掘研究[J].现代城市研究(10):58-63.
余永江,林长城,王宏,等,2009.福建省福州城市热岛效应与气象条件的关系研究[J].安徽农业科学,37(3):1165-1166.
宇万太,于永强,2001.植物地下生物量研究进展[J].应用生态学报(6):927-932.
郁珍艳,李正泉,高大伟,等,2017.浙江省空气质量与大气自净能力的特征分析[J].气象,43(3):323-332.
袁飞,2006.考虑植被影响的水文过程模拟研究[D].南京:河海大学.
岳文泽,徐建华,徐丽华,2006.基于遥感影像的城市土地利用生态环境效应研究——以城市热环境和植被指数为例[J].生态学报(5):1450-1460.
曾忠忠,侣颖鑫,2017.基于三种空间尺度的城市风环境研究[J].城市生态,24(1):35-42.
张浩,杜培军,罗洁琼,等,2017.基于遥感生态指数的南京市生态变化分析[J].地理空间信息,15(2):58-62.
张杰,吴明业,2017.基于GIS的皖南地区暴雨洪涝灾害风险区划[J].中国农业资源与区划,38(6):121-129.
张静怡,卢晓宁,洪佳,等,2016.2000—2014年四川省气溶胶时空格局及其驱动因子定量研究[J].自然资源学报(9):1514-1525.
张睿,李红艳,2018.基于风环境要素的城市通风廊道建设研究综述[J].华中建筑(6):44-48.
张莹,马敏劲,王式功,等,2013.中国大陆九大名山风景区旅游气候舒适度评价[J].气象,39(9):1221-1226.
张云霞,李晓兵,陈云浩,2003.草地植被盖度的多尺度遥感与实地测量方法综述[J].地球科学进展(1):85-93.
章国材,2012.暴雨洪涝预报与风险评估[M].北京:气象出版社.
赵小锋,刘嘉慧,赵颜创,等,2018.城市气溶胶光学厚度空间格局特征多指标综合分析[J].地球信息科学学报,20(3):360-367.
郑拴宁,2012.城市环境中自然通风研究进展[J].环境科学与技术,35(4):188-194.
周淑贞,1987.城市气候学与城市规划[J].科学通报,3(3):5-8.
朱蕾,2013.基于主成分分析法的扬州市生态环境质量评价[D].扬州:扬州大学.
朱蓉,张存杰,梅梅,2018.大气自净能力指数的气候特征与应用研究[J].中国环境科学,38(10):3601-3610.
朱瑞兆,1980.风与城市规划[J].气象科技,8(4):3-6.
朱晓华,杨秀春,2001.层次分析法在区域生态环境质量评价中的应用研究[J].国土资源管理(5):43-46.
朱亚斓,2008.城市通风道在改善城市环境中的运用[J].城乡规划(1):46-48.
邹军,张明礼,杨浩,2012.退耕还林(草)与水土保持若干问题的研究进展[J].土壤通报,43(2):506-512.
DYMOND J R, STEPHENS P R, NEWSOME P F, et al, 1992. Percentage vegetation cover of a degrading rangeland from SPOT[J]. International Journal of Remote Sensing, 13(11):1999-2007.

FRENI G,MAGLIONICO M,DI FEDERICO V,et al,2003. State of the art in Urban drainage modeling[R]. CARE-S Report D7,9-170.

GUTMAN G,IGNATOV A,1998. The derivation of the green vegetation fraction from NOAA/AVHRR data for use in numerical weather prediction models[J]. International Journal of Remote Sensing,19(8):1533-1543.

JANG S,CHO M,YOON J,et al,2007. Using SWMM as a tool for hydrologic impact assessment[J]. Desalination,212(1/3):344-356.

KAUFMAN Y J,GAO B C,1992. Remote Sensing of water vapor in the near IR from EOS/MODIS[J]. IEEE Transactions on Geoscience and Remote Sensing,30(5):871-884.

LEE S B,YOON C G,JUNG K W,et al,2010. Comparative evaluation of runoff and water quality using HSPF and SWMM[J]. Water Science and Technology,62(6):1401-1409.

LI L,HU F,JIANG J H,et al,2007. An application of the RAMS/FLUENT system on the multi-scale numerical simulation of the urban surface layer-A preliminary study[J]. Advances in Atmospheric Sciences,24(2):271-280.

MCMILLIN L M,1975. Estimation of sea surface temperature from two infrared window measurements with different absorption[J]. Journal of Geophysical Research,(20):5113-5117.

OLIVER J E,1973. Climate and Man's Environment:An Introduction to Applied limatology[M]. New York: John Wiley & Sons Inc.

PAUL D,BATES M S,HORRITT T J,et al,2010. Fewtrell. A simple inertial formulation of the shallow water equations for efficient two-dimensional flood inundation modelling[J]. Journal of Hydrology,387(1-2):33-45.

QIN Z,KARNIELI A,BERLINER P,2001. A mono-window algorithm for retrieving land surface temperature from Landsat TM data and its application to the Israel-Egypt border region[J]. International Journal of Remote Sensing,22(18):3719-3746.

RICHARD T T Forman,2017. 城市生态学——城市之科学[M]. 北京:高等教育出版社.

SENEVIRATNE S I,CORTI T,DAVIN E L,et al,2010. Investigating soil moisture-climate interactions in a changing climate:A review[J]. Earth-Science Reviews,99(3-4):125-161.

TANG M T,2013. Comparing the "Tourism Climate Index" and "Holiday Climate Index" in Major European Urban Destinations[D]. University of Waterloo in fulfillment of the thesis requirement for the degree of Master of Environmental Studies.

TERJUNG W H,1966. Physiologic climates of the conterminous United States:A bioclimatic classification based on man[J]. Annals of the Association of American Geographers,5(1):141-179.

ZHANG C L,CHEN F,MIAO S G,et al,2009. Impacts of urban expansion and future green planting on summer precipitation in the Beijing metropolitan area[J]. Journal of Geophysical Research,114(D2):D2116.

ZHANG H B,SATO N,IZUMI T,et al,2008. Modified RAMS-Urban model for urban heat island simulations of Chongqing,China[J]. Journal of Applied Meteorology and Climatology,47(2):509-524.

ZHANG R,ZUO Z,2011. Impact of spring soil moisture on surface energy balance and summer monsoon circulation over East Asia and precipitation in East China[J]. Journal of Climate,24(13):3309-3322.

ZHENG N S,TACHIKAWA Y,TAKARA K, et al,2008. A distributed flood inundation model integrating with rainfall-runoff processes using GIS and remote sensing data[J]. The International Archives of the Photogrammetry,Remote Sensing and Spatial Information Sciences,37(B4):1513-1518.